U0094722

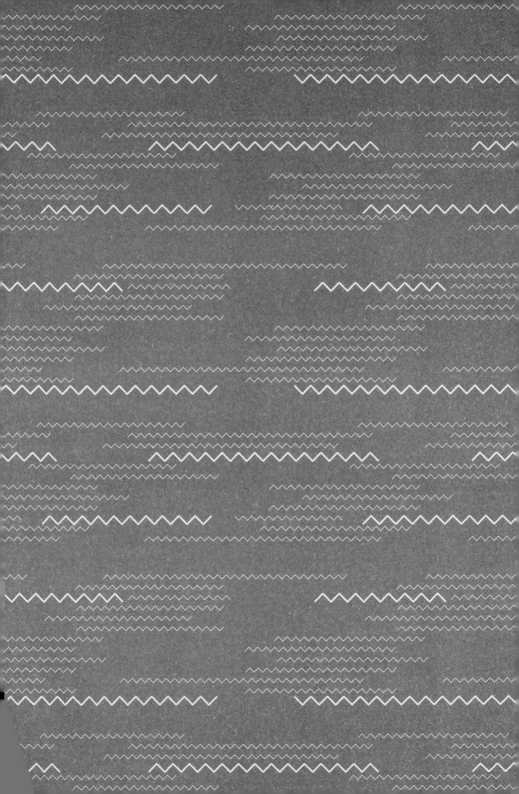

BOTH/AND THINKING

Embracing Creative Tensions to
Solve your
Toughest Problems

我全都要

顛覆大腦二選一慣性的進階決斷思維

Wendy K. Smith 、 Marianne W. Lewis

溫蒂·史密斯、瑪麗安·路易斯 —— 著

周怡伶 —— 譯

獻給一直與我陰陽相輔的麥可（Michael）。

——溫蒂

獻給父親，我生命中的榜樣，
史蒂芬・威爾萊特（Steve Wheelwright）。
——瑪麗安

目錄
CONTENTS

引言

最佳選擇，從來不是犧牲

──艾美‧艾德蒙森（Amy C. Edmondson），
哈佛商學院諾華講座領導與管理學教授

　　此刻正是從「二選一」思維轉向「兼並」思維的絕佳時機，因為世界日益複雜、不確定而且脆弱，似乎難以調和的衝突和無解的挑戰無所不在。史密斯和路易斯是我熟識多年的學者，她們解開潛藏在最大挑戰背後的棘手悖論，照亮一條往前走的路。這兩位才華橫溢的研究者以她們的創新研究為基礎，展示出衝突張力的價值。即使在我們被對立力量拉扯而奮力抵抗時，把張力視為關鍵的心態轉變，有助於人們找到持久並且具有創意的全新解決方案。

　　簡單瀏覽近年來的頭條新聞，我們知道衝突張力已是常態。我們每天都在與持續上升的衝突搏鬥──無論是社會、組織甚至個人。首先，全球疫病打亂世界各國的步調，對個人身心狀態和經濟生活產生廣泛的影響。隨著疫情的發展，工作與生活的衝突爆發了，引發所謂「大辭職潮」──大量工作者選擇辭職，尋求更佳工資、更彈性工時、更深層的意義。從自然災害到明尼亞波利斯市民弗洛伊德（George Floyd）謀殺案等

關鍵事件，引發了人道主義和全球環境挑戰的重大討論。然而這些事件並沒有將我們團結起來，反而加劇對立。

　　要確保生存環境永續的同時，也要兼顧社會正義公平並且保障所有人的經濟機會，這看起來就像是不可能實現的夢想。但是許多深謀遠慮的商界領袖呼籲，企業要維護而不是加劇破壞脆弱的環境，尤其是本書後面會提到的聯合利華前執行長波曼（Paul Polman）。儘管如此，進展仍然緩慢。我們面臨的各種問題仍然是紛擾、棘手又複雜。

為什麼兼並思考很重要？

　　本書作者認為，「兼並思維」可以有效解決矛盾對立，及相關的情緒勞務。而從二選一慣性轉向「兼並」的關鍵轉變，就是要先了解悖論，她們將悖論定義為持續的相互依存的矛盾。讀到她們的想法，你可能會開始注意到悖論無處不在。你會發現相互衝突的需求朝著相反方向拉扯：今天與明天之間、我們與他人之間的張力，或者保持事物穩定又希望能有所改變的糾結。無論是國家領導人在疫情中找出適切對策，還是企業領導人在快速變遷的市場中保持敏捷，甚至個人在思索如何踏出事業下一步，作者建議每個人欣然接受衝突張力，有助於在這些挑戰中培養創造力並成長茁壯。

　　我的研究專注於組織中的學習和團隊合作，而我就像本書兩位作者一樣，也在自己的研究中學會欣賞跨越界限的挑戰。要在知識密集和專業知識的環境中成功，有賴持續學習，而且愈來愈需要持續的團隊合作──跨專業、跨職階、跨距離的溝

通和協調。[1]

學習與團隊合作兩者都充滿張力。學習需要我們看重目前所知，同時又要懂得放手，為未來發展出新的見解。團隊合作有賴強大的個人貢獻，同時願意為了集體利益而壓抑個人需求和偏好。這些悖論使學習及團隊合作，既充滿能量又具備高度挑戰。

如果不是一個人們能夠坦率交流、覺得安全的脈絡，就很難在這些悖論中找到出路。我的研究顯示，「心理安全」——人們能自在表達自己和做自己的氛圍——能讓團隊更有效學習。[2] 許多學者和實務工作者在這個基礎上做了更多研究。不過，即使是心理安全的概念，也包含著充滿悖論的張力：要有勇氣才願意顯示脆弱。我認為勇氣和心理安全如同金幣的正反面。一方面，心理安全感是指降低人際風險的環境；另一方面，不得不冒風險的人必須勇敢，因為無法事先完全知道自己所做所說是否會被接受。某個人想要貢獻想法但擔心會被其他人拒絕，他等於是陷入困境。我發現，當陷入困境時，說出來很有幫助。我想邀請各位說出來，並練習運用衝突張力，歡迎其他人進入對話，這麼做能協助你突破當下的限制，找到前進之路。

溫蒂和瑪麗安的書引人入勝，因為她們不僅點出我們面臨的悖論，還提供了走出矛盾對立的方法，把看似令人困惑的難題，轉化為創造力和創新可能的泉源。借鑒二十多年的研究，她們提供工具、並展示這些工具如何在一個整合系統中共同作用。她們的觀念簡潔有力，我相信未來幾年內，她們的悖論系

統將被廣泛用於個人成長與領導力發展課程。

挖掘兩難困境的底層矛盾，獲得創新的原動力

我初次見到溫蒂，她還是哈佛商學院的博士生，我有幸擔任她口試委員之一。她對悖論的想法是透過研究 IBM 高階主管，追求創新同時要維持公司既有產品及服務。高階主管認為必須守護目前利潤，同時要發展未來的利潤。她的研究焦點放在悖論有其道理，不過這樣也有風險。雖然悖論概念早在幾千年前就出現，而且七〇及八〇年代管理學大師在組織理論中探討過悖論，例如派若（Charles Perrow）、馮迪凡（Andy Van de Ven）、普爾（Marshall Scott Poole）、奎恩（Bob Quinn）、卡麥倫（Kim Cameron），但是這條研究路線已經有好幾年沒什麼聲量。[3] 不過，溫蒂還是繼續研究下去。

對溫蒂很幸運的是，瑪麗安在企管研究裡鋪出一條探討悖論的研究道路。而對我很幸運的是，我也在好幾年前見過瑪麗安，是透過她父親的介紹，她父親是我們哈佛商學院寶貴的資深同事。瑪麗安寫了一篇有關悖論的論文，相當有突破性，把長久以來在哲學和心理學的見解，串連到我跟她的研究領域——組織行為學，這個領域正在興起，但是出版量還不多。那篇論文獲得頂尖期刊年度最佳論文獎，很快就打開更廣泛的學術對話。

溫蒂和瑪麗安一起探討這些觀念，她們是實力最堅強的團隊。起初在智識上探討這些概念，共同執筆寫出一篇重要論文，成為悖論研究的基礎，在一個特別傑出的學術期刊，是過

去十年來被引述最多的論文。她們還擴大研究並進行實驗，測試悖論的基礎知識以及人們如何在悖論中找到出路。她們努力不懈按照自己的想法來建立社群，把學者、業界領袖、對悖論有興趣的個人都連結起來，舉辦研討會以及這個領域的學者論文發表會。

過去十年我們看到，悖論管理的本質這個主題，全球學者產出許多研究；溫蒂和瑪麗安也與企業領袖、中階主管、前線職員一起合作，不僅向他們學習，也協助他們利用這些概念來提升業界人士的工作。總之，溫蒂和瑪麗安把悖論這個觀念發揚光大，將對研究與實務雙方面造成重要影響，也是對當前世界很重要的影響。

最重要的是，溫蒂和瑪麗安強調兼並思維的涵納能力，對於個人挑戰和全球議題，促進更多具有創意並且永續的解決方案。正如我們所知，挖掘兩難困境的深層，會發現揮之不去的矛盾，因此悖論令人痛苦掙扎。但是如果欣然接受悖論顯現出來的創造張力，那麼悖論也能引燃能量及創新。這本書裡的工具和刻畫正是相當有價值的指引。

是什麼造成了選擇困難？

　　我（溫蒂）在寫這篇導讀的初稿時，一直受到干擾。當時是新冠肺炎疫情最高峰，一家五口都在家裡，努力在封城禁足令之下在家工作跟上學。

　　我寫作時，九歲兒子隔著餐桌坐在我對面，不斷要我幫忙或是問問題。找不到 Zoom 的正確密碼；耳機有問題；他班上正在學中國文化，所以他想跟我說所有跟中國有關的事，而他知道我大概在他這個年紀時，曾經住在中國四個月。我想陪他，但是我也有必須寫完這篇導讀初稿的壓力。我本來建立起工作跟生活的界線，完全瓦解。

　　我察覺到挫折感漸漸升高。我寫得亂七八糟（這篇文我重寫過好幾次）；我兒子漏掉至少一堂視訊課（我很驚恐，他倒是一派輕鬆）。我覺得好像站在一場最大型拔河比賽中間，夾在我的工作需求跟我兒子的學校需求之間拉扯。

　　同時，我的夥伴瑪麗安獨自在另一個城市裡，剛剛與她任職的商學院某位重要贊助人通話結束。十年前她還在當副院長時，曾經跟同一個贊助人一起規劃新的學程。現在這種大學學程我們已經有三個，依照本來的規劃，三個學程各是針對不同需求。

　　但是，經過一段時間，這些學程漸漸變形，課程目標不再

獨特，而變得模糊。這就是我們之所以不斷創新的理由，來因應快速改變的業界現況跟學生需求，同時也處理品牌混淆跟內部效能不彰的問題。

瑪麗安是商學院院長，面臨到強大壓力。經過六個月的策略規劃，她發現把每個學程的強項結合起來，變成一個整合式的學程，這樣更有幫助。不過，學生、校友及贊助人，還是喜歡各自所屬的學程。瑪麗安在為未來創新以及發揚傳統之間拉扯，情緒張力漸漸升高，包括她的情緒在內。

衝突張力是人類進步的關鍵動力

人們說，探討自己最覺得挑戰的事物，這種學術研究是「我的研究」（以我們倆的情況應該說是「我們的研究」）。我們相信這項觀察是正確的。透過多年研究合作及友誼，我們分享彼此在工作、生活、以及兩方面之間面臨到的問題。深夜時分，我們也會思考世界上更大的問題，包括政治兩極化、氣候變遷、種族不平等、經濟正義等。這些議題無論對個人甚至全人類，都引起衝突張力。我們知道自己並不是唯一經歷這些的人。衝突張力突顯我們之所以為人；衝突張力讓我們彼此聯繫起來。閱讀古今文學、哲學、心理學、社會學、組織理論等等，我們知道：持續的衝突張力，是永無休止的挑戰。

花些時間思考這一點。想想你所面臨到的某個難題。或許你跟我們一樣，在疫情時面臨親職教育的問題。又或許，全球各地封城，你努力維持健康的實體距離，又要避免社交孤立。同樣的，或許你得決定要不要接下某個新工作、或是解僱某個

員工、或是花資源在某項新計劃上。或許你跟我們一樣,透過艱難的策略決策,正在努力領導某個團體、事業單位、或是某個組織。我們想像,你應該不難指出自己面臨的問題。無論你是《財星》五百大的 CEO,還是創業者、經理人、為人父母、學生等,我們都會面臨困難的問題,有時候是每天——個人的事、整個組織的挑戰,到最棘手的全球重大危機。這些難解的問題,占掉我們情緒和心智上很大一部分的能量。

現在請你自問,為什麼這些議題如此困難?當我們回頭看看過去面臨的挑戰,我們通常會想起自己的焦慮、懷疑、第二猜測。在某些案例中,我們可能會想起如何想出解決方案的一幕一幕細節。但是,我們很少理解到,為什麼這些議題會造成這麼多麻煩。

小至日常生活挑戰、
大至足以改變生命的決策都能適用

這個迫切的問題就是我們幾十年來研究的動機:最棘手的問題其根本原因是什麼,而我們如何處理它?我和瑪麗安深深被這個問題吸引,因為在個人生活及更大世界中所面臨的挑戰,非常廣泛。如果我們每個人都能有更好的方式來應對這些問題,就能發展出更有效、更有創意、更永續的解決方案。

過去二十五年來的研究中,我們注意到每個人理解與回應棘手問題時,採取的方式相當不同。我們的研究探討過 IBM 及樂高這樣的大型企業,還有新創及社會企業,也有非營利組織及政府機構。這項研究帶我們到希臘、柬埔寨,甚至是位在

世界地圖某個角落的小島上。我們向各式各樣的領導者學習，如何應對最困難的組織挑戰。我們也研究個人如何面對各種切身問題，小至日常生活挑戰、大至足以改變生命的決策。

無論脈絡是什麼，這些棘手問題之所以困難，是因為我們面對著不同路線的選擇，感到兩難。我要待在目前職涯中的舒適圈呢，還是跳進一個全新機會？我要花時間專注在自己的需求，還是把自己擺到一旁、為其他人服務？我們感受到衝突張力，也就是對立的經驗。這種感覺就像是內在的拉鋸，而且要求我們給出回應。

如何作出清晰而有說服力的選擇來處理這類問題，許多書提供重要建議。但是在做出選擇前，首先必須更深入了解這些問題的本質。我們必須探討核心課題，這部分顯示在為這本書所做的研究中。我們必須了解衝突張力、兩難困境、以及最關鍵的悖論連結。首先定義這些名詞：

- **衝突張力**（tensions）：包括有不同期待及對立需求的所有情境類型。我們感受到內心在拉鋸。衝突張力是一個涵蓋範圍較廣的詞彙，用以形容目前可見的兩難困境，以及深層的矛盾互斥。衝突張力並沒有好或壞。衝突張力可以引發創意及永續性，也可以導致防衛和毀滅。衝突張力造成的影響，端看我們如何回應。

- **兩難困境**（dilemmas）：有兩種對立的選項，每個選項都提供了符合自身邏輯的解決方案，我們面臨問題及挑戰是，覺得有壓力要從中選出一個，這就是兩難困境。當我們針

圖 0-1 定義衝突張力、兩難困境與悖論連結

兩難困境（可見的）
對立的選項，我們必須做出選擇。

衝突張力
期待不同、需求對立的情境。包括可見的兩難困境，以及深層的悖論連結。

悖論連結（深層的）
矛盾卻相依的元素，同時存在且高度依存。

對每個方案權衡利弊時，會覺得卡住。某個選項的優點，限定了另外一個選項的優點，反之亦然。我們不停繞圈圈想找出清楚、正確、又能持續的解決方案，卻總是求而不得。而且，在兩個選項之間做決定時，我們會漸漸陷入既有劇本，導致惡性循環。

• **悖論連結**（parodoxes）：隱藏在目前可見的兩難困境之下，相依而持續的矛盾。我們深入兩難困境，更進一步探討這些選項，發現對立的力量互相牽制在一個消長循環裡。初看它似乎不合理，因為它是矛盾的。但是更仔細研究之後，會發現這些互相競爭的需求具有某種整體協同的邏輯。其他研究者採用「兩極」（polarity）或「辯證」（dialectics）這些詞彙表

達類似意思。而在我們自己的研究中，我們採用「悖論」這個字，與豐富的研究傳統一致，並且反應出這種常常是複雜又神祕的運作方式。

仔細想想在本章開頭時提到的兩難困境。我（溫蒂）在疫情中，努力兼顧工作跟關心兒子。在這個兩難困境之下的悖論是：工作與生活、自我與他人、紀律與隨性、付出與獲得。我要幫助我兒子，隨時待命以給予他所需要的；於此同時又要維持紀律、守住界線，以專注在我需要的。兩邊如何兼顧？我（瑪麗安）為商學院努力推動重要的策略創新，同時必須滿足重要捐款人及校友。左右為難的困境造成兩種選項，要不就是改變我們的學位課程，要不就是別做改變。在這個兩難困境之下的悖論是，過去與未來、穩定與改變、中心化與去中心化。我如何應對市場機會與營運需求，同時又彰顯我們珍惜的傳統及認同？

衝突張力把我們拉扯到互相對立的方向，造成不適與焦慮。我們常常在不同選項的兩難之下感受這些衝突張力，覺得被迫做出改變。但是，隱藏在這些兩難之下的悖論，並非只是對立，其實它們也是相依的。悖論的對立力量，彼此定義、彼此強化。想想聚焦自我以及聚焦他人的悖論。我們愈是健康，就愈能跟別人交流、支持別人。我們愈是得到別人支持，我們就會愈健康。類似的是，具有核心堅實的中央組織，更能賦權給表現傑出的去中心化單位，反之亦然。這些相互競爭的需求，彼此強化對方。

我們也可以思考的是，穩定及改變的悖論，其深層是許多

生命挑戰。要繼續待在原來的軌道上，還是嘗試新的事物？我們需要穩定，以維持立足點並保持專注。但是我們尋求改變，是為了創新、冒險、成長。雖然這些需求彼此對立，但是穩定和改變也是互有牽連。你想要改變，或是為組織做出改變嗎？最好先開始評估既有人事物的價值。你想要更穩定、更屹立不搖嗎？？為了達到這一點，可能必須做出某些改變。長期來看，為了追尋美好的結果，穩定與改變都是必要的選項。

　　對立但又互相依存的關係，永遠不會消除，而是一直持續。面臨自我與他人、過去與未來、穩定與改變，這些互相對立的力量，無論你碰過多少次，那種衝突張力都會再次出現。雖然呈現兩難困境的細節可能有所改變，但是根本的矛盾還是存在。在餐桌邊，我（溫蒂）坐在九歲兒子對面那一刻，也就是上班家長面對過數百次類似時刻。雖然這種經驗的細微之處會隨著時間改變，但是所有情境之下的悖論都是相同的：工作與生活、自我與他人、付出與獲得。雖然眼前可見的兩難困境要我們提出解決辦法，但是深層的矛盾悖論會持續存在。

從「二選一」到「兼並」思維

　　因此若只是從既有選項中擇一，那永不會是最佳的選擇。因此培養兼並思維的首要任務，就是「組合」，也就是學習如何更有效在矛盾中找到出路。

　　想矛盾中找到出路，首先要了解，衝突對立是一把雙面刃——它可以把我們拖到負面的道路，或是拋向比較正面的道路。就像波浪是傳遞能量的一種形式，它可以創造、也可

以摧毀；衝突對立也是一樣，可以為了毀壞而釋放它，或是為了創造及機會而駕馭它。先驅女性學者及社運工作者傅麗德（Mary Parker Follett）強調，張力反應出自然的、無可避免的、甚至是有價值的衝突，也就是不同的目標、需求、利益、觀點。她以摩擦的本質來形容這些衝突：

> 與其譴責它（摩擦），應該讓它為我們所用。為什麼不呢？機械工程師怎麼處理摩擦力？工程師主要當然是減少摩擦力，但是工程師確實也會運用摩擦力。以皮帶來轉換力量，憑藉的就是皮帶和滑輪之間的摩擦力。要讓火車停下來，火車頭的驅動輪及軌道之間的摩擦力是必要的；所有的拋光磨亮都是靠摩擦力：小提琴發出樂音也是靠摩擦力。[4]

然而，衝突張力會產生焦慮。我們經驗到不同選項的兩難，面臨這些選項，產生沒有答案的問題，導致不確定性。面對不確定性，我們通常想逃開，想找回更多確定而穩固的基礎。多數人會限縮處理方式，專注在問題上，用標準更嚴苛的二選一的思維，評估這些選項。接著，做出一個自以為明確的選擇，移除不確定性，在短時間內將焦慮感減到最低，但是這也會限制創意，削弱創新與永續的可能性。

我們傾向把這種二選一的思維運用在生命中各種挑戰，小至日常生活例如晚餐要去哪兒（披薩店或社區酒吧？）、大至如何處理生活重大事件（跟伴侶結婚或是分手？）。在組織

裡，領導人運用這種二元思維來回應策略上的兩難（進軍全球或是深耕本地？），就像家長以這種方式來選擇小孩的照顧安排（送幼兒園或是僱請到府保姆？）。我們覺得這些兩難困境是互斥的，選擇某個選項就表示拒絕另一個。

面對複雜困境，你需要「更好」的選項

某些時候，二元思維很有用。比方說，決策後果很有限，不值得花時間或心力深入探索某個問題時，我們可以尋求明確的選擇。不一定非要深入挖掘矛盾詭論來決定晚餐吃什麼，或是下一本床邊桌上的書是什麼。如果我們相信這個問題不會再出現，也可以做出一個明確的最終選擇。我（溫蒂）喜歡跟我的學生說，二選一決策模式用在斬斷不良伴侶關係就非常合適，或是任何結果顯而易見的選擇題。

不過大部分時候，以二元思維來回應兩難困境，結果是限縮你的回應，而這還是比較好的情況，最糟的是你會做出有害的回應。這是因為衝突張力會引起防衛反應，讓我們想要快點做出決定。但是，匆促做出的選擇只會增添更多問題。心理學研究不斷顯示，我們偏好穩定以及一致性更勝於不穩定跟改變。一旦必須選擇，我們通常想要維持一致性，然後非常執著於某件事情要怎麼做，最後陷入既有劇本。我們保持不變，直到某個劇烈力量迫使我們改變。這種傾向經常會引導我們過度修正，擺向相反的選項，啟動有害的循環。如果你正在節食，你可能會經歷這種搖擺──節食、破戒，然後又開始節食。企業組織經常碰到的是，創新過多與創新不足之間的搖擺。政治

上，我們看到政策更保守以及更自由之間的搖擺。最終，這種二元思維會使我們陷入惡性循環，在兩種不同選項之間不斷地搖擺不定。。

　　如果我們用不同方式來思考兩難困境，那會如何？如果我們不是在互斥的選項之間做選擇，而是先從這些選項之下的矛盾悖論著手，並且認知到這些矛盾是無法解決的，那會如何？與其在某個矛盾的兩端之間做選擇，我們可以提出不同的問題：如何同時顧及兩端？如何逐步涵納彼此競爭的需求？這樣，我們就進入兼並思維，接納衝突張力，推動更有創意、更有效、更永續的解決方案。這樣做，我們會開始看到更全面的整合，帶我們超越二選一。兼並思維可以打開對話，啟動良性循環。

「兼並」是突破兩難的最佳解方

　　在研究過程中，我們兩人與企業執行長、資深團隊、中階主管、大學同事、學生及朋友一起在矛盾悖論中找到出創新解方。例如：

　　• 寇柏希望能協助再造她的出生地，加拿大紐芬蘭的佛戈島。這裡跟許多偏遠社區碰到同樣的問題，就是主要天然資源鱈魚漸漸枯竭。寇柏跟許多人一樣在二十幾歲時離開家鄉，她在大企業 JDS Uniphase 晉升到高階主管，成為加拿大薪酬第二高的女性執行長，然後在四十幾歲時回到家鄉。她想協助在地經濟發展，不要讓佛戈島社區像鱈魚一樣枯竭。寇柏碰到的

困難是，如何把當地社區跟全球經濟連結起來，同時又能維持本地獨特的傳統及文化。她感受到兩者之間的拉扯：專注於過去，同時要改變現況；渴求維持傳統，又要確保現代化；連結全球，又能彰顯在地價值。

• 凱莉（Terri Kelly）在戈爾企業成立將滿十五週年時就任執行長，這個組織是建立在「小團隊的力量」，企業文化相當著重於在地決策分散，高階主管被充分授權。不過隨著企業成長，這種分權方式缺乏強力核心，企業組織分散成許多破碎的小單位。凱莉遇到的兩難困境是，如何在崇尚小的文化之下變大。針對這個兩難，她知道必須面對「中央化／去中央化」，以及「茁壯成長／小而美」的矛盾悖論。

• 莫倫（Greg Mullen）是南卡羅納州查爾斯頓的警察總長。發生在以馬內利非裔衛理公會教堂的槍擊案，九個黑人死亡，令他悲憤無比。莫倫希望讓社區走出傷痛，生活在安全之地。但是這表示必須處理社區與警察之間，深刻的分裂及不信任。他面臨的挑戰之下是持續的矛盾悖論：信任與不信任、公民與警官、共融與排擠。莫倫致力於打破對立族群之間的藩籬，使大家能朝向共同目標一起努力。

• 法蘭卡（化名）是某醫院募款主管，她終於能領導夢幻團隊時，獲聘在另一家醫院擔任更高的新職位。她面臨兩難困境──應該留下來領導目前團隊執行大型募款計劃，還是跳槽到另一個更有挑戰的機會？一方面，她很重視團隊忠誠，她想完成目前的募款活動；另一方面，她希望職涯成長，對於新職躍躍欲試。為了解決工作上的兩難，法蘭克首先必須揭開隱含

的矛盾悖論：對職務的忠誠以及擴展自我職涯的渴望。

　　這些人運用悖論來解決最具挑戰的問題，他們超越眼前的兩難困境，找出其下的矛盾，針對難題另闢蹊徑。這本書會分享以上幾位以及其他人在專業及個人生活中找到創新解方的故事。雖然大家的狀況和挑戰各有不同，但是這些故事都有一個共通點。兼並思維照亮其下的矛盾悖論，開啟更具創意、更能持續的全新可能性。

時機是關鍵

　　悖論不是什麼新概念，這些想法早在二千五百年前就出現在哲人思想中，我們在探索時經常向古代智慧學習。其中有東方哲學，例如老子的《道德經》；也有西方哲學，包括希臘哲學家赫拉克利特（Heraclitus）。有趣的是，這些智慧洞察都出現在同樣時代，只是分布在世界不同地方，而當時各地人們的溝通或聯繫相當有限。不過，人類社會對於隱藏在挑戰之下的矛盾悖論，漸漸失去接觸，我們變得愈來愈專注在理性和線性思考。

　　所有人目前面臨的挑戰，無論在個人層面或是全球，都需要對於悖論的洞察，這樣才能運用兼並思維來應對難題。我們在研究中歸納出三種狀況：改變、匱乏、多元，隱藏在這三種狀況下的悖論最為明顯。[5] 改變的幅度愈大，未來就愈快變成當下，我們就必須更奮力處理當下與明天之間的衝突張力。資源愈是匱乏，我們更用力爭奪自己的份額，顯露出自己與他人

之間、競爭與合作之間的張力。對於某個共同問題，更多聲音、更多想法、更多見解，就更會產生互相衝突的解決方式，我們也會經歷更多普世觀點和在地獨特視角之間的衝突張力。由於科技變遷加速、天然資源枯竭、全球化擴張，現今世界就像完美的矛盾風暴。

例如，在日常問題之外，我們看到最險惡而棘手的社會挑戰，它的深層就是悖論。對氣候的關注，顯露出短期與長期之間、以及制度與個人層級的改變之間的矛盾悖論。類似的還有多元與種族正義的議題，充滿了共融與排他、個人關係與制度變革之間的矛盾。

挑戰加劇時，人們更使用矛盾的語言，點名批判這些情況之下互相交織的對立方。但是我們可以看到，世界各國領導人即使政治立場針鋒相對，也都呼籲兼並思維。知名學者與暢銷書作家布布朗（Brené Brown）訪問前任美國總統歐巴馬，談到他經歷過的矛盾：

> 眼見人生中的矛盾、模糊、灰色地帶、甚至有時候是荒謬怪誕，卻不被它們麻痺而動彈不得……這是可能的、也是必要的。身為美國總統，我的職責是守護美國公民的安全。另一方面，在國界之外，我們還有對於和平與公平正義的普世關懷。我如何調和這些事物，但是又能以最高指揮官的身分採取行動、做出決策？
>
> 還有，處理經濟危機。我明白我們的自由市場制度創造出巨大的效率與財富，這樣的制度我們不會想要一舉劇

除，因為許多人有賴我們做出良好的經濟決策。但是另一方面，經濟制度中有些部分失靈而不符合公平正義，人們感到挫折憤怒……。兩者都是真實存在的，而你必須做出決定。[6]

已故美國參議員馬侃（John McCain）是歐巴馬總統的競選對手，雖然他們彼此立場不同，但也說過類似的感想。2018 年，馬侃知道自己得了腦瘤將不久於人世，他寫了一份臨別訊息，呼籲大家超越「族群鬥爭，它在全球各角落散播憤恨與暴力」。他呼籲團結，創造兼容並蓄的機會以連結彼此。「當我們躲在高牆後面、而不是拆除高牆，當我們質疑理想、不相信這些理想始終是推動改變的巨大力量，我們就是在削弱自身的強大。」[7] 兩位領導人都呼籲，我們應該透過了解、欣賞、涵納至關重要的對立力量，那是我們的政治制度的核心價值。雖然歐巴馬和馬侃是政治上的對手，但他們兩人都同意，要解決我們最大的問題，必須對抗日漸升高的政治兩極化，設法重新連結相異的意識形態和價值理念。

企業高階主管也運用兼容並蓄的語言，來傳達組織目標與使命。巴克萊銀行（Barclays）宣布推動一個名為 AND（以及）的行動，強調唯有讓股東以及利害關係人感受到切身連結，並且一定要專注於市場以及使命，這家三百年歷史的銀行才能存活到下個世紀。星巴克（Starbucks）執行長最近回應一個問題：要給顧客一杯方便而快速的咖啡，還是要建立一個聚集社群的空間。他的解釋是：「我們不認為必須做出取

捨⋯⋯星巴克的第三空間能夠做到、而且願意繼續連結這兩種經驗。」[8] 耶魯大學印在小冊上的行銷宣傳也運用這樣的語言：「最能定義耶魯大學的字是 AND」。耶魯描述它的教育方式，既大且小、既在課堂內也在課堂外、追求多元也注重社群。就在最近，政治工作者亞貝丁（Huma Abedin）在回憶錄中描述她活在分裂的世界，這本回憶錄的書名就是《兩者兼有》（*Both/And*）。[9] 看看四周，例子太多了。

接下來有什麼新解方？

「兼容並蓄」變成大家呼喊的口號。運用矛盾悖論的語言是個好的開始，它協助我們看到，隱含在兩難困境之中互相交織的對立面，而且強調了融合互斥力量的重要性。

但是，真正的力量在於，從口號進展到務實方法。我們如何理解兩難困境之中的深層矛盾？我們如何運用兼並思維，在這些悖論中迅速準確找到出路，造成可持續的正面影響？

這是我們寫作本書的原因——透過兼並思維，協助大家解決最棘手的問題，無論是個人的還是社會。身為學術工作者，我們花了超過二十年研究悖論。我們不只是努力闡明悖論的本質，還研究人們如何運用兼並思維來迅速準確做出回應。我們現在的目標是轉譯這個研究，提出實證證據、理論見解、實用工具，以了解矛盾悖論，在其中找到出路。

運用兼並思維，首先要了解矛盾悖論的本質，同時也要辨別那些一直把我們拉回二元思維的陷阱。我們在本書第一部分處理這些基礎觀念。在第二部，我們揭示各種方法來開啟兼並

思維，這些方法影響我們如何思考矛盾悖論，以及對矛盾悖論的感受。這些方法需要我們處在某個環境，這個環境既提供穩定結構，也能開啟動態改變。我們會指出一組工具，在我們所謂的「悖論系統」中介紹這些工具。最後，有了這套工具在手，我們在第三部討論它的應用方式——如何把這套系統運用在實務上，讓你在各種兩難困境中，將兼並思維派上用場——基本上就是悖論系統的使用者手冊。我們希望示範如何將這個系統運用到個人決策、群體間的人際衝突，以及某個組織策略如何兼容互相競爭的需求。

幾千年來，矛盾悖論讓哲學家、心理學家、理論學家及學者百思不解，有人為之挫折苦惱，也有人心懷喜悅。現在，這些矛盾悖論在我們個人及組織挑戰中，漸漸浮現出來。

對矛盾悖論置之不理，只會導致反撲力道更強。我們認為，比較好的辦法是有效的處理它。欣然接納具有創意的衝突張力，會使你更能處理自己的挑戰，而且與他人一起合作以解決全球問題時，目標更清楚。這個做法是一場持續的成長及學習之旅。我們希望這本書能啟發你加入我們，打造這個世界，在應對人類最棘手的問題時，發展出更有創意又能永續的解決方案。

大腦偏愛二選一，
造成對立困局

我們的世界正在刀鋒上。我們不斷感覺到來自相反方向的拉扯，無論是日常生活中的問題或是全球性的挑戰。要聚焦在今日的需求還是明日的成功、自己或他人、穩定或改變？我們被互相競爭的需求包圍著。而隱藏在這些兩難困境之下則是悖論——矛盾但是互相依存的衝突張力。為了迅速準確的回應，我們首先必須更了解矛盾悖論的本質。

幾千年來，悖論讓哲學家、科學家、心理學家熱切研究又困惑不已。這些矛盾但又互相依存的衝突張力是兩面刃；悖論含有創新、創造力及持久洞察力的可能性。不過，悖論也引起相當大的挫折，我們被它的非理性及不合理給壓倒，可能會踏上一條死路。本書第一部分，我們探討兼並思維的基礎。要能欣然接納衝突張力，必須更深刻了解悖論，無論是好的還是壞的、有價值的或有挑戰的。我們探討悖論的定義、特質、類型。我們則提出警告，哪些會讓我們卡住、掉進惡性循環。這些基礎使我們「站在巨人肩膀上」，受益於二千五百年以上的智慧洞察，讓現代的我們在悖論中找到最好的出路。

第一章

極端對立蘊含的共通點

為什麼會有矛盾？為什麼是現在？

向前穿過迷霧。
——加拿大紐芬蘭俗諺

　　寇柏左右為難。她才剛剛卸下大企業執行長，想運用她的
商業才幹協助故鄉紐芬蘭佛戈島的經濟發展。不過，身為佛戈
島第八代居民，她也想彰顯這個島的獨特性——傳統習俗、美
麗風土、以及歷代相傳的知識。這個任務可不小。

　　這幾年來，寇柏看到佛戈島的改變。在她「野放」的童年
時期，小孩子在荒郊野外自由探索，在大西洋最北邊這個島以
及周遭水域，摘採蔓虎刺莓、追蹤北美馴鹿的足跡、眺望海
上的海鸚鵡，閃躲漂流的冰山、在嶙峋海岸花好幾小時協助
漁夫，從小木船卸下當日漁獲，也就是佛戈島主要資源——鱈
魚。[10] 從小到大，寇柏在這個緊密交織的社區感覺到自己的力
量成長，大家為了整個社群的生存一起努力。

　　但是到了一九七〇年代，跨國的工廠式船隊開始用大型拖
網漁船在深海捕撈鱈魚，導致近海漁源枯竭。大部分紐芬蘭島
民靠出海捕魚維生，但是他們漸漸空船而回。當地漁源開始衰
竭，人們挨餓受挫、灰心喪志。就像許多失去主要資源的小鎮

一樣，居民一個接一個離開。為了讓漁源復甦，紐芬蘭省政府頒布近海禁漁令，鼓勵漁民改行從事製造業。

佛戈島人口開始減少。人口變少，省政府於是減少交通船航班、垃圾清運等等服務；醫療照顧很有限，沒有日間托育。人們失去生計又生活不便，導致更多人離開。寇柏後來搬到渥太華，到卡爾頓大學讀商科。後來寇柏當上加拿大光纖公司JDS Uniphase 策略長，成為加拿大最重要的女性企業領導人。但是，佛戈島在召喚她。2006 年寇柏回到島上，一半時間住在繼承自亞特叔叔的鹽盒式房屋，當時她四十幾歲，算是島民中比較年輕的一輩。

寇柏跟很多佛戈島民一樣珍愛島上獨特的傳統及生活方式。佛戈島民看重他們對木作及漁業的知識、親切好客的文化、對北大西洋的敬意與尊重，以及生存在嚴酷氣候的堅韌不拔。這些智慧知識代代相傳，他們想繼續傳承給下一代。但是現在他們覺得，把傳統傳承下去的唯一辦法是改變它。世界已經不再是從前的樣子，他們不可能再以近海捕魚維生，不可能不理會全球化經濟體系的呼聲。寇柏說，他們必須找出「老物新生」的方法。況且他們知道，當地經濟的存續，要看他們如何與全球經濟接壤。這項任務相當艱鉅。他們要如何表彰過去傳統、同時又走向未來？島民如何與全球經濟連結，卻又不失去當地社區的獨特及價值？要繼續活下去，就必須改變。要彰顯獨特性，就必須敞開迎向更廣闊的觀點。

寇柏跟她的兄弟艾倫及湯尼起先認為，支持佛戈島最好的方式是設立獎學金資助學子上大學。島上許多人除了到港口對

岸的甘德（Gander）之外，從來沒有去過別的地方。培育當地青年、拓展他們的世界觀跟技能，可能會為佛戈島注入新機會。但是，社區的人很快就指出這個想法會有意料之外的後果——獎學金只會加速島上人才流失。學生去上大學，被新機會吸引，然後就不回來了。最後，寇柏打消這個獎學金計劃。

她的下一個實驗是，做一些建設，吸引具有新觀點的人們進入佛戈島。還有什麼人比前衛藝術家更適合呢？她蓋了四個藝術家工作室，並且開辦駐島藝術家計劃，邀請作家、畫家、雕塑家等等藝文人士，在佛戈島美麗風土環繞之下，發展他們的作品。希望這些藝術家能跟當地社群連結，分享具有創意的世界觀點，同時也學習這個島的獨特之處，並向全球社群推廣。藝術家來了，帶來新見解，進步慢慢發酵，改變的需求愈來愈明顯。如果佛戈島民願意重建當地經濟、恢復人口，得要每幾個月就有四位以上藝術家來駐島。

寇柏為了重建佛戈島還能做什麼？最簡單的辦法可能是開一家公司或工廠。但是，製造業工廠可能會毀掉幾百年來的原始自然文化及社群氛圍，對自然地景更是摧殘。

寇柏站在十字路口。她感受到張力——新與舊、傳統與現代、當地獨特性及全球連結、慢慢進步與立即需求。基本上，寇柏在矛盾悖論中掙扎。

挖掘極端背後的連結點

矛盾悖論到處都是，我們兩人第一次見面時就互相跟對方這樣說。我（瑪麗安）剛寫完一篇初稿，內容是深入研究悖論

的哲學、心理學及歷史。我讀到愈多資料，就愈能看出我們生活裡大大小小的挑戰之中，埋藏著互相交織的對立面。我愈寫愈興奮。但是，要如何處理這些到處都有而且令人費解的非理性思維，我也覺得有點緊張，擔心做不來。我對瑪麗安描述這些想法及感受時，鬆了一口氣——因為她一直猛點頭。她也看到矛盾悖論到處都是，神祕難解的複雜性，也讓她感覺到一股混雜的情緒。

我（溫蒂）當時是博士生，正在研究大企業高階主管如何在創新之時，同步管理市場上既有產品。我跟瑪麗安第一次對話，幫助我釐清想法。我研究的企業高階主管面臨現在與未來之間互相競爭的需求。悖論的想法，協助我了解這些企業領導人最迫切的挑戰。然而，我個人也感受到那份焦慮。這些企業高階主管如何向前推進，還能同時擁抱過去與現在？

我們跟更廣大的聽眾談論悖論時，看到其他人也切換在透徹與困惑之間。感覺上某個觀念好像能夠闡明我們最大的挑戰，但是它卻很容易變得失焦模糊；感覺上好像是非常有力的見解，卻又變得完全不合理。

管理學者史塔巴克（William Starbuck）曾經表示，悖論看起來有多麼不合理。他說可能是因為人類認知的限制，導致我們認為悖論是如此不理性又令人困惑。「我們可能就像大猩猩，在紐約證交所樑上盪來盪去、還要暢談各種法規。我們看到的悖論，對於我們這種理性能力有限、具有自己的邏輯形式的物種，似乎不合邏輯；但是對於頭腦比較複雜、或是具有不同邏輯形式的物種來說，卻可能完全合理。」[11]

圖 1-1　太極：悖論的最佳範例

- **矛盾**：黑與白的部分，表現出相反的二元性
- **互相依存**：黑與白互相定義，並且強化彼此，共同組成一個完美而循環的整體。
- **持續**：黑與白不斷從小流到大，黑與白裡面各自有顏色相反的兩個點，表示某一方在對立方裡面生根發芽，暗示了持續的動態。

　　正如史塔巴克所說，悖論可能會推動人類認知的邊界。然而我們相信，即使在我們的認知能力範圍內，我們還是能找到模式與洞察，以便更準確了解悖論而且更能處理它。為了撥開迷霧，過去幾年來我們運用學術工具，希望能更精確解釋：什麼是悖論？為什麼它很重要？要如何管理它？

　　首先要釐清定義。人們有許多方式，定義這些處在兩個相反力量之間、不合邏輯而且無法解決的迴圈，而我們自己的研究是從古代及現代學者建立起悖論的定義：矛盾的、但是相互依存的元素，同時存在並且持續下去。[12]

　　以下小單元「關於悖論的歷史」描述悖論思想的早期根源。陰陽這個符號源自於東方哲學，顯示悖論的三個核心特質：矛盾、互相依存、持續（如圖 1-1）。

　　持續而相依的矛盾之中，說謊的悖論是經典例子。幾千年

前，希臘哲學家把這項悖論概念化，從此以後，邏輯學者爭論不已。這個悖論可以簡化成：「我在說謊」。如果「我在說謊」這句話為真，那麼我就是在說謊；如果「我在說謊」這句話為假，那麼我說的是實話。這句話表達出真與假之間的相反本質，矛盾存在於悖謬的、互相依存的迴圈。經過許多邏輯及哲學的解析，這句話還是產生真假之間的張力，從未止息。[13]

我們生活中的悖論，跟這句邏輯謎語的運作方式很類似。想想佛戈島面臨的挑戰。居民眼前是一連串兩難困境，也就是解決問題的不同選項。例如，要投資在什麼計劃及機會，以重建島上人口。但是在這些兩難之下則是悖論。為了保存佛戈島民的人群、生計、文化及知識，其實表示這個社群最終還是必須改變。表彰當地社群，卻是要透過全球經濟的支持。在這些兩難之下的悖論是：永續和改變、新和舊、傳統和現代、在地和全球。居民必須在這些南轅北轍之間做選擇，要聚焦在過去還是現在，要維持當地文化還是讓全球力量進入這個社區。不過，寇柏體認到在兩端之間做選擇，將會導致有限制且不利的解決方案。最初就是因為這種限縮式思考，沒有看到更全面的圖像，而使佛戈島陷入困境。省政府要島民放棄漁業，搬到製造業的城鎮，這是著眼於短期的經濟挑戰，完全忽略了這個地方及社群的價值。要跳脫這個泥沼，島民需要不同的方法。

另一個例子或許比較貼近生活，想想我們跟另一半關係的深層矛盾。伴侶常常認為，是共同點把彼此結合起來。但是有句俗話「異性相吸」，其實通常是互補特質讓彼此相繫、引起火花、琴瑟和鳴。隨著時間，相異的行事方式可能演變成爭辯

不斷。在某些案例中，彼此的差異算是輕微；但在某些情況會變得緊張火爆。彼此的差異顯現在每一件事情上，包括家事、假期安排、財務決定。不同做法而引起爭辯時，就顯現出兩難困境。但是兩難困境的深層，則是持續不斷的動態二元性，那就是深層的悖論。

表面的兩難困境就像感冒症狀。我們一直想要照顧症狀，而沒有意識到症狀之下的原因是什麼。例如下一次放假要去哪裡，我們可能決定的方式是，選擇參加旅行團還是無行程的海

關於悖論的歷史

關於相生相剋的對立力量，這項見解大約出現在西元前第五世紀，也就是超過二千五百年前。近代瑞士裔德籍學者雅斯培（Karl Jaspers）將那個時代形容為「軸心時期」（Axial Age）[14]，因為出現了脫胎換骨的思想，就好像整個世界在軸心上軸轉，重塑了文明的基礎。就是在這段期間，世界各地社會開始掌握悖論的觀念。

這些觀念在世界各地出現。例如我們聚焦的見解有來自東方哲學（中國）與西方哲學（希臘）。有趣的是，不同哲學出現在各自獨特的地理區域，卻對這個世界的矛盾本質有著類似的理解。這些見解有兩個特色：二元性與動態。

首先，東西方哲學都強調對立力量的整體性——全面和諧有賴於二元的整合。例如，老子在《道德經》闡述萬物的共同

灘度假，國內旅遊還是國外探險，跟親戚一起度假還是從自己的願望清單裡挑選地點。但是，在某個特定時刻，無論我們怎麼選擇，深層的悖論仍然是彼此對立的欲望：要規劃還是隨性、節省還是揮霍、關注自我還是別人。這些交織而持續的對立面，讓人傷腦筋，我們可能會因此動彈不得、挫折不已。但是，這些選擇也充滿機會，可以學習、成長、創造。如果我們重視共同的整體目標，以及讓彼此交流、深化牽繫與相互支持的互補差異，我們就能善用這些可能性。

作用：「天下萬物生於有，有生於無」[15]。 同樣觀念，希臘哲學家赫拉克利特則提出更直接的說法：「凡對立者皆為一體，最美的曲調來自完全迥異的事物，萬物都由衝突而來。」[16]

其次，這些哲學家描述，生命是動態的，而且處在不斷的流動之中。赫拉克利特有一句流傳至今的名言：「人不能踏過同一條河兩次。」河流不停變動，人也是一樣。這就類似於老子說的「上善若水」。這些哲學家更深入解釋，是二元性提供了動力；持續不斷的改變，顯現為對立之力，彼此持續衝撞、彼此轉換。老子《道德經》闡釋：「將欲歙之，必固張之；將欲弱之，必固強之；將欲廢之，必固興之；將欲奪之，必固與之。是謂微明。」[17]

二元性以及動態，這些特色形成悖論思想的基礎，流傳了二千五百年，當代悖論研究者的思想基礎，奠基於這些幾千年的觀念。

四種悖論型態

到處都有互相交織的對立，而我們並不是唯一看到的人。從早期歷史到近代，哲學家等人已經苦思過這些問題（請見下面「悖論思想的漫漫曲折路」）。在各種領域中，愈來愈多人以衝突張力為主題而寫作。悖論的例子非常豐富：知與未知，力量與脆弱，正與邪、穩定與改變、愛與恨、進與退、中心化與去中心化、工作與生活、紀律與樂趣。我們在自己心裡、在團體中、在組織裡、在更廣大的系統中，都經歷到矛盾悖論。

心理學家和心理分析學家指出心靈的悖論。心理分析學家榮格（Carl Jung）的文章裡充滿悖論——心靈與物質、美德與罪行、精神與身體、生與死、正與邪、真與假、單一性與多重性等等。近代心理學家施奈德（Kirk Schneider）在其著作《矛盾的自我》（*The Paradoxical Self*，書名暫譯）描述這種悖論。他汲取哲學家齊克果（Søren Kierkegaard）的觀點，認為人類心靈存在於某種連續狀態，介於比較陷縮、保守、內向的狀態，以及比較擴展、冒險、外放的狀態之間。個體無法正常運作的起因是太過極端，偏向某個極端可能導致憂鬱，另一端則是瘋狂。挑戰則是，在這些張力之間持續尋求交叉點。[18] 知名學者與暢銷書作家布朗更進一步提醒，我們的力量在於欣然接受脆弱的能力。如果能接受自己的恐懼，那麼恐懼就不能占領我們。[19]

當我們努力處理個人與集體、合作與競爭、自我與他人的課題時，我們的團體及工作團隊無時無刻都受到悖論影響。史

密斯（Kenwyn Smith）及伯格（David Berg）在《團體生活的悖論》（*Paradoxes of Group Life*，書名暫譯）指出這些張力。例如，高績效團隊需要團隊成員盡全力表現出眾，這通常會導致團隊成員彼此競爭；不過，團隊成員也必須合作，以團體為優先。[20]

　　團體及工作團隊要成長、學習、調適，悖論就會持續。艾德蒙森教授在《打造團隊》（*Teaming*）提醒我們，各種團體、工作團隊、組織要表現好，唯一辦法是持續學習。學習需要我們去實驗、嘗試新事物、犯錯、失敗，這些都能讓我們茁壯，獲得成功。艾德蒙森探討如何打造具有心理安全感的團隊文化，讓我們為未來而學習，同時又能在當下表現卓越。[21]

　　高階主管面對的挑戰更是充滿悖論。學者持續指出，高階主管面對對立而交織的需求，例如真誠與透明、技術能力與情緒智慧、學習與表現之間的張力。哈佛大學管理學教授希爾（Linda Hill）及暢銷書作家林內貝克（Kent Lineback）在合著《BOSS 學》（*Being the Boss*）中表示，處理悖論是一項至關重要的領導技能。[22] 高階主管必須培養人才，同時又要管理員工以外的更大脈絡。

　　悖論張力也充斥在組織中。哈佛商學院企管榮譽講座教授李奧納德－巴頓（Dorothy Leonard-Barton）發現，組織建立核心能力同時，也要強化技術能力、共同價值理念以及目前產品。因此而獲得成功，強項變得更強，但也導致一個缺點。核心能力變成核心固守，阻礙創新。[23] 林奈貝克提出的見解，其他研究也一再發現。它們都指出一個悖論：使某個組織成功

的原因，通常也會導致組織失敗。[24] 卡麥倫及奎恩更進一步指出，組織成功取決於有效面對悖論。這兩位學者提出「互相競

悖論的發展與進化

對於悖論，東方與西方出現的見解不約而同，不過這些觀念在東西方發展的路徑有所不同。老子是古代中國思想家，為統治階級提出建言，其中許多觀念影響了孔子，發展出中國人普遍具有的儒家思想。相反的是，赫拉克利特的觀念是孤立的，當時人們認為這些觀念既抽象又不合理，他受到同時代的巴門尼德（Parmenides）挑戰，後者是充滿魅力的演說家，以清晰而邏輯嚴謹而著名。巴門尼德占了上風，經過千百年，東西方哲學差異愈來愈明顯。心理學家彭凱平（Kaiping Peng）及尼斯貝（Richard Nisbett）解釋，西方偏重理性的線性思考，發展出嚴謹方法，造就輝煌的科學發展。東方文明傾向二元、和諧、週而復始，孕育出神祕主義，大幅拓展人類心靈潛能與超自然思想。[26]

現在，各種觀念在毫秒之間就能跨越疆界，這些相異的智識世界正在融合。以物理領域來說，牛頓的線性物理學孕育出對於重力的理解，促進許多領域的思想，例如天文學及流體力學。然而十九世紀末期的法拉第、麥斯威爾，以及後來的愛因斯坦及波耳等科學家，開始在粒子層次上將推拉之間的對立力量概念化，這些見解後來成為量子力學的養分。科學家卡普拉（Fritjof Capra）在《物理學之「道」》一書中，詳細描述這

爭的價值框架」，指出另類的、對立的組織價值——合作、創造、控制、競爭。組織的效能，端賴運用各種不同的價值。[25]

些科學突破是如何重視並反映東方哲學，欣然接受對立力量的整體性，納入更多生生不息充滿靈性的思想。[27]

當物理學將悖論見解運用於物質世界，心理分析學也將之運用於人類心靈。由佛洛依德和榮格等學者發起的心理分析學，將人類經驗視為深層內在本能與動機的融合。尤其是榮格，更進一步發展出人類天性的悖謬理論。他指出，啟蒙時代使西方文化過度注重單方面的邏輯與理性，不重視感受及直覺的價值。榮格說「只有矛盾才能更接近了解生命的全貌」，他把悖論描述為「最有價值的精神資產之一」。[28] 榮格相信，自我是正面與負面自我的融合，正面是表現在外的我，負面是壓抑的欲望、「陰影」的我。他認為，人們努力避免或消除自我的陰影面，這樣會引起外在自我表現出有害行為。例如，他認為自戀是過度關注他人如何看待自己。自戀者為了迴避自己的陰影面，而將陰影特質投射在其他人身上。榮格指出，個體的成長是透過接受與整合、而不是拒斥與壓抑陰影面的特質。

這段短短的歷史，強調出一個有趣而且重複的模式。相距遙遠的地區發展出來的思想不約而同，不久後產生分歧，但是幾千年後又再度聚合。那麼，究竟悖論是個古老概念，照亮極其重要的見解，還是一條新道路，指出世界的複雜性？嗯，矛盾的是……兩者都是。

圖 1-2　悖論的四種類型

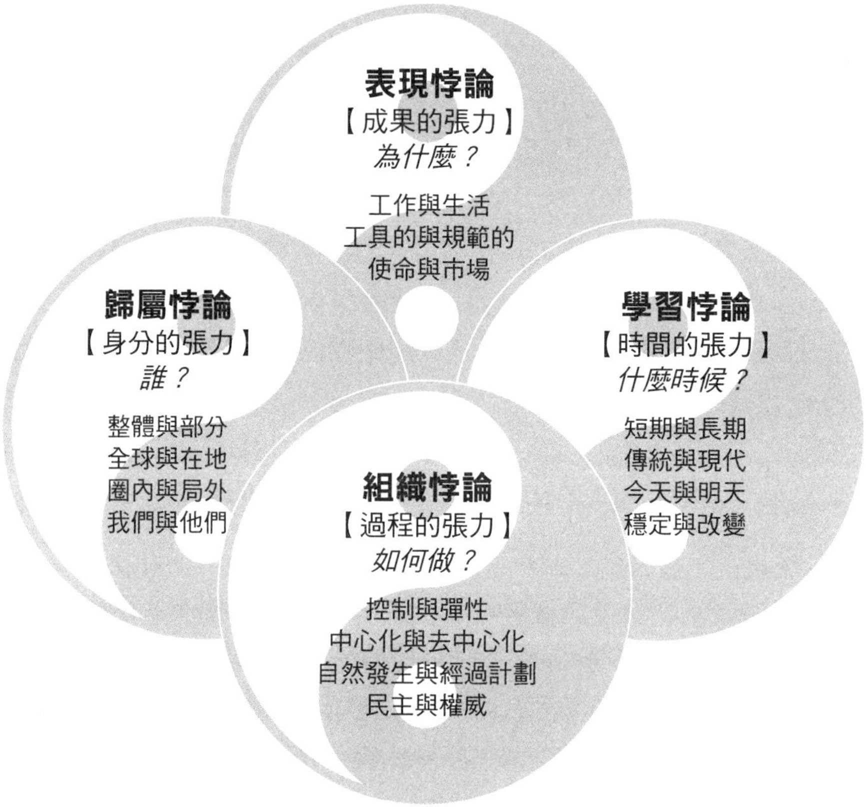

表現悖論
【成果的張力】
為什麼？

工作與生活
工具的與規範的
使命與市場

歸屬悖論
【身分的張力】
誰？

整體與部分
全球與在地
圈內與局外
我們與他們

學習悖論
【時間的張力】
什麼時候？

短期與長期
傳統與現代
今天與明天
穩定與改變

組織悖論
【過程的張力】
如何做？

控制與彈性
中心化與去中心化
自然發生與經過計劃
民主與權威

　　這些例子既廣泛又多樣。我們對聽眾提出這些例子時，得到的反應跟我們自己的反應很類似——覺得受到啟發，但又不知如何是好。為了銜接這種驚奇感，同時又撥開迷霧，我們將各種悖論型態分類整理，進行比較。在我們的研究中，提出四

種悖論：表現、學習、組織、歸屬（圖 1-2）。[29] 這些悖論出現在許多層次上。例如，今天與明天的悖論可能是潛伏在某人身為龐大組織主管的兩難困境，面臨挑戰同時也在思考職涯下一步。

對於如何在這些衝突張力之中找到出路，準確劃分悖論型態並不是很重要。這本書裡提出的策略，可以運用在各種悖論型態；況且，大部分悖論所屬的型態是重疊的。不過，這些分類的價值是協助我們看到，悖論對我們的世界跟生活，影響方式更寬廣、更多樣。

▌表現悖論

表現悖論指的是我們的目標、成果、期望之間，彼此競爭的需求。表現悖論浮現在我們提出「為什麼」時：為什麼我選擇這條生命道路？為什麼我應該投資這項計劃？為什麼採用這項策略？

企業社會責任是個經典的表現悖論。企業的目標和意義，這個辯論很久以前就開始了，二十一世紀受到更多注目，因為我們要求企業組織對氣候變遷、經濟不穩定、種族不正義及環境惡化等等問題負起責任。另一方面，企業的目標是為股東賺錢。1970 年，芝加哥大學經濟學家密爾頓・傅利曼（Milton Friedman）在《紐約時報》發表一篇獨立評論，成為這項觀點的標竿，文章標題為〈企業社會責任是增加利潤〉，主張企業領導人要繼續把焦點放在財務報表的盈虧。[30] 傅利曼強調，社會議題或環境衝擊最好留給非營利組織或是政府管制。不過，

這種只看利潤的觀點會導致惡行、帶來毀滅式的後果，證據就是一九九〇年代崩潰的企業組織，例如安隆（Enron）、世界通訊（WorldCom）、泰科（Tyco）等。

不同於只注重股東，人們要求企業組織必須同時兼顧幾項目標，要檢視的不只是企業財報，而是兩三份報告。1978年，柯翰（Ben Cohen）以及葛林菲爾德（Jerry Greenfield）成立「班恩傑瑞」（Ben & Jerry's），成為這種做法的早期領導者。這幾年下來，呼聲愈來愈大，要求企業高層重視利潤與熱情、任務與市場、股東與利害關係人——也就是把表現悖論放在企業策略中。我們的學術同僚托翰恩（Tobias Hahn）、普瑞斯（Lutz Preuss）、平斯克（Jonatan Pinske）、費格（Frank Figge）等教授特別指出，運用兼並思維，重視社會責任與財務成果之間的複雜互動，可以達到組織長期永續性。[31]近年來，組織研究學者費里曼（Ed Freeman）、馬汀（Kirsten Martin）、帕瑪（Bidhan Parmar）在著作《兼並思維的力量》（*The Power of And*，書名暫譯）探討企業參與（corporate engagement）新途徑。他們引用相當大量的研究資料，發現企業領導人能發展出更有影響力、更有利潤、更永續的企業解決方案，透過建立五項核心觀念：

1. 意義、理念、道德的重要性，與利潤同樣重要。
2. 為股東創造價值，也為利害關係人創造價值。
3. 把企業視為社會體制，同時也是市場體制。
4. 體認到人類之完整人性，以及其經濟利益。

5.把「商業」與「道德」整合到更全面的商業模式中。[32]

　　表現悖論也出現在個人生活。我們可能在決定要買什麼、跟誰買的個人決策中，掙扎於社交與財務上的成果。是要跟全國性的大型供應商，還是在地商店買？要買比較便宜、或是比較永續製造的商品？在工作上，我們也會因為有不同老闆而面臨互相衝突的期待，或是必須解決專業和個人的需求，以及必須在紀律與彈性之間協商，以達到我們自己的目標及需求。看看我們每年許下的新年新希望，在承諾及放棄的拉鋸中，我們可能會看到表現悖論開始出現。

▋學習悖論

　　如何從過去成長到未來，其中的學習悖論挑戰著我們。這些悖論牽涉到時間的張力，例如今天與明天，新與舊、穩定與改變、傳統與現代化。這樣的悖論提出的問題是「什麼時候」：我們什麼時候要改變現狀，變成新的狀態？

　　創新和改變的議題，強調出學習悖論的核心。我們跟企業高階主管會談時，他們常常提到敏捷與不斷調適的需求愈來愈迫切。可是，好公司成長得愈來愈大、具有層層結構，就好像海洋中的油輪，風向改變時，無法很容易就轉向。名列《財星》500大名單上的企業，待在榜上的時間愈來愈少。已故的組織研究學者馬區（James March）曾經闡述過這項挑戰：創新所需要的技能、方法、觀點，跟管理核心業務不一樣。他描述這兩種模式是「探索」（exploring）新機會，以

及盡量「利用」（exploiting）現況。[33] 由於這項挑戰，塔胥曼（Michael Tushman）及歐萊禮（Charles O'Reilly）進行研究，結果顯示，組織必須採用兩面手法——學著同時探索與利用。這表示，組織必須欣然接納悖論。與其選擇現在或未來，必須設法同時聚焦在探索與利用，並找出協同綜效。現在的成功，如何為未來的成長提供支持？為了未來而做的創新，如何再活化現在的成功？

　　想像一下，現在與未來這項挑戰發生在個人層次。我（溫蒂）有個朋友想回到法學院進修，但是又害怕放棄他目前在金融服務業的職位與薪水。他不斷在心裡辯論，到底是不是應該縱身一跳？十年後，他不得不決定——現在已經太遲了。變遷發生在我們四周。我們是不是反應夠敏捷？我們能不能探索新技能、新的可能性，甚至在周圍的世界開始轉變之前？我們是否能度過這些變遷，同時還能徹底利用目前的成功？這就是為什麼我們需要打破二選一慣性，培養兼並思考的能力。

█ 歸屬悖論

　　歸屬悖論提出的問題是「我是誰」，重點是角色、身分認同、價值觀、個性之間的張力。多重而且互相競爭的身分認同，對許多人來說是個挑戰。為了確保能呈現出一致面貌的自己，我們會花上許多力氣。早期由費斯廷傑（Leon Festinger）及卡爾史密斯（James Carlsmith）所做的心理學實驗，強調人類有追求一致性的動力。當受試者花了一小時做某個無聊工作而金錢報酬很少，受試者就會設法找出花時間的好理由。所以

當受試者被問時，他們會說這個實驗很有趣、很好玩。費斯廷傑和卡爾史密斯把這種現象稱為「認知失調」──為了與客觀現實一致，而改變自我的感受。[34]

工作與生活之間的張力常常出現在「如何安排時間」這個問題。不過這個兩難困境的內裡，其實是身分認同的挑戰。我是個獻身工作的組織領導人、還是一個好父母？我是為別人待命、還是專注在自己的需求？不過，這些兩難困境甚至還會更深入，因為我們對於自我的感受通常牽涉到多重的、互相矛盾的身分認同。我們追問自己是圈內人還是局外人、創新者或執行者、散播愛的人還是奮戰的鬥士、領導者或是跟隨者，給予者或受惠者、是獨特的個體還是忠誠的團隊成員。不過，我們通常會轉換身分認同，要看什麼日期、時間、脈絡、什麼事情而定──我們是兩種身分兼而有之。自我的感受，混雜在互相交織的對立面之中。美國詩人惠特曼（Walt Whitman）捕捉到這個想法，呈現在詩作《自我之歌》（*Song of Myself*）：

> 我是否自相矛盾？
> 好的，那麼，我是自相矛盾的；
> （我相當龐大，我包含許多面向。）[35]

做人格測試時，許多人會感覺到這些面向。在無意識偏好的測驗中，我們可能傾向某一邊，內向或外向、直覺或理性、領導者或跟隨者等，但是在不同情況下，卻發現其實自己偏向其他的工具、技能、偏好、身分認同；或是尋求同時融合兩

者。把我們自己放進一個盒子或另一個盒子裡，很容易就會切斷至關重要的許多面向，以及身分認同的協同綜效。已過世的教授、作家、社運人士華特金斯（Gloria Jean Watkins），比較為人所知的是她的筆名 bell hooks，她提醒我們要更全觀看待多重社會身分認同：「如果遠離二元思維……我們會這樣想：每天我走出家門，我是一個結合體——種族、性別、階級、性取向、宗教或我景仰的事物。」[36]

組織也面臨到的挑戰是，在組織策略之下，隱藏著錯綜交織的認同。我（溫蒂）最近跟一家百年歷史及傳統的保險公司合作。新任執行長體認到，要存活到下個世紀，公司必須更創新、更敏捷。這表示要在紀律嚴明、循規蹈矩、迴避風險的企業認同中，加入更具實驗性又能負起責任的做事方法。最大的挑戰是，協助員工看到新文化及新認同的價值，並且知道它可以從既有的文化及認同之中，建立起來。

▌ 組織悖論

組織的悖論要處理的問題是，我們如何為自己的生活及所屬組織建立結構。怎樣完成某件事？這些悖論的衝突張力包括隨性與規劃、承擔風險與避免風險、控制與彈性。

企業領導人在思考組織結構時，不停與這些挑戰奮鬥。有多少決策發生在機構中央與全球各地，有多少決策是比較微妙而在地的？我們要給員工多少自主權，而高階主管的控制又需要多少？回頭看，我們可知這些張力在組織發展歷史中都曾出現。工業革命以降，組織生活迅速成長，同時，我們也看到愈

來愈走向中央集權。十九世紀末期，韋伯（Max Weber）、法約爾（Henri Fayol）以及其他歐洲的管理學者主張，領導者必須強力掌控組織。美國管理學家泰勒（Fredrick Taylor）把這些觀念帶到另一個層次，他提出科學管理、時間切分方法，激勵人們朝向更有效率的工作方式。成效顯著但也嚴重侵蝕人權，人們覺得自己好像被當成機器。對此而生的反應是「人類關係運動」（the human relations movement），由哈佛教授梅由（Elton Mayo）、羅斯里士柏格（Fritz Roethlisberger）等人發起，把人類動機、需求、欲望，放在員工管理的核心。一九五〇年代，行為科學家麥格里哥（Douglas McGregor）大力宣揚這個觀念，他主張，人需要胡蘿蔔更勝於棍子。人們不需要過度控制以增加績效表現，而是能夠讓他們成長、學習、感受到自己有影響力、有意義感的環境。

許多關於中央集權以及去中心自治的辯論，由於經濟模式轉變而再度成為焦點。新冠肺炎疫情過後，組織重啟大門，企業領導人都在問如何管理遠距及混合式辦公。隨著更多工作者進入零工經濟，也出現同樣的問題。受雇者選擇零工經濟，部分原因是它可以高度個人決策，不過通常會發現零工世界中甚至有更多細微的控制手法。[37]

我們也會在個人生活中經歷組織的悖論。例如，每個為人父母者都掙扎在自主與控制之間。我（溫蒂）跟我先生前幾天晚上才剛剛經歷這種掙扎，我們在辯論該怎麼處理洗碗的期待。我女兒很討厭洗碗，但是那是她每三週輪到的家事之一。我們要給她多少自治權？要讓她自己決定什麼時候洗碗嗎？這

是否表示碗盤杯子可以堆好幾天直到她願意洗？直到我們必須用紙盤？說到親職教育以及我們人生中其他議題，問題是永無止盡的。我們的界線有多彈性？有多嚴格？

擺脫選擇障礙，從追求「更好」開始

加拿大佛戈島居民面對的兩難困境之下，是橫跨以上四種類型的悖論。這個社區的目標是透過推進未來以保存過去，這反映的是學習悖論，他們經歷到的是過去與衝突、傳統與現代之間的張力。要應對這些挑戰，則是表現悖論。居民的目標是這個島的文化永續，但是要達成這個社會性的目標，必須憑藉著建立經濟韌性之後的成果——使命與市場、經濟成長與社區發展之間的張力。歸屬悖論也相當多。居民有強烈語言來區別在地人與外地人——被稱為「來自遠方的人」[38]。但是，重建這個島需要在地人與外地人一起合作。這些張力引起各式各樣的組織悖論——尤其是社區成員觀點分歧、時有對立，但他們要依照民主方式來整合這些觀點，卻不希望製造出冗長的流程讓進展受阻。由於這些張力是互相交織的，只針對某個矛盾會導致其他矛盾，這就引起糾結的悖論。[39] 以這種方式來看待衝突張力，不必然能夠協助你隔離它，但是能協助你認識這些張力的複雜性。

悖論不只是糾結的，而且同樣的悖論會出現在不同層次——從個人到團體、組織、社會。我們把這些描述為套疊的悖論。[40] 組織面臨的同樣挑戰，在其成員的張力中反映出來。佛戈島民的個人生活，掙扎在新與舊、使命與市場、傳統與現

代化之間。應該待在島上、協助它重新成長，或是遷離、追尋經濟上與社會方面更好的機會？還有，在組織層次上感受到的衝突張力，也會在較為宏觀的、社會層次經歷到。佛戈島面臨的挑戰是個縮影，顯示出舉世皆然的問題：如何支持獨特的在地社群，使其推進到世界經濟體系，而不是被它所吞噬。

兼並思維：找出悖論連結的進階思考模型

　　經過幾十年研究，我們找出工具以協助處理悖論。我們把這些想法整理起來，稱為悖論系統──經過整合的一組工具，能引導我們運用兼並思維。在處理悖論時，這套系統的工具能轉換想法（預設）以及感受（安適）。更進一步，對於如何處理各種狀況，我們藉由建立靜態結構（邊界），同時採取因勢制宜的實務做法（動態）（圖 1-3）。

　　研究人們運用這些工具時，我們發現兩個重要見解。第一，我們採用悖論系統標籤，因為最能運用兼並思維的思考者，並不會只選擇一項工具。他們熟悉每一項工具，能夠讓這些工具共同作用。他們運用兼並思維，同時也管理自己的情緒，可以在不適狀態下感到自在。他們設定固定的邊界，作為如何應對衝突張力的指引，同時也保持彈性。

　　其次，在悖論中找尋出路是充滿矛盾的。衝突張力深植於悖論系統的基礎。如圖 1-3 所示，橫軸（人）是連結心和腦的工具。在衝突中，心和腦通常可以強化彼此。圖中的縱軸（脈絡）代表的是有助於框架出某個特定狀況的工具，協助穩定邊界並促成不斷變化的動態。穩定性和改變，各往相反方向拉

圖 1-3　悖論系統

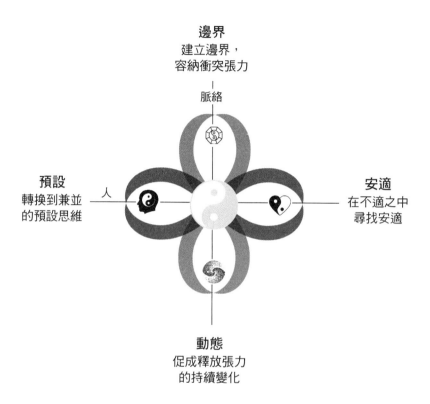

扯，但是也能產生綜效。以這些工具來輔助兼並思維，在個人
層面（心理預設與安適）以及脈絡（邊界與動態）處理悖論。

在老事物中找出新方法

　　寇柏了解佛戈島深層的矛盾。其實她認為大部分島民生活
在矛盾之中，因為他們向來生活在海陸交會、崎嶇海岸線上。

她曾公開說，「體驗生命最好的方式，或說是唯一的方式，就是安然面對死亡。佛戈島了解這一點。經歷到控制感的唯一方式就是放手。所以，過著好像很矛盾的生活，實際上是一種很棒的能力。」[41]

她知道，如果這個社區要前進茁壯，島民必須運用兼並思維，他們需要整體的態度與方法。於是，寇柏與她的兄弟艾倫和湯尼合力創辦「連岸」（Shorefast），一個在加拿大註冊的非營利組織，協助重建經濟韌性及社區整合。「連岸」是連接鱈魚誘捕籠與碼頭之間的那條線，這個組織同樣是要成為那條連接線，協助聯繫當地社區各種計劃，並且把這個社區與更廣大的經濟世界連結起來。「我們存在於整體的關係之中：整個地球、全體人類、整個存在。」寇柏在該公司的網站上說。「我們的工作是找到方法來歸屬於整體之中，同時標舉人與地方的獨特性。」[42]

寇柏認為，這個世界能得益於「具有強烈本土氣息的各個地方所串成的全球網絡」，一個看重各自的獨特貢獻、又能彼此連結的網絡。為此，「連岸」建造了佛戈島旅宿（Fogo Island Inn），它有二十九個房間，尊崇當地文化同時也建立經濟成長引擎。這個旅宿強調極致的好客文化，這不僅是佛戈島、也是廣大紐芬蘭地區的傳統。它重新活化佛戈島民的技能，處處顯示在旅宿的建設中。曾經是建造木船的木工，為旅宿打造出具有藝術設計感的木作家具。拼布工作者利用流傳好幾代的零碼布料縫製成毯子，為亞極地寒冬增添暖意，縫製美麗的棉被提供給旅宿每一張床。採集者的技能因為大家開始購

買罐頭蔬果而變得沒有意義，而現在他們帶隊走進島上荒野尋找天然美食。如同寇柏預期，這些做法有助於「在老事物中找出新方法」。

旅宿為島上帶來外面的人，也帶來收益。客人也為島上社群介紹新觀念，這些想法有助於開拓視野及可能性。不過，這份關係是互惠的。寇柏開辦一個社區接待人計劃，島民可以挑選旅宿裡的客人，帶客人去遊覽。遊覽點可以包括接待人自己最喜歡的健行地點、當地酒吧，或者甚至是帶到接待人自己的家，給旅客吃一頓家製晚餐。旅客透過當地居民眼睛來體驗佛戈島，感受與這個島更深刻的連結、對鱈魚的敬愛，以及受到塞爾特小提琴影響、充滿靈魂味道的民謠，深刻了解珍惜在地風土人情的價值。這些真正的交流激發巨量的連結，甚至有些能持續到旅客離開佛戈島之後。

組合兩者的最大優勢，就是創新

寇柏認為，旅宿和當地社群的永續性是緊密交織的。旅宿要能使佛戈島的經濟韌性有所進展，就必須促進社區其他面向才行。「連岸」跟當地社群一起合作重建一個漁業合作社，支持想要重拾漁業的人。這個組織協助成立一個木作與手工藝商店，讓木工與拼布工作者能繼續從事工作，為產品創造市場。佛戈島旅宿的成功以及社區的進展，非常令人驚艷，慢慢的吸引人們回到島上居住。

對寇柏來說，社群與經濟處於善性循環是最理想的。強大社群促使在地經濟茁壯，而強大的在地經濟也能滋養活躍的社

群。不過，這個循環並不是只在當地層次。寇柏強調，在地成功就像全球永續性的引擎，而連結全球資源促使在地成功，是一樣的道理。寇柏認為，問題在於我們常常視野太過狹窄。我們過度強調全球大企業的成功，而忽視在地組織和在地社群的重要角色。或者另一方面，我們只專注在地、與外界脫節，希望能避免威脅，但是也失去廣大世界所展現的機會。

　　寇柏走出一條超越分歧的道路，尊崇傳統、建立社群，同時也把由來已久的做法予以現代化，促成全球交流。不過，「連岸」組織必須在這種複雜性之中持續生存下去。它要如何做到？我們會在本書其他章節探討這個問題。

本章重點

- 衝突張力把我們往相反方向拉扯。在眼前的兩難困境深層是矛盾悖論。我們通常會採用二選一在各種選項之間做選擇。但是要處理最具挑戰性的問題,必須了解引燃這些問題的複雜悖論。
- 悖論是矛盾又互相依存的元素,同時存在而且持續。悖論到處都有。我們可以區分出四種型態的悖論──表現、學習、歸屬、組織。
- 悖論通常糾結難解,因為它的多重張力彼此強化;而且層層套疊,類似的張力出現在不同層次。
- 悖論已經被研究了好幾千年。然而在當今世界中經歷到愈來愈多衝突張力,更劇烈變遷、更加紛陳的多重性、更加匱乏,使得悖論變得愈來愈明顯。
- 在悖論中找到出路是矛盾的。我們使用工具來得到悖論的好處,但這些工具本身卻是對立而且互相交織。

第二章

二選一慣性的弊病
兔子洞、破壞錘、壕溝戰

> 我們永遠不能讓自己被「二選一」霸凌。
> 通常除了那兩個選項之外，很可能會有更好的選擇。
> ——動態管理學派代表人物　傅麗德（Mary Parker Follett）

1932 年，木工師傅克里斯欽森（Ole Kirk Christiansen）成立樂高。從那時起，這家公司聚精會神專注在最傑出的產品，那就是可以互扣的磚塊積木。一九九〇年代早期，這項策略獲得回報。這個企業組織一飛沖天，樂高遠遠超過競爭對手，在組裝玩具全球市場占據 80% 份額。

那時樂高最為人所知的是，嚴格品管控制以及強烈的共同理念。主管對於任何創新決策，十分嚴肅以對。例如，大約花了十年時間才決定在混合磚塊積木中加入第五個顏色——綠色。同樣的，對於是否要跟另一家公司合作，資深主管在公司內部反覆辯論。

樂高對於盧卡斯影業的提案，某位副總裁宣稱，「要樂高推出〈星際大戰〉，除非我死。」另一個副總裁則說，「樂高不信任外界夥伴……我們的想法永遠是『我們用自己的方法做。我們會做得更好。』」六十多年來，這套方法是有效的。

2000 年，樂高被稱為「本世紀的玩具。」[43]

但是從一九九〇年代晚期，競爭者開始挑戰樂高的市場地位。數位及電腦玩具開始出現，樂高發現自己成長停滯。銷售停在高原區，然後下降——這是公司成立以來第一次發生。

為了在二十一世紀保持產業領先者的地位，樂高顯然需要改變。

2001 年，丹麥博士生陸思徹爾（Lotte Lüscher）聯絡我（瑪麗安）。陸思徹爾當時正在研究樂高的變革。樂高領導高層發現自己和企業都很自滿、封閉，無法跟上快速變遷的市場及競爭者的腳步。這家公司壓力很大，因為內部結構重組，砍掉整個管理階層，希望能更敏捷，也精簡人事成本。剩下的中階經理人則處在創新與效率、現代化與傳統、彈性與控制的衝突張力之中。

陸思徹爾希望更了解悖論相關研究，了解這些想法如何運用在她在樂高所看到的情況。

樂高是個熟悉的故事——偉大帝國處在傾滅邊緣。我們看到羅馬帝國、大英帝國、蘇聯的興衰，也看過大企業的生命週期，更別提我們自己的事業與婚姻等的變化浮沉。[44] 發生在樂高的模式是普世皆然的，它反映出積習已久的惡性循環——成功導致自滿，終至傾覆。

樂高領導高層只關注在最擅長、獲得過去的成功的方式，這個傳奇的玩具業霸主不再學習與改變。樂高領導高層被二元的模式絆住——要不就是守住長久以來的強項，要不就是轉向新事業，賭上過去所創造出來的一切。其實，真正的賭注風

險，正是這種二選一的思維。

二元思維的危險

二元思維的危險在於過度強調某個悖論的一面，而忽略了另一面。如同樂高的故事所揭示的，緊緊守住目前的成功而沒有同時創新，當未來成為現在時，這個組織就卡在過去。不過，眼前出現兩難困境時，這是一種典型的回應。遲疑不決或甚至保持彈性，會讓我們覺得不確定而感到焦慮。我們衡量這些選項而作出清楚決定時，二元可以為這些情緒提供鬆一口氣的感覺。我們不一致的時候，也會覺得焦慮。[45] 因此，我們想盡量讓自己的決定跟之前所承諾的保持一致。不過，隨著時間，我們對某個特定行為做出一再重複的承諾，會愈來愈強化。只要開始走上一條特定道路，就傾向待在這條路上，這樣一來就卡住了。

在處理兩難困境時，這種符合邏輯但是受限的二選一方式，受到社會的強化。例如詩人佛斯特（Robert Froster）著名詩作〈未行之路〉，開頭前兩行是：

> 黃色樹林中兩條分歧的路，
> 可惜我不能兩條都走。[46]

佛斯特是在 1914 年為英國朋友湯瑪斯（Edward Thomas）寫下這首詩。當時英國正準備加入第一次世界大戰，湯瑪斯苦惱於是否從軍，還是搬到美國跟佛斯特相聚。湯瑪斯面臨兩難

困境——留下或是離開？雖然參軍的決定是困難的，但是留在英國是比較傳統的路，因此也是比較容易會選擇的選項。搬到美國讓人覺得比較新奇、不那麼傳統、比較有風險。在這首詩中，佛斯特鼓勵他的朋友，也鼓勵到後世許多讀者，要選擇那條比較有風險的路：

> 我走上那條較無人跡的路，
> 而一切因此完全不同。

　　雖然有佛斯特的鼓勵，湯瑪斯仍然選擇了比較傳統的做法，他留在英國參軍，令人難過的是，後來死於戰爭。

　　佛斯特的詩啟發許多人勇於冒險、大膽嘗試新事物。但是，如果問題其實並不是我們做選擇時太傳統？如果問題並不是關於選擇新奇或傳統？如果問題其實是，我們框架這個問題時太過狹隘？我們看到兩條路，心想只有一個選擇，而沒有想得更深入，並且質疑：為什麼一開始會覺得必須做出選擇。

大型企業也無法避免的覆轍：維穩與躍進

　　只強調悖論的一面，過度簡化也限縮我們的選項。難就難在，選擇一面，通常會讓我們獲得短暫成功——安穩、受尊重、有獎賞、有效率、喜悅。成功讓我們有動機，繼續固著在那個選項，直到我們陷入覆轍。二選一愈是成功，覆轍就愈深。樂高領導高層慘痛學到這一點，因為他們只做公司最擅長的事情，導致後來幾乎快要沒落。

英國管理大師韓第（Charles Handy）的著作《第二曲線》（*The Second Curve*）以幾十年的研究為基礎，論述為什麼會導致這種覆轍。他用數學的西格瑪曲線（sigmoid curve）、或稱為 S 型曲線，來描繪我們如何被選項而左右，從進展到停滯、最終衰落。這個曲線被用來描述許多現象也有類似路徑，包括學習、產品創新、演化、職涯進程。[47] 在我們自己的研究中，我們看到這種曲線也能代表個人認同、團隊發展以及組織治理的進程。

　　進展剛開始是緩慢的。漸漸的因為試錯及努力，加上有焦點的投資，表現進步了。接下來進步愈來愈快，發展出強項與自信，達到精熟。往上這段軌跡，讓人覺得振奮。表現進步時，學習就變快，建立起名聲。但是，這條進展曲線漸漸停滯，變得平坦，然後往下。我們有時候會以為可以避免下行，但是這是無法避免的——而且下坡很陡！我們的強項成長時，相關挑戰減少，所以就開始自滿、僵化、甚至傲慢。我們開始錯失外在環境的改變，也忽略內部能力的弱點。新的問題產生，我們缺乏工具來應對這些問題。

　　S 型曲線強調出成功與失敗的悖論（如圖 2-1）。緊緊守住你獲得成功的道路，之後會發現自己失敗。

　　這種情形，我（瑪麗安）在自己的職涯中就經歷過。當時我修完博士課程，論文在手，但是事業沒有任何動靜。我讀博士班那幾年，研究產能沒多少，孩子倒是生了好幾個。我為這個世界帶來三個漂亮孩子，而研究工作不是最優先事項。我當時還在事業 S 型曲線的底部。接著有件事讓很多人震驚，尤

圖 2-1　資源與表現的 S 型曲線

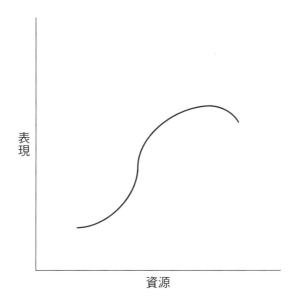

其是我父母和公婆——我先生很樂意接下持家工作，成為「家庭主夫」，好讓我能衝刺事業。我完全投入——早上五點就上班，以便在下午五點回家，讓他喘口氣，我也能跟孩子相處。

我的論文主題是科技變遷帶來的衝突張力。這些張力讓我著迷，我遍讀任何能找到的資料，關於矛盾、彼此競爭的需求、以及最重要的悖論。我認定組織研究學者可以從悖論中開創許多思想，這個想法當時幾乎沒有人注意到。我寫了一篇論文投給這個領域最頂尖的期刊之一《管理學會評論》，那篇論文榮獲該期刊 2000 年最佳論文獎，我先生和我就開玩笑說，現在我在五個人面前出名了。

本來沒沒無名的我，很快就不一樣了。我的知識和能見度成長，相關機會也紛至沓來。全世界研究者開始從各角落聯繫我，想要知道更多悖論的觀念。幾年之內，我可以感覺到事業S型曲線向上，但是我也能感覺自己卡住了。我開始擔心，我的最新研究會變成老生常談，精力和興奮感會漸漸消失。

持續進步的關鍵是，還在第一條曲線的向上軌跡（A點），就開始下一條曲線（圖 2-2）。透過創意探索、大膽創新、徹底變革，重新注入精力，這正是持續進步的關鍵。

不過，這項建議有幾個關鍵挑戰。第一，我們並不總是清楚自己正在 A 點。而且，在 A 點的時候，終於經歷到成功的興奮感，這時候沒有動機去改變。畢竟，就像「沒有破就不用補」這句俗話。只有在來到 B 點時，才會開始看到向下的曲線，才會感覺到需要改變。但是等到那時候，可能已經太遲。我們不會擁有同樣資源可以再注入精力與改變。你可能知道有個精明的觀察是，有工作時（A 點），比沒有工作（B 點）更容易找到下一個工作。同樣的，一家公司正在成長茁壯時（A點）比起走下坡（B 點）更能投注於創新。韓第的結論是，「最險惡而致命的障礙是，第二條曲線必須在第一條曲線達到高峰時就開始。只有在這時候才有足夠資源——金錢、時間、精力——來資助第一個低谷，也就是投資期。」[48]

組織如何由盛轉衰？

創新與改革專家米勒（Danny Miller）在著作《伊卡洛斯悖論》（*The Icarus Paradox*）以案例說明 S 型曲線對組織的影

圖 2-2　第一曲線與第二曲線的黃金接軌期

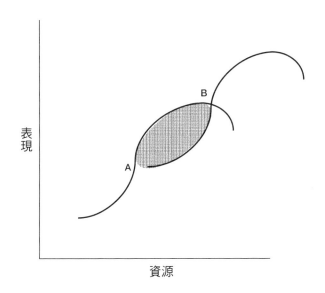

響。他解釋，造成組織失敗最大的原因是成功。最成功的組織開始過度簡化流程；變得自大驕傲、與外界脫節、對回饋沒有反應；缺乏動機或資源去進行變革。面臨新科技及市場趨勢轉變，曾經是高效率的流程、組織與領導人，開始失敗。

米勒把這個挑戰稱為「伊卡洛斯悖論」，伊卡洛斯是一個希臘神，他有一雙蠟質翅膀，他非常迷戀飛行，飛得太靠近太陽，翅膀融化，他掉下來跌死了。[49] 米勒還提出幾個令人大開眼界的案例，某些市場領導者在市場中崛起，非常自戀於自己的成功，缺乏警惕，然後很快就從 S 型曲線掉下來。

想想德州儀器這家公司，它最擅長的領域是高科技設計與

精密工程，當市場的需求是更基本、更使用者友善的產品，德州儀器無法提供。這家公司的固有技能以及過度自信的態度，使它無法迅速改變。另一個類似例子，蘋果很擅長找出下一個突破性產品，以超群大膽的設計而著稱，蘋果設計師走得愈來愈遠，創造出令人驚豔又高雅但是商業上不可行的新產品。

如何得知自己在 A 點？

我們怎麼知道自己處在 A 點？也就是成功和失敗之間的轉折點，在這個點，我們必須轉變，從過去獲得成功所做的，轉變到為了未來成功而必須做的。但是眼前一切都進展順利，我們沒有理由相信上行軌跡會改變。因此，祕訣就是要永遠相信你正在 A 點，要不斷掃描並尋找下一個曲線，即使你正在享受成功。

基本上，我們必須一直做這兩件事——靠著發展完備的技能、見解、產品，同時也要實驗及探索，以發展新的機會。不過，運用目前技能同時又要建立新技能是很挑戰的，因為目前的世界與新世界不僅不一樣，還常常互相矛盾。

新世界可能會破壞甚至瓦解舊世界。所以，我們必須活在悖論中。如同韓第所建議的，「那些在 A 點就開始第二曲線的人是明智的，因為那就是通過悖論的路徑，維持現在的同時，也在建立新未來。」[50]

在我（瑪麗安）的職涯中，我很幸運看到事業 S 型曲線開始升上高峰的跡象，我知道我必須改變。我開始筋疲力盡，覺得榨乾、疲累，這一點都不好玩，但是確實是個寶貴訊號，讓

我知道我可能正在接近 B 點。多虧學術圈有休假年的傳統，正好可以讓我處理這個問題。我和家人移居到英格蘭，這次離開讓我走出覆轍，讓我有機會好好思考下一步，這是非常需要的，雖然有時候讓人不舒服。我不想放棄學術研究，但是我也需要有個新挑戰，來點燃我的關注焦點和精力。我非常希望展開第二條曲線，我回到美國辛辛那提大學時所懷抱的願景是，我必須實踐我所宣稱的事，我要欣然接納互相競爭的需求。我成為副院長，這個決定又震驚了許多人，因為那時我還沒有拿到終身教授職。在學術圈要拿到終身教授職，相當程度取決於研究產能，因此很少有教授在還沒拿到終身職之前，就擔任重要管理職位。但是因為我覺得枯竭，我發現我必須轉移到新的責任上，即使我還是持續做研究。對於過去和未來、理論和實務之間的張力，我欣然接受，因此點燃了我的能量。

如同 S 型曲線的圖形，當我們發現陷入自己造成的覆轍，我們有選項。如果繼續運用二元思維，隨著張力升高，我們會面臨另一個兩難困境：要更加強努力目前所做的，還是徹底改變？然而，接下來的反應會加深目前的陷阱或是製造出新的陷阱，最後這些陷阱就會把我們帶進惡性循環。在我們的研究中，指出三種惡性循環模式：兔子洞（強化鞏固）、破壞錘（過度糾正）、壕溝戰（兩極化）。

兔子洞：強化鞏固

我們就像進入愛麗絲夢遊仙境裡的兔子洞，不知不覺掉得又深又快。是什麼讓我們掉得那麼深，一直卡在狹隘的選擇模

式，很久以後才發現必須成長及改變？又或者，原本的強項早已變成累贅，為什麼企業與社會、親朋好友還在重蹈覆徹，讓不好的情況變得更糟？

會發展出強化鞏固這種惡性循環，是因為愈是以某種方式回應張力，尤其這個行動剛開始對我們有好處，我們就更會使用那種回應方式。我們變得對這種反應更擅長、更安適、更自動化，最後變成一種習慣。有三個陷阱會助長這種惡性循環：思考方式（認知）、感受（情緒）、行動（行為），這些都會讓我們在兔子洞裡加速墜落。[51]

▌認知陷阱

認知，也就是我們的思考方式，把我們困在一個強化鞏固的循環裡：我們看到自己想要看到的。預設心態就像心智中的鏡片，影響到我們如何框架某個問題及反應。愈是擅長某種思考方式，並且覺得很順暢，我們就愈會把本來的預設、心智限制及偏見，視為理所當然。我們漸漸變成只用一種方式來思考世界，當這些觀點受到挑戰時，我們就會升起防衛心，這種防衛心態又加強本來的預設。組織心理學家葛蘭特（Adam Grant）在研究中強調，我們常常會毫無意識一直強化自己目前的心智模式，因為重新思考需要勇氣、謙卑與好奇心。[52]

經驗能激發學習，但是也會加強既有的了解。心理學家、教育學者克爾博（David Kolb）描述經驗式的學習：（1）經驗——嘗試一些新事物（2）反思——回想發生過的事（3）提出理論——根據發生過的事，發展抽象概念（4）實驗——設

法測試抽象概念。[53]

　　我（瑪麗安）清楚觀察到我一歲孫子展現經驗式學習過程，讓我相當驚訝。我孫子可能會碰碰正在加熱的烤箱門，往後一跳，看看烤箱、看看自己的手、再看看我。我說「熱」，我能看到他的小腦袋瓜正在運轉。廚房很危險嗎？是不是每個銀色東西都是「熱」？奶奶講的是什麼意思？他搖搖擺擺走到附近的櫥櫃，摸摸櫃子，沒感覺到什麼，這個東西不好玩。他又搖搖擺擺走到不銹鋼冰箱前，摸一摸，發現是冷的。晚餐後，他又測試了一次烤箱，現在那東西摸起來不一樣了。他的行動帶來新的經驗。他在反思、提出理論，然後實驗他的理論。我盡量跟他解釋，我喜歡他一片赤子之心，我知道他有廣大世界去探索和處理，但是我也知道，他的行為和反思對於學習過程有多大影響。

　　在大人的世界裡，經驗式學習是自動發生而且很迅速，我們很少質疑自己的預設，無論我們的經驗是什麼。人們發展出預設來框架這些經驗，引發自我應驗預言。例如，我們知道自己分析方面很強，但是作品遭到某個同儕批評，我們會質疑對方的分析能力，或是把自己的報告寫得更清楚一點。波士頓學院管理學教授巴圖內克（Jean Bartunek）認為，面對更多直接的矛盾及充滿挑戰的兩難困境時，我們必須重新框架這個問題，朝向更高層次的思考，仔細考量兼並的另類選項。[54] 但是我們更可能會想要合理化，想要弄懂這個衝突，以我們已經擅長的方式來理解這個衝突。

　　我們盡量在陌生中創造熟悉，用過去的辦法來解決衝突張

力，然後往下走。結果反映出著名心理學家貝特森（Gregory Bateson）所謂「雙重束縛」（double bind）。[55] 待在目前的框架中，我們選擇的詮釋是能夠支持而不是挑戰我們的心態，觀看事物的鏡片是狹隘的，而不是此刻最需要的廣闊視野。我們些微調整思考方式，比較可能是為了加強自己的觀點，而不是改變觀點。如果我們不擴展思考方式，就無法學習、調適、或擴充我們的選項。

在樂高，研究者陸斯徹爾希望能協助中階經理人從悖論中找到出路。資深領導高層要推動策略面的重大改革，而產線經理是以目前的心智框架，努力弄清楚這些改革是什麼。多年來，這些產線經理在監督員工方面表現優良，達到愈來愈高效能和品質目標，才能爬到這個位置。

然而因為樂高財務困難，資深領導高層把目標拉得更高，現在這些產線經理也被期待要建立創新的自我管理團隊來改善生產流程。這些經理人知道如何提高生產力，相當了解生產線管理的一切。但是他們愈是用他們所知的方式來提高生產，就愈沒有時間教導團隊，鼓勵實驗。而且，管理一個自我管理的團隊，到底是什麼意思？

我們的心智限制和捷徑，束緊這個陷阱，使我們在兔子洞裡更是往下掉。諾貝爾經濟學家賽門（Herbert Simon）把心智限制定義為受限的理性。[56] 由於我們無法完全消化複雜又變化無常的資訊，我們會專注在那些以既有心態認為最重要的事情上。但是，這些經過挑選後的資訊，很可能是支持既有思考方式而且更強化它、鞏固它。

我們的想法愈來愈限縮、滯塞、自我強化，變成隧道視野。創新大師克里斯汀生（Clayton Christensen）在《創新的兩難》描述這種惡性循環。[57] 領導者跟創新悖論搏鬥，也就是必須為未來大膽創新、同時應對目前的營運需求時，偏見把高度成功的企業推向更加投資強化其核心能力，這時候也忽略了探索未來的可能性。

諷刺的是，忠誠顧客會加強領導人的偏見。克里斯汀生發現，顧客被問到需要什麼新產品時，長期顧客總是說：想要過去那些創新產品，但是要比較不貴的加強版。

認知陷阱不只出現在我們怎麼想事情，還會加強鞏固我們的感受和行為模式。著名的史丹佛心理學家華茲拉維克（Paul Watzlawick）描述，自我應驗預言的神奇之處是，它創造出我們期待中的現實。[58] 如果某個經驗符合預言並且跟我們的期待一致。我們接受它，我們會認為它證明我們是正確的。預言和經驗之間出現衝突或矛盾，我們會忽略、拒絕、或是為這個經驗找出合理的說法。

1968 年，心理學家羅聖索爾（Robert Rosenthal）與傑柯布森（Lenore Jacobson）的經典實驗，展示了這種自我應驗的預言如何發生在教室中。研究者隨機標註一組小學生，為具有快速學習的高度潛能的「快速成長」群，無論這些學生的能力及表現如何。在學年剛開始時，研究者告訴老師這群學生具有高度學習潛能，然後同時觀察老師與學生。這些標籤影響了老師如何跟這些學生互動，老師對他們有更高期望，給他們更多讚美。結果這些學生平均表現大幅超過其他學生。羅聖索爾與

傑柯布森把這種自我應驗預言，稱為畢馬龍效應（Pygmalion Effect），因為是老師的期待塑造了學生的行為（按：畢馬龍為希臘神話中的雕塑家，愛上自己塑造的女性雕像）。畢馬龍效應不只會在學齡兒童身上發現，也包括經理人與員工之間的互動。[59]

▌情緒陷阱

　　情緒也會製造陷阱，讓我們重蹈覆轍。我們天生偏好有信心、確定而且安全的感受；但是，衝突張力引起不確定跟不安全感。當我們面臨互相衝突的需求，我們在身體中感受到這種不確定性——在胃深處翻攪或是心跳加速的感覺。

　　我們自然會傾向採取行動來降低這種不適感。為了這樣做，我們通常會避免、拒絕，或是迴避衝突張力。研究悖論的兩位心理學家史密斯（Kenwyn Smith）和伯格（David Berg）發現，當我們欣然接受衝突張力、積極面對情緒高張的狀況，我們能探索新的選項，並且質疑與修訂本來的做法。練習面對衝突張力，我們可以從源頭降低焦慮感。不過，人們通常無法了解這一點，我們最立即的傾向是降低暴露在衝突中，抵抗改變。短期內可以壓下焦慮感，但長期來說通常會讓我們更覺得不舒服。[60]

　　為什麼情緒能引發這種毫無建樹的衝突防衛心態？根據心理學研究，衝突張力引起焦慮，威脅到我們的自我。矛盾與衝突以及互相競爭的需求，讓我們驚訝而困惑，挑戰我們本來相信的事物，被迫質疑本來的心態、技能、身分認同或人際關

係。不僅如此，衝突張力也會帶來不確定性，使得未來可能性變得不清楚。隨之產生的不確定性引發更多焦慮及不適。就像認知偏誤，情緒防衛可能會導致忽略、拒絕或重新詮釋自己的經驗及收到的資訊。我們希望得到有結論的成果，這樣可以壓下不確定及不適感。與其改變，我們可能會強化鞏固自己偏好的回應方式。

防衛機制暫時降低暴露在不舒服的張力中，有一種防衛機制是切分，把對立的力量分開。例如在會議中，衝突升高，我們會把這些人想成兩個陣營——支持與反對某個特定議題的陣營。這樣做幫助我們釐清自己在這個議題中站在哪一邊，辨認敵友。

這種做法也會讓我們覺得比較安心，覺得自己的立場不孤單。但是這種切分會強化「我們／他們」之間的差別，同時也壓下相反意見之間的可能連結。這種方式無法產出整合的新路線，而是造成派系與地盤之戰。

同樣的，我們透過壓抑或否認，屏蔽衝突張力的覺察，暫時避免不適感。遇到引起焦慮的事物，把注意力移轉到比較不令人困惑的議題。這樣做短時間內可以幫我們重拾精力，但是也只能這樣而已。最後我們還是必須面對衝突，做出決定。為了保護自我的感受，我們會過度強調在衝突中我們比較喜歡、覺得比較舒適那一面。一旦用上這種防衛機制，即使看到證據顯示必須努力嘗試新方式，我們還是會傾向做熟悉的事，加強使用本來的技能，以展現我們的能力、鞏固自我。[61]

▌行為陷阱

使我們卡在加強鞏固的兔子洞，最後一個陷阱是我們的行為。我們是習慣的產物，傾向固著在既有的常規，而不是嘗試新事物。我們的習慣雖然可能是生活的力量，透過持續不斷的努力讓我們達成目標，但是，習慣太僵化或自動化，也會是個問題。

我們可以在各層面看到習慣的形成——個人、團體、組織，這可以協助或阻礙問題解決。管理學者希爾特（Richard Cyert）及馬區（James March）在著作《企業行為理論》（*A Behavioral Theory of the Firm*）詳述這個流程。[62] 人們發展出證明有效的常規，這個做法得到回報、經過分享、一再重複。習慣從個人轉移到團體、組織，透過非正式的文化習俗，以及比較正式的標準作業程序。這些文化習俗及作業程序，促成協調更順暢，成為對企業有益的最佳實務做法。但是，並非所有問題都是標準的。事實上，新機會出現通常是在情勢最不明朗、最複雜、最不樂觀的時候。我們的超能力漸漸會變成致命弱點，就像樂高的品質控制及共同理念，在變革的時代中限制了大膽創新，以及更關鍵的自我檢驗。

強化鞏固行為，類似模式出現在針對專業工作者的研究中，例如醫生、工程師、科學家等。管理學教授丹恩（Erik Dane）回顧幾十年來相關研究，發現專業工作者因為深度知識而得到讚揚，這讓他們更加深入，但是也縮窄其專業。這種模式限制了他們以不同方式思考和回應各式各樣的新問題。專業工作者的常規工作能力太強，實驗顛覆式新做法對他們身心

兩方面都是挑戰。[63]

　　行為的陷阱變得緊密交纏，表現開始衰退時，更加強化我們的認知及情緒陷阱。由於 S 型曲線開始走下坡，我們不是把自己拉出行為上的覆轍，更可能是加碼。組織研究學者史陀（Barry Staw）在他著名的研究中詢問，為什麼優秀領導者會做出糟糕的決策。經過將近四十年，他和其他學者發現，一旦人們投資了時間和精力在某個決策，他們傾向緊守並且花更多心力，而無視於相反的訊號。史陀稱這種傾向是「升高承諾」模式（escalating commitment），偏好之前的決定以及既有心態的一種偏見。

　　在兔子洞裡掉得更深時，原本的習慣以及漸增的焦慮感，助燃這個認知陷阱。例如，創業者會避免從某項陷入掙扎的事業中抽身，他們相信只要再投入多一點點錢、熱情及努力，就會有所回報。我們覺得事業停滯並缺乏意義，但是覺得如果再更努力工作，就會得到勝利。資源投入愈多，對成功的渴望愈大，眼罩就愈緊。我們甚至會更嚴格繼續我們偏好的行為模式。史陀以及他的同事更進一步發現威脅與僵化之間的連結。我們愈感受到威脅，就把目前的行事做法抓得愈緊，希望能對那些變得無法控制的事物，重奪控制。[64]

破壞錘：過度糾正

　　希望打破二元思維的覆轍，我們可能會過度矯正二元思維，朝向完全相反的方向。想像牛頓球，那是一組會擺動的球，把其中一端的一顆球拉起來再放掉，它會撞到另一顆球，

然後傳遞能量到另外一端，最遠那顆球被撞開，然後又擺回來再撞上它旁邊的球。這個能量傳導來回重複，但是沒有做到任何事情。在我們的研究中發現，二元思維會循著這種模式，但是也會更有破壞力。過度糾正到最後會使我們自己走上覆轍。在這個案例中，鐘擺變成破壞錘；往反方向擺動的力量過大，造成新挑戰而且甚至更嚴峻。[65]

當樂高領導階層了解到，過去的成功策略導致他們走上覆轍，接下來他們卻過度反應。他們找出單面思維行事做法的缺點，如何影響品質控制並造成封閉停滯及衰退，於是決定投入徹底的創新。羅伯森（David Robertson）及布林（Bill Breen）在《玩具盒裡的創新——樂高以積木、人偶瘋迷 10 億人的祕密》以編年方式細數這段過度糾正。樂高從全球請來最頂尖的創新專家，如教科書般完美實施那個時代的七項最佳實務做法。樂高的企業口號變成「創造力凌駕一切」。砍掉製造部門成本，資源轉移到研發部門，在倫敦、米蘭、舊金山設置新設計中心，開始產出新觀念和新產品。這些設計中心焦點清楚，它們調整結構、目標以及每個層次的流程，就為了一項策略：創新、創新、創新。

樂高先前的 S 型曲線花了好幾十年達到高原期，然後開始下降。下一個曲線的加速比這快得多。新產品、品牌能見度、銷售都創下新高。到了 2002 年，樂高領導者期待利潤創新高，但是銷售卻開始下滑，庫存增加。發生了什麼事？樂高董事會找當時剛從麥肯錫顧問公司聘來的納斯托普（Jørgen Vig Knudstorp）負責樂高的策略發展，展開研究調查。

納斯托普十分震驚於自己的發現。雖然推動創新的早期獲得成功，但是只有少數項目是真正因此獲利。銷售在高原停滯，研發費用超支。他評估傷害程度，發現銷售開始邁向 30% 的衰退，而且可能無法如期清償債務。創新使得樂高走向破產邊緣。它的創新策略缺乏紀律，變成一個強化複雜性與混亂的破壞錘。曾經樂高花了差不多十年才加進一個新顏色——綠色，但是在他們強化創新的時期，才沒幾年就製造出 157 種不同顏色的零件。以前控管嚴格的供應鏈，現在缺乏成本控制、品質控制與協調。長期忠實顧客質疑新產品；新舊領導階層之間的張力逐漸升高；零售商對於樂高「爆量新產品」應接不暇。納斯托普總結他的發現，給樂高董事會寫一份備忘錄，開頭是：「我們正在一個著火的平台上。」[66]

從對立需求找到突破口

像樂高所面臨的悖論，我們的學術同行強森（Barry Johnson）發展出一個很有價值的工具來闡述它，這是一張兩極分化的地圖，顯示悖論的惡性及良性循環（圖 2-3）。[67] 軸的兩端是每項對立面，它們各有利弊，相反到幾乎完全對立。太過聚焦於優勢面，最後會導致它的弊端，造成 S 型曲線下墜。為了逃脫兔子洞，我們追逐那些自己所缺乏的優勢，於是往對立方向去改變，展開一條新的 S 型曲線。但是漸漸的這條 S 型曲線也衰退了，鐘擺又開始擺盪。擺盪的結果造成一個無限迴圈的形狀。我們的目標是降低極端的擺盪，盡量把這個迴圈維持在這張地圖的上半部，也就是有利的部分。

圖 2-3　兩極地圖：樂高發展策略的利弊

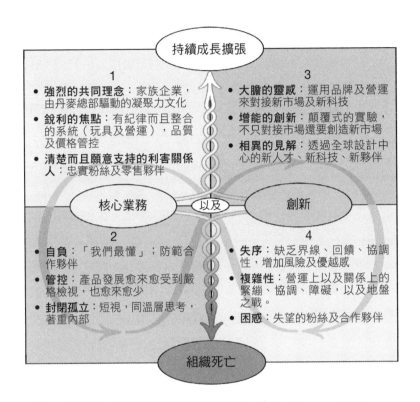

持續成長擴張

核心業務　以及　創新

組織死亡

1
- **強烈的共同理念**：家族企業，由丹麥總部驅動的凝聚力文化
- **銳利的焦點**：有紀律而且整合的系統（玩具及營運），品質及價格管控
- **清楚而且願意支持的利害關係人**：忠實粉絲及零售夥伴

3
- **大膽的靈感**：運用品牌及營運來對接新市場及新科技
- **增能的創新**：顛覆式的實驗，不只對接市場還要創造新市場
- **相異的見解**：透過全球設計中心的新人才、新科技、新夥伴

2
- **自負**：「我們最懂」；防範合作夥伴
- **管控**：產品發展愈來愈受到嚴格檢視，也愈來愈少
- **封閉孤立**：短視，同溫層思考，著重內部

4
- **失序**：缺乏界線、回饋、協調性，增加風險及優越感
- **複雜性**：營運上以及關係上的緊繃、協調、障礙，以及地盤之戰。
- **困惑**：失望的粉絲及合作夥伴

來源：兩極地圖概念源自巴瑞強森及兩極夥伴公司（Barry Johnson and Polarity Partnerships, LLC.）版權所有 ©2020.

　　然而，樂高領導階層的決策，卻是地圖上不利的迴圈。樂高領導人發現自己落在每個軸的弊端那一頭，落入無限迴圈，在下方象限很深的地方。剛開始，領導階層加強掌握核心產品，強調企業的強烈共同文化，有紀律的焦點、以及對忠實粉絲的承諾（象限1）。當玩具市場開始改變，這條路線導向明

顯的不利，也就是第 2 象限。因此領導階層決定改弦更張、邁向創新，這是象限 3，直到這種極端的反應導致象限 4 列出的弊端。[68]

我（瑪麗安）也在我的事業中經歷到這種激烈的擺盪。在我的學術休假年，我發現自己太過專注在研究上，幾乎把自己推向懸崖邊緣。做出嚴謹又有創意的研究，讓我得以建立理論，產出一系列受到相當多引用的論文，取得傳統上的學術方面的成功。然而我也站在一個著火的平台上，我就是那個正在燃燒的人。由於太專注在理論建構，我開始質疑我對於廣大群眾有什麼關聯，我在想自己是否對人們的生活、或是我關心的議題，有什麼影響。

幸運的是，我的研究中有好幾個人相當具有啟發性，我看到那些領導人物可以發揮多大影響力，促使我思考自己的職涯。啟發我得到這項理解是因為我破除了本來的日常，讓我有機會去思考一條完全不同的道路。休假後我回到辛辛那提，決心成為大學裡的行政主管。接下來十年，我擔任領導職，以作研究同樣的幹勁，盡情投入。這些工作對我的時間要求相當高。剛開始，犯錯是家常便飯，有時候還犯了糟糕的大錯；而且第一年我無數次質疑自己擔任管理職的決定。我是否因為自己研究做得很累而過度糾正了，太用力擺盪到完全相反的方向？我怎麼會走到這個地步？

我有很多良師益友和同事，提出有建設性的重要回饋，在我緩慢而痛苦的爬上這條學習曲線時，對我幫助很大。過了一段時間，就覺得比較容易了。從失敗與成功而來的自信，漸漸

增加。

我喜愛創新實務與領導傑出團隊，但是很快我就發現自己又陷入熟悉的情況中，我又開始極度專注，這次不是理論建構，而是專注在學院裡貢獻我的領導知能。這種單面思維——或者就說是過度著迷吧——又把我累垮了。我帶著同仁做完一個超大型的大學專案之後，完全喪失精力。更糟的是，我質疑自己的人生。我離婚了，對母職患得患失，接著兒女紛紛長大離家，空巢期的我沒有任何閒暇興趣。幸好這時我又累積足夠年資可以再休一次學術假。這次我得到傅爾布萊特獎，前往倫敦，決心讓破壞錘停下來。

壕溝戰：兩極分化

惡性循環的最後一個警告，來自兩極分化的模式。現在我們已經指出，個人、領導人及組織陷入覆轍時會怎樣。但是，如果是出現某個議題，而大家分成對立面，每個團體都各自卡在覆轍裡，然後彼此對抗呢？這就是壕溝戰。

各自陷入覆轍的對立雙方開始作戰，更加強化彼此的動彈不得。由於覆轍影響我們的思考、感受、行為，這些又會更加深覆轍，結果就是對立陣營變成我們最大的挑戰。我們愈是感受到對立面的挑戰，就愈防衛自己的立場。到最後是劍拔弩張、永無休止的拉鋸。我（瑪麗安）注意到這種永無休止的爭戰，是在造訪倫敦的帝國戰爭博物館，當時剛好第一次世界大戰一百週年。一戰期間，雙方持續升高壕溝戰的科技，生活及戰技方面皆有提升，而且找來更多合作夥伴。最後雙方各自用

壕溝戰加強保護自己，戰爭變成沒完沒了，而不是想辦法結束戰爭。

在研究過程中，有個學術工作者桑達拉莫西（Chamu Sundaramurthy）聯絡我（瑪麗安），因為她發現，研究企業董事會的學者以及董事會的顧問，雙方爭辯持續升高，令她相當受挫。某方強烈主張董事會應該控制並監督執行長，因為這些高階主管可能會管理失當，因此他們建議的組織結構是把這些角色分開。另一方則主張，董事會與高階主管合作，對組織會更好，認為合作能協助所有參與者，藉由彼此學習而找到新機會，來促進並支持企業。但是，無論是誰的主張，聆聽的那一方，不是讚美就是批評，壕溝觀點日漸加深。

桑達拉莫西和我開始回顧企業治理的文獻，爬梳每個路線，了解各種不同的深層心理預設及建議。我們很快發現，必須改變問題。與其考察哪個路線是正確的，我們開始問自己，運用各自路線到極端會有什麼危險。每個路線對人性有不同看法，都是單一視角。第一組把人性視為有問題：因為人類傾向於把自己的利益放在別人和企業之前。對於這組人來說，管控機制是必須的，這樣才能克服個人的自我利益。第二組的觀點則相反，著重人類的社會天性，強調人們想要成為某種更大整體的一部分，能夠從合作中受益、也會表現更好。

▌組織為何從共榮走向對立？

管控路線太過頭，造成不信任的循環。董事會擔心高階主管可能管理失當，於是對他們嚴加監督。董事會與經理人拉開

距離，提供紀律與外部視角。當這家企業表現良好，這個路線得到確認，鼓勵董事會施加更多管控，並與經理人更拉開距離。但是這種路線，也會造成董事會與高階主管之間的裂痕。董事會成員及執行高層都相信公司成功是證明自己的能耐，而不是對方的能耐，這又更進一步縮窄他們的視野，以及對目前企業策略的承諾。不過，若發生外部震撼，例如新科技、更多創新對手、經濟下行等，企業表現衰退，這些習氣會變得相當危險。董事會和經理人會變成表面管理（impression management），想方設法為自己保住面子，尋找替罪羔羊、指責對方，以解釋為什麼表現不佳。董事會成員和執行高層不是一起學習如何走出衰退，而是互相強化自己的戰鬥陣營，董事會用更多管控來挑戰創新思考、實驗以及合作。

合作式路線表現出同樣的模式，只是氣氛不一樣。董事會和經理人同屬治理團隊，通常是由 CEO 擔任團隊領導人，CEO 通常也是董事長，這種團隊聚焦在集體決策，擅長訂立與達成組織目標。經理人與董事會一起工作與學習，可以使組織進步並相互瞭解，雙方愈來愈為組織、也為彼此奉獻。

在高績效表現時期，團隊會歸功於強力合作，並且很快就能達成共識。但是當企業的 S 型曲線終究下降時，他們會把失敗歸咎於無法掌控的因素。此時，多數組織不會尋求外部視角或是改變目前的策略，而是更決心奉獻於現行計劃以及合作。相較於不信任感會助燃上述的管控路線，同溫層思考則是極端合作路線的核心。

有趣的是，桑達拉莫西和我發表研究發現的經驗，反映出

壕溝戰相同的模式。我們希望提供一個另類方案，把不同觀點整理起來。學術界的回應呈現兩極化，評論我們論文的學者分屬不同陣營；整個過程中，評論者的觀點也變得壁壘分明。桑達拉莫西和我在想，這個持續超久的匿名評論過程大概永遠不會結束。最後，期刊編輯壓下這些評論者的意見，他認為，這種關於質疑的改變——並不是問哪個路線比較好，而是兩種路線之中哪些部分是重要的——才是讓對方陣營重新思考這場辯論，並且協助組織提升治理能力的關鍵。[69]

在大大小小的辯論中，可以看到兩極化的加強鞏固模式。對於如何思考與感受、如何回應某個特殊熱門主題，對立陣營口徑一致，拒絕讓步。例如上述公司治理的案例，雙方的深層預設常常著重在某個比較複雜的議題其中一小部分，例如人類天性錯綜複雜。但是隨著辯論火力漸漸升高，爭論點變得簡化，各團體分成兩極，陣營孤立為彼此撐持的回音隔間，爭論可能會變成針對個人、醜陋不堪、甚至喪失人性。

我（瑪麗安）在倫敦擔任商學院主管時經歷過，我知道這種辯論到最後會變得多麼令人難受。英國脫歐公投期間以及結果出爐之後，人們情緒高張。卡斯商學院社群非常多元，學生、教職員、贊助人來自世界上超過一百個國家。[70] 我是學院院長而且是外籍，並不熟悉歐盟及英國之間的關係，我盡量快速學習這個微妙又高度複雜的議題。檯面上似乎分成留歐跟脫歐兩派，他們互相對立、過度簡化、而且都很憤怒。

公投過後沒多久某個晚上，我主持一場院長講座，講者是前歐盟執委會主席巴羅索（José Manuel Barroso），主題是全

球經濟以及進化中的歐盟和英國的角色，內容充滿見解、引人深思。演講結束之後，我與巴羅索和兩位學院董事一起走到餐廳進行私人晚宴。以前我就與這兩位董事分別討論過脫歐議題，我知道這兩位的觀點是對立的，都很有思想而且立場強烈。晚餐時，其中一位董事抱怨公投結果，簡單來說，他認為投給脫歐的人都是沒有受過教育的種族歧視者。我的心臟跳得很快，偷偷望向另一位持不同意見的董事。而巴羅索毫不錯過一秒鐘，他微笑說，個人投票決策是相當錯綜複雜的，還說，由於英歐雙方還在持續廣泛協商，現在正是時候學習另一方關切要點，並且為所有人找出最好的未來。兩位董事都微笑了，他們理解這位政治家的深意，接下來晚餐上的討論格外坦誠而且富有見地。

那天晚上，我的心跳速度降低之後，我思索著這種模式是如何發生在大西洋兩岸的政治。過度簡化、兩極化、封閉、失去人性，節節升高到棘手難解的衝突。我們的偏見、防衛、習慣，一切高速行進。想要自己陣營獲得成功，聆聽別人的機會就消失了，更別提有意義的討論。在這種嚴重兩極分裂的情勢下，我常常想到巴羅索以及他的巧妙能力，協助那些深深陷入覆轍的人走出來，探索全新、更有創意、更兼容的另類方案。

對立張力的正向作用

難道我們注定不斷重複過去的錯誤，掉進兔子洞直到 S 型曲線達到高峰然後下行？或許吧。我們的自然傾向是過度發揮自己所擅長的，直到它們變得對我們不利為止。而且這樣做的

時候，可能會過度糾正，開始瘋狂挖掘新壕溝。同樣的，我們可能會陷在壕溝戰，難分難解的兩極分裂衝突，更無休止。

　　但是，擺盪在不同選項之間的鐘擺，並不一定要變成破壞錘，砸掉對立觀點之中浮現的創造能量；互相對立，也不一定就要處處防衛自己的立場。還有更好的方式——採納兼並思維，同步處理彼此競爭的需求。組織學者查爾斯‧漢普敦透納（Charles Hampden-Turner）多年來都強調採納對立面的價值，以提升個人及專業上的追求。他在 1982 年出版的著作《心智地圖》（*Maps of the Minds*）寫道：

> 我們在善惡之間尋找某種根本上的不同，這是徒勞無功。因為善與惡的組成是相同的，關鍵的獨特差異在於善與惡的結構，也就是每個物件組裝起來的方式。邪惡是彼此相反的物件胡亂並置，沒有整合，每個部分總是爭著壓制其他部分。善的組成其實也是同樣這些物件，卻是綜合與和解。[71]

　　再來思考樂高的案例。當時樂高在創新失控之下，納斯托普準備軸轉，他對公司高層表示必須採用「雙焦點的視角」，既要達成世界級的大膽創新，也必須兼顧紀律品管和財務管控。[72] 考量到持續全球變遷，這是相當不容易的，但是過往樂高挺過兩次幾乎毀掉公司的大災難，還能夠繼續學習和茁壯。而且他常常提醒自己及其他人，要看看樂高辦公室裡從一九八〇年代就掛在牆上的十一項悖論，現在它被放在樂高博物館：

- 要與員工建立緊密關係，同時又保持適當距離。
- 要能領導，也能藏身幕後。
- 要信任員工，也要不時照看目前情況。
- 要能包容，並且清楚你希望事情怎麼做。
- 要記得部門目標，同時也對整個公司忠誠。
- 好好規劃你自己的時間，也要保持時間安排的彈性。
- 自由表達你的觀點，並且要得體。
- 要有願景，也要腳踏實地。
- 要盡量獲取共識，也要能夠超越。
- 要有活躍動感，也要靜心反思。
- 要有自信，也要謙虛。

在 2020 年的報告中，樂高集團執行長克里斯欽森（Niels Christiansen）慶祝公司年度獲利破紀錄，並說樂高要繼續保持創意及紀律：「我們這個產業跟其他很多產業一樣，受到數位化跟全球經濟變遷的影響。而我們運用堅實的財務基礎，投資在能夠繼續領導潮流以及長期成長的發展計劃。」[73]

同一時間，我（瑪麗安）也跳到另一條曲線。在倫敦的經歷令人振奮也十分有挑戰性，把我推出先前的覆轍。隨著我個人的無限迴圈，我又回到原處，回到辛辛那提大學成為院長。經過後來的曲線，我了解到我可以整合行政領導和研究工作以及我的生活，透過這三者之間無縫轉換，在我喜愛的地方、靠近我所愛的人。這是一趟持續學習及成長的過程，不斷向前。

本章重點

- 二元思維，最好的情況是受限，最壞的情況則是傷害。只強調悖論的某一面，過度簡化而且限縮我們的選項，會引起惡性循環。

- 我們的思考方式（認知）、感受（情緒），以及行動（行為）會強化我們的偏好。S型曲線顯示出這種強化的初步好處，以及過度發揮長處之後漸漸會出現負面結果。

- 在悖論中找出路時，有三種模式會導致惡性循環：兔子洞（強化）、破壞錘（過度糾正）、壕溝戰（兩極化）。促動這種模式的心態、情緒狀態和行為，我們一定要有所警覺。

  － 兔子洞：對於衝突，我們偏好而且過度使用的回應方式，會讓我們陷入覆轍。過度發揮長處會阻礙學習、成長及改變能力，尤其是在我們要轉移到新的S型曲線，最需要擴張自己的能力與理解，以及發展各種選項時。

  － 破壞錘：悖論中長期被忽視那一面所產生的強烈壓力，更顯示出我們目前的覆轍，並且引發過度反應。把鐘擺過度擺向另一頭的做法，讓我們快速掉入一個新的兔子洞，或是在對立的力量之間搖擺不定。

  － 壕溝戰：各團體分別強調某個悖論的對立面，兩極分裂可能導致他們陷入壕溝、加深覆轍，猛烈捍衛自己的立場，因而產生棘手難解的衝突，因為各方變得愈來愈簡化、反動、封閉。

為什麼現在需要
兼並思維？

如果悖論是最棘手問題的根源，那就必須更有效處理這種矛盾而互相依存的需求。我們需要工具，把我們從二元思維中喚醒，啟發我們與悖謬的複雜性共舞。我們需要工具，讓我們拋掉簡化，進而探索全面選項。我們需要工具，讓我們超越兼並思維的表面，更深入探索悖論的神祕。但是，一個工具無法做到這些事情。我們需要一組工具，配套運用，創造一個完整的系統。

本書第二部會介紹這些工具。為了搭建舞台，我們探討悖論如何啟動生生不息的良性循環，並指出兩種不同模式：騾子（創造性的整合）以及走鋼索（保持不斷的游移）。接著，我們介紹一套全面的系統——悖論系統——它有一套工具，我們給它幾個標籤：預設（Assumptions）、邊界（Boundaries）、安適（Comfort）、動態（Dynamism），以首字母 ABCD 來代表。接著分章依次介紹這套工具組，提供相當多案例解釋如何在真實生活中運用這些工具。

第三章

不用妥協、犧牲、遷就的最適選擇

騾子與走鋼索

> 悖論就是真理。要測試真實，我們必須看到它在鋼索上。
> 真理變成特技表演人，我們就能評判它們。
> ——愛爾蘭劇作家　王爾德（Oscar Wilde）

　　不久前，我（溫蒂）帶領一個工作坊，參加者是某個名列《財星》500 大企業的中階主管，研討如何在悖論找到出路。談論悖論會讓人很快就頭暈腦脹，所以一開始我先要大家指出生活中的兩難困境。我建議他們想想目前正在苦惱的問題，並且找出相關這個問題的互競需求。我鼓勵他們指出工作上的問題；畢竟是他們公司付錢給我，協助應對他們在職場碰到的挑戰。不過，為了涵納更多面向，盡可能讓他們感到切身，我建議他們也想想工作以外正在苦惱的問題。然後我徵求志願者分享想法。

　　第一個舉手分享的人說，「我在努力的是，不要把工作帶回家。」

　　我看到很多人點頭。

　　另外有個人也贊同：「我盡量不要在跟小孩玩的時候回覆

工作郵件。」

另一個人補充說：「還有，我也必須放下家裡發生的事情，專注在工作上。」

我問，「你們有多少人寫下生活與工作平衡的這個挑戰？」會議室裡幾乎有一半人的手舉起來。而且回應的不只是女性。

在專業與個人生活之間取得平衡，就好像不斷丟與接的雜耍那樣。許多人面臨工作需求與工作以外的需求之間的兩難——配偶、小孩、父母、朋友、學校、興趣等。全球疫病使得這個議題更加迫切。在封城期間，工作與生活的邊界崩解，使得兼顧工作與生活的挑戰更大。然而我們學到在家工作的新方式，許多人開始喜歡這樣。這些挑戰也使新議題浮現，關於職場如何納入更多混合式與彈性辦公的安排。我們寫這一章時，員工跟企業高層都在實驗新日常會是什麼樣子，我們如何安排工作和生活。

關於工作與生活之間的挑戰，已經有許多人寫過，如何應對這種張力，觀點很多。有些是建議如何達到平衡，有的建議是如何放手、別去想達到平衡。有些見解是強調把生活和工作分開，有些人則提議找出兩者之間的綜效。不斷有新推薦出現，但是我們猜，這些你已經都聽過了。

這種普遍流行而且通常互相衝突的指引，它處理的是表面的兩難困境——如何應對日常需求互相競爭的問題。這是很重要的建議。但是，如同這本書一直在說的，當我們超越兩難困境、看得更遠時，會得到更強大的見解。更有價值的問題是，

我們如何找出深層的悖論，並且樂意接納它。為了對抗暴風大浪，我們必須在造成大浪的對立力量之中找到出路。

工作與生活的平衡，只是人們面臨的張力之一，但是因為很普遍，所以是個好例子，可以幫助我們導入總體的兼並思維方法。首先我們描述在處理悖論時，能打造良性循環的兩種模式，我們把這兩種模式取名為「騾子」（尋找創造性的整合）以及「走鋼索」（保持不斷的游移）。相對於前一章導致惡性循環的模式──兔子洞、破壞錘、壕溝戰，「騾子」與「走鋼索」這兩種模式是替代選項。接下來我們介紹悖論系統，它是一套整合的工具，協助我們採用這些方法。

騾子：尋找創造性的整合

第一個兼並思維模式，是關於尋找騾子，也就是創造性的整合。騾子是母馬及公驢交配之後生下的後代。馬的身體強壯、工作認真，但是沒耐性、容易覺得無聊。驢子有耐性，但是頑固，而且並不是特別聰明。把這兩種動物交配就創造出雜交種──騾子，比較有耐心、吃苦耐勞、壽命比馬長，不像驢子那麼頑固，而且比驢子聰明。人類早在西元前三千年就繁殖騾子，用牠來長途搬運重物。

尋找騾子是指找出一個有綜效的選項，這個方案能整合悖論的對立面。一九七〇年代晚期，精神科醫師羅森伯格（Albert Rothenberg）闡述尋找騾子的潛力和過程，他注意到，創意天才常常會把對立的觀念放在一起，發展出突破性的想法。羅森伯格分析這些天才的日記及信件，例如愛因斯坦、

畢卡索、莫札特、吳爾芙。這些人的專業領域南轅北轍，但是羅森博格發現他們的創造過程，有幾個值得注意的相似之處。最大的靈光乍現時刻，通常始於他們工作中的對立力量，這種張力使他們感到困惑、受到挑戰。但是他們不會只聚焦在某一面，他們會探索如何把對立面放在一起。

愛因斯坦的相對論，可以用來理解某個物體如何同時既活動又靜止。畢卡索的畫，在同一個景象中融合明與暗。莫札特的音樂，和諧與不和諧並置。吳爾芙的小說，描繪生與死之間的互相依存。羅森伯格把這個創造性過程稱為雙面神思考（Janusian thinking），由來是羅馬神話中的天神雅努斯（Janus）有兩面臉孔，同時看著前面和後面。[74]

好消息是，你不需要是天才才能找到騾子。與我們同領域的學者，歐洲工商學院（INSEAD）的米農史班特（Ella Miron-Spektor）、哈佛商學院的奇諾（Francesca Gino）、卡內基梅隆大學泰珀商學院的亞戈特（Linda Argote），以學生為研究實驗對象，她們發現這種創造整合能力是可以鼓勵出來的。研究者只是改變問題——學生在考量另類選項時，鼓勵他們把這些選項想成是對立的（oppositional），抑或是悖論的（paradoxical）——彼此相反卻又互相依存。以悖論的角度來思考另類選項的人，明顯產出較有創意的解決方案。[75]

一九〇〇年早期，先驅學者傅麗德呼籲，當我們跟別人或群體之間起衝突時，要尋求創造性的整合。她指出三種回應衝突的方式。支配，二選一，其中一方贏、另一方輸。妥協，則是雙方都得到部分想要的，但是也都犧牲一些東西。這個選項

看似雙贏，但是傅麗德指出它可能成效有限，因為雙方都失去一些。

　　傅麗德探索創造性整合的觀念，以做為另類選項。雙方都得到想要的，而不必放棄某些東西——這才是真正的雙贏。她以自己在圖書館做研究時碰到跟別人意見不合為例。她坐在靠窗的位置，這時有個女人走進來，希望打開傅麗德旁邊的窗戶。但是傅麗德不想開窗。如果是支配的解決方式，表示有個女人會贏，窗戶要不是關就是開。妥協則可能是只開某段時間或是只開一小縫。兩方都得到部分想要的，但不是全部。而傅麗德說，當雙方都清楚知道自己真正需要的是什麼，那麼雙方就可以更進一步探索這個問題，找出整合的解決方式。雙方談清楚時，發現另一個女人想要開窗讓空氣流動，傅麗德想要窗戶關著是因為風會吹走她的紙張。她們把問題改成，如何讓空氣流動又不會吹走紙張，結果決定可以去開隔壁另一間的窗，可以讓風流進來，又不會弄亂傅麗德的紙張。雙方都得到各字想要的，而不必放棄什麼。[76]

▌推進人類演化的重要思維

　　近年的研究中，馬汀（Roger Martin）認為這種整合式思考是成功領導的核心。他在著作《決策的兩難》（*The Opposable Mind*）寫道，讓對立觀點同時存在的心智能力，是人類演化優勢。他說：

　　　　大家都知道，人類與其他幾乎所有物種最獨特的差異

是一個體格特徵「可相對拇指」。拇指與其他手指相對之間形成的張力，讓我們可以做到其他物種做不到的事——寫、穿針、雕刻鑽石、畫圖、把導管插進動脈打通它……與此類似的是，我們天生就有相對心智，我們可以同時有兩個互相衝突的想法在某種建設性的張力中。我們可以利用這個張力來思考，產生更卓越的新想法。[77]

馬汀比較了不同的思考模式。整合式思考跟傳統思考不一樣的是，它特別抓出更多問題要點，以增加互競需求之間的潛在連結。整合式思考者利用各種問題要點，在彼此競爭的需求之間，找出比較複雜的、多方向的、非線性的關係。而且，利用這些關係，他們對這個問題產生更全面的觀點，即使是縮窄到某個特定部分。最後，整合式觀點的思考者會尋找更有創意的選項，而非安於不滿意但是可以接受的妥協方案。

想想工作與生活張力的問題，我們如何找到創造性的整合。例如，想像你在上班，發現下週末是策略共識營。高階主管要你在共識營時擔任領導角色。你很興奮有這個機會。接著看看日曆，這個日期剛好某個家人在另一個城市舉辦婚禮。這下子陷入兩難，因為沒辦法同時出現在兩個地方。第一反應可能是，要在共識營或婚禮其中二選一。

做這個決定之前，何不暫且後退一步審視一下。首先，我們可以指出這個兩難困境的深層，有著各種互相交織的悖論。或許我們真的想參加共識營，但是又有家族壓力希望能出席婚禮。注意這裡的深層悖論是自己與他人——為自己做某件事，

以及為別人做某件事；還有想要跟需要的悖論——做到想要做的事，以及盡到某種責任。我們可能知道家人的婚禮會很好玩，而且短期內是有價值的；而工作的共識營會需要努力投入，有助於長期的職涯目標，因此，這是典型的時間悖論。

我們可以找到什麼樣的騾子，從這些悖論中走出來？我們怎樣找到辦法，可以應對我們的需求和他人的需求，可以把握短期以及長期的機會？或許，有個方式可以協助辦理共識營，展現我們的領導力和對公司的承諾，即使當天不在現場。或許高階主管希望我們在共識營上演講，那麼是不是可以在婚禮上離開一陣子，用視訊來演講呢？或許可以先預錄演講，在共識營上播放。或者我們可能注意到，婚禮上最重要的事情是支持新郎與新娘，那麼可以設法在婚禮前，找時間與這對新人好好相處、協助他們準備；或是婚禮之後，好好聆聽他們說這段經驗。開始改變我們所問的問題之後，新的可能性就會出現。每個案例都能找出機會來處理深層的悖論。

關於騾子，要記得一件很重要的事。騾子無法繁衍後代，騾子不會生騾子。必須把馬和驢子交配，才能繁殖出騾子。這一點也是處理悖論時很重要的特色。對於兩難困境，創造性的整合可以提供有效的回應，不過也是暫時的回應。例如，就算我們找到創造性的整合方法，來應對共識營和家族婚禮的兩難困境，我們還是會面臨工作與生活、自己與他人、短期與長期等等持續的張力。我們遇到新的兩難困境，需要找出新的解決方式，悖論又出現了。雖然我們可以找出困境的解方，但是深層的悖論是不會解決的，而是持續存在。[78]

走鋼索的人：與不平衡共存

尋求機會成本最低的創造性整合，是有價值的，但是這一點也不容易。而且，它也並不一定是應對每個兩難困境的最佳方式。有時候我們必須在互相對立的選項之間轉換，這個過程，我們稱為走鋼索。

我（溫蒂）記得我的雙胞胎差不多六個月大時，我努力在工作與生活之間找出創造性的整合。那是我在學術界任職第一年，我迫不及待想回到工作崗位繼續做研究，而且我知道在同事做出終身聘用決定之前，自己的時間不多。我已經很習慣早上的作息——起床、餵雙胞胎、把雙胞胎交給我先生、洗個澡、把我自己和寶寶換好衣服、把雙胞胎交給保姆、然後離開家。但是，我還是超級忙亂。

有天早上，我站在咖啡店裡等一杯雙倍濃縮咖啡，這可以讓我腦袋醒過來進入有生產力的狀態。光是能踏出門，我已經覺得自己很偉大、堪稱英雄，我正在心裡假裝給自己拍拍肩膀時，往下一看，黑色毛衣上有一塊明顯的白色吐奶痕跡，那是雙胞胎其中一個留在我身上的臨別禮物。我可以感覺到想像中的女超人披風漸漸出現破洞，女英雄一下子洩氣了，鬱悶很快就填進睡眠不足而產生的腦袋裂縫。「真討厭！」我心想，「小孩在家裡給保姆帶，我在這裡一直想著怎麼處理堆積如山的工作，為什麼要這樣？工作上我幾乎應付不來，當個媽媽也做不好！孩子可能會被我嚇到吧⋯⋯一輩子都會。」

我又想，「我學的是悖論。難道我不能為這個兩難困境，想出一個更好的創造性整合嗎？」我要如何一邊工作、一邊多

陪孩子，而且壓力跟緊張都少一點？這個問題讓我開始考慮新的可能性，因為兼並思維就應該如此。

「啊哈！」我想到了，「我可以把工作和生活結合成同一件事。」我可以放棄學術事業，為我的雙胞胎和其他小孩開一家托嬰中心。工作就是生活，生活就是工作。每天早上我可以不用再那麼匆忙，可以慢慢的悠閒的展開一天。而且，我不用在衝回家做飯時辦公桌上還留下沒做完的事。我的托嬰中心可以開在咖啡館旁邊的閒置店面，我甚至還計劃好它要長什麼樣子了。

接著，我的雙倍濃縮咖啡來了。喝了第一口，立刻就把我震回現實。當一個專業幼教老師同時照顧自己的小孩，有些人會認為這種雙贏是有價值的，但我不是這樣的人。我愛我的小孩，我也熱愛學術工作。我記得為什麼一開始我沒有選擇以幼教為事業。這種創造性整合，不會解決我的兩難困境。

我會用不同的模式，來應對這個兩難困境。這種模式可以說是一種持續的平衡，我們稱為走鋼索，這種處理互競需求的方式是在兩難之間不斷移動。你可能看過一張有名圖片，1974 年走鋼索的法國人佩悌（Philippe Petit）成功走過紐約雙子星塔之間一道細繩索。他必須很有技巧的在繩索上保持平衡，但是他絕對無法達到靜態的平衡，而是持續不斷的動態平衡。對於遠遠的目標，他沒有失去專注；他不斷的細微調整身體，不斷的左右轉移重心。這種重心轉移是很小很小的，如果往某個方向動得太大，就會跌下去。

我們可以採用走鋼索的方式，在不同選項之間不斷微微調

整，不斷往前走，在悖論中找到出路。不是在兩個選項之中選出一個，那會導致我們卡在第二章描述的覆轍；而是一直在選項之間跳動，推著我們在兩端之間來來回回，這樣創造出來的模式，大致上兩個選項都兼顧到。

■ 以微調重心取代選邊站

我們知道許多人從來沒有走過鋼索，所以這種譬喻可能有點奇怪。但是我們喜歡這個譬喻，部分原因是它提醒我們，在悖論中找到出路並不容易；它可能是有風險的，甚至有點危險。這個圖像也讓我們了解太過偏向任何一邊的後果。不過，不是所有悖論，都牽涉到走鋼索這種程度的危險或挑戰。有些衝突比其他衝突來得容易克服。如果是比較能被廣泛接受的譬喻，可以想想駕船或是騎腳踏車，這兩項活動其實就跟走鋼索一樣，都需要不斷在對立面之間微微轉換重心，才能繼續向前。有時候這些小小的轉換太細微或太自然了，我們甚至不會意識到。不過，太過傾斜任何一邊都會摔下腳踏車或是翻船。還好，經過練習與更多經驗之後，這種微小轉換的活動會變得愈來愈容易、愈來愈自然。事實上，有人最近提醒我們，即使是再平常不過的站著，也不是真的平衡，我們會無意識的做出些微轉換，以達到持續的平衡。

應對工作與生活之間的張力所產生的兩難困境，就像走鋼索。我們可能決定今天不回家吃飯，加班晚一點做完專案計劃，但是隔天就相反。再思考參加共識營還是家族婚禮的問題。由於不斷挪移重心，我們會從比較大的脈絡來考慮這個決

定，而不是只思考這次的狀況。或許我們最近工作太認真，已經錯過好幾次家族聚會，這次是個機會轉換一下重心，因此決定把家族婚禮優先。或是反之亦然，可能最近花在家庭時間很多，必須轉換專注在工作上。無論如何決定，下次面對兩難時，還是可以做出不同決定。這種持續移動的決策，不會讓我們進入加強鞏固的惡性循環。我們不會過度糾正而變成惡性循環，選了一個之後，陷入承諾選邊的覆轍——例如，導致工作過勞，或是無法完成工作。

心理學家施奈德在《矛盾的自我》書中說，處理矛盾悖論時，我們比較是在心裡走鋼索。施奈德引用哲學家齊克果的概念描述心理的拉鋸戰：擴展的（開放、聚焦外在、冒險、願意嘗試新事物、接受風險），限縮的（有紀律、聚焦內在、走不出去、保守）。無論是哪一端，如果太過極端，人會感到痛苦。心理健康的人則是不斷在擴展和限縮兩者之間維持平衡。施奈德解釋：

> 似乎這樣的人比較健康，存在主義者可能會說他們比較「整合」，有創造力、或是比普通人堅強。這並不表示他們的人生是絕對平衡的，也並不是說他們的做法是像希臘人所教誨的「中庸穩健」。並不是這樣。樂觀的人，勇於挑戰自己的限制以及擴展的能力，尤其是在他們感興趣的某個特定範圍內。他們找到限制與擴展兩者剛剛好的混合比例（這是最有用的），以應對相關需求。[79]

培育走鋼索的騾子

　　騾子以及走鋼索，這是可以引發良性循環的兩種兼並思維模式，不過這兩個模式並非完全不相干，它們會漸漸交織。偶爾騾子出現時，我們可能會走鋼索；或是可能找到一隻好騾子，牠突然需要我們專注在某一面或是另一面。

　　我們首先是在自己的研究中注意到這些模式如何交織。我（溫蒂）當時正在研究 IBM 的策略業務單位主管，如何與創新挑戰搏鬥。要維持市場上的既有產品，同時又要探索新機會，這就引起各式各樣的兩難。要如何分配資源？應該如何建立領導團隊？如何在資深團隊會議中管理時間？這些領導人要在持續的悖論中找出路，今天與明天、創新與既有產品。

　　剛做這個研究計劃時，我的預設是最優秀的領導人，是那些能夠在創新和既有產品中找到創造性整合的人。但是，我觀察到的卻非常不同。最成功的領導團隊確實偶爾會找到創造性整合，找出解決方法來涵蓋核心產品和創新的需求。例如，他們可以設法善用既有客戶關係來銷售新的創新產品。但是，這種創意整合是很少的。事實上，大部分的成功領導人明白，要用這種整合方式來回應每一個兩難困境，是無效的。這些領導人通常比較是走鋼索的人，更微妙、更頻繁、更有目的性的轉移焦點和支持資源。[80]

　　仔細思考這些模式可能會如何交織，啟動良性循環，讓我們欣然接受工作與生活之間的張力。我們可能大部分時間會在工作與生活之間不斷轉換重心，然後有時候是整合。例如可能會把工作的事帶到家人共餐時，展開有收穫的對話，家人從中

學習與互相交流。或是,親職上碰到挑戰,可能會讓我們人際技巧更增長,幫助我們成為更好的領導人。我們也可能聚焦在創造性整合,卻發現有時候必須做出更多不斷轉換的決定。

疫情封城期間,工作與生活之間的矛盾,為我(溫蒂)凸顯這種挑戰與機會。封城逼得我必須整合工作與生活的需求。我設法找出如何跟我九歲兒子在同一張餐桌上,我工作,他遠距上課——整合了他的需求和我的需求。不過我知道,我也需要一些能集中注意力的工作時間。幸好,我先生也是個學術工作者,也有跟我類似的工作彈性。我們很快就安排好,哪天是誰值班照顧小孩、可以被打斷,這一天就是那個人走鋼索,而另一個人可以擁有不被打斷的工作時間。

悖論系統:兼並思維的整合工具

我們要如何找到驢子,如何走鋼索,以啟動良性循環來處理悖論?這就要看我們運用兼並思維的能力。兼容並蓄這個概念,現在大家琅琅上口,但是我們發現,成功的人知道如何超越「坐而言」,真正「起而行」。根據我們及其他學者的研究,我們發展出四組工具,可以一起運用以協助兼容並蓄的思考方式。為了好記,我們將其簡稱為(圖3-1):預設(Assumptions)、邊界(Boundaries)、安適(Comfort)、動態(Dynamics)。重點是,成功的人不是在這些工具組合裡挑選,而是運用全部,這樣才能使它們彼此強化。我們把這套工具稱為悖論系統。

首先是預設、心態和深層信念,讓我們在認知上同時有兩

圖 3-1　悖論系統以轉換重心取代選邊站

建立邊界，容納張力
- 連結更高目的
- 分開與連結
- 打造護欄，以免偏離目標

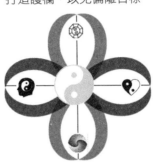

轉移到兼並預設
- 接受知識含有多重意義
- 資源豐富而非有限
- 不是解決問題，而是應對問題

在不適中尋找安適
- 先喊暫停
- 接受不適
- 拓展視野

建立動態
- 徹底實驗，驗證可行性
- 為意外做準備
- 學著忘掉所學

種對立的力量。轉換方法的第一步是改變問題的框架。與其問「我應該選擇 A 還是 B？」兼並思考者問的是：「我要如何兼顧 A 和 B？」這個修正過後的問題，正是羅森伯格研究的那些天才所做的。愛因斯坦在想的是，一個物體是否能同時動與靜。改變問題能轉換我們的觀點。心態是很重要的。心態影響到我們如何思考，如何回應挑戰。與其預設這個世界是一致的、線性的、穩定的，兼並思維預設這個世界是矛盾的、循環的、動態的。

邊界指的是在我們周圍建立的結構，當我們面臨悖論時，它能支持我們的心態、情緒、行為。互相競爭的需求可能會導致我們陷入覆轍，如果我們選擇某一邊、然後頑固防衛，最後卡在惡性循環中。邊界協助我們在一開始就不會陷入這個覆轍。我們描述更高目的的價值──它是整體的願景，給予動機並予以統合，提醒我們為什麼當初要處理悖論、如何處理它。我們找出創造結構的好處，既能拆解互競需求以便個別評估，還能連結這些需求，找到綜效與整合方式。我們也探討護欄的角色，它能讓我們處理悖論時，不至於太過偏向某一邊而陷入覆轍。

　　安適聚焦在我們的情緒。這些做法讓我們看到自己對悖論最初的情緒不適，但也能找出方法調適它。悖論會引發深層情緒；另一方面，產生創造性的新選項以應對棘手問題，也會讓人覺得興奮、充滿活力。

　　最後，動態指的是促成持續學習和改變的行動，鼓勵在彼此競爭的需求之間轉換。悖論牽涉到二元性和動態──兩個對立力量不斷衝突，並且彼此轉換。動態的行動讓我們捕捉到持續的改變，讓我們不會卡在二選一的覆轍中。

　　接下來四章會更深入每一項並描述特定工具，以協助我們在個人生活與組織的矛盾悖論中更有效找到出路。這組工具不是獨立的，它們會彼此強化。我們愈是改變預設與心態，就愈能建立用來支持的邊界、鷹架與護欄。我們愈是建立這些邊界，他們就愈能強化我們的預設與情緒。不過要注意的是，悖論系統本身是矛盾的。這個系統裡的工具，對人和脈絡都有影

響。這些工具需要人們運用心和腦，孕育出能夠促成改變與穩定性的脈絡。人和脈絡，心和腦，改變和穩定性——悖論系統協助我們欣然接納這些張力。跟我們同領域的學者卡麥倫和奎恩認為，在悖論中找到出路是矛盾的。[81] 這一點，我們也十分贊同。

本章重點

* 互相交織的模式，協助我們在悖論中找到出路，朝向更良性的循環：
  - 培育騾子（創造性的整合）：找出可以同時容納對立方的綜效。
  - 走鋼索（不斷游移重心）：透過選擇在對立方之間持續的微小轉換重心。

* 悖論系統包括四組工具，一起發揮作用來支持兼並思維：預設、邊界、安適、動態（ABCD）。

* 悖論系統的工具本身是矛盾的，包含了對立但互相交織的元素。在悖論中找到出路是矛盾的。

第四章

從取捨走向兼並
跨越選擇障礙的進階思考

如果你無法改變，那就改變你一直以來的思考方式。
你可能會找到新的解決方式。
——美國詩人　安傑洛（Maya Angelou）

2000 年，霍根斯坦（Jeremy Hockenstein）在波士頓登機飛往香港。他對工作及事業感到困惑與挫折。他心想如果離開工作一段時間，回來之後可能會比較清楚一點。

六個月前，霍根斯坦從 MIT 拿到 MBA 畢業，他的履歷很漂亮，哈佛學士、 MIT 碩士；工作經驗有麥肯錫以及美世管理顧問公司。這些學經歷能打開金融業、顧問業及產業界的優厚職位，許多同學都渴慕拿到這些工作。但是霍根斯坦有別的想法。

霍根斯坦從小就希望能對世界作出正面影響。他的母親是猶太大屠殺倖存者，二戰末期生於流亡營區。這段家族歷史讓霍根斯坦對自己的生命充滿感謝，也覺得有回饋責任。小學時，為了勞動節傑瑞路易斯電視募款馬拉松（Jerry Lewis telethon），他每年都把社區小孩組織起來舉辦募款嘉年華。高中時他以〈一個人如何改變世界〉在演講比賽獲獎。大學時

他組織學生把所有學校餐廳裡被丟棄的免洗杯都收集起來，展示給校方看每天製造多少廢棄物，成功施壓校方購買可再使用的杯子。

大學畢業之後，霍根斯坦在麥肯錫工作，加入該公司新成立的環境政策團隊。但是他讀完 MBA 在考量工作時，渴望能造成更直接的影響。一九九〇年代，社會責任運動在財星五百大企業開始受到重視，不過這些計劃對於企業核心事業來說還是邊緣，大多數公司把企業社會責任當作是慈善事業單位，用來管理企業捐款或是組織員工義工日。霍根斯坦想要做更多，他把眼光投向非營利組織。他接受了哈佛學生組織的工作機會，希望能運用 MBA 的訓練及顧問技能，管理策略創新，協助學生找到社群以及建立連結。

但是，上任才六個月，霍根斯坦覺得非常挫折。他非常渴望能造成影響，提出幾項新計劃。不幸的是，他發現這份工作的工作步調跟先前在顧問公司非常不同。他感覺好像在原地跑步，而不是真的有什麼影響。他覺得被困住了。感覺上，要不就選擇在步調快速且追求創新的顧問公司，不然就選擇有使命感但步調比較慢的非營利組織。這情況似乎沒有贏家。

使命或金錢？營利或熱情？做好事還是做得好？霍根斯坦的衝突張力，其深層是我們所謂的表現悖論——我們的目標、成果與期待之間的互競需求。我們的事業選擇，就跟他左右為難「營利或非營利」一樣，我們的職涯決定會顯示出影響力跟賺錢之間的張力。花錢的時候也可能會有同樣衝突；在哪裡買、買多少衛生紙，可能會引發的問題是，要追求方便及便

宜，還是符合我們價值觀的東西。使命及市場的張力，也會出現在企業內，尤其當我們面臨更加複雜而系統性的全球挑戰。領導人愈來愈需要與這些問題搏鬥，企業如何應對這些問題，同時還維持利潤——無論是在營利企業中引進社會責任，或是成立社會企業。表現悖論也會以其他方式出現。互相對立的團體掙扎於矛盾又依存的目標時，常常可以看到這些悖論隱藏在團體間的衝突下。

對霍根斯坦來說，表現悖論讓他動彈不得。他飛到亞洲尋找答案。不過在亞洲旅行時，他發現不同問題，讓他走上一條新道路。

如何啟動兼並思維？

心態對我們的影響很大。心理學家瓦茲拉維克（Paul Watzlawick）說過，問題不在那個問題；問題在於我們如何思考那個問題。[82] 相關研究一再顯示，思考會影響行動。[83] 我們用來處理悖論的第一組工具牽涉到轉換預設心態，心態和深層信念讓我們能在認知上同時存有兩種對立力量。

轉換預設並不容易，處理悖論通常會把我們推向理性思考的邊緣。我們可能會對悖謬及不合邏輯感到不安。這種不確定感和不理性，引發焦慮。我們會希望更明確。但是學著看中並接受衝突張力，能協助我們避免過度簡化眼前的兩難困境，探索更有創意的選項。

也就是說，我們必須從比較二分法的心態，轉換到能夠增強兼並思維的悖論心態。首先我們必須釐清悖論的本質（請見

後面的小單元「所有悖論都存在連結嗎？」）。

我們跟管理學者史班特（Minon Spant）、凱勒（Josh Keller）、應葛蘭（Amy Ingram）的研究中，探討處理互競需求的不同方法，以及這些方法如何影響創造力、績效表現、工作滿意度。這個研究調查的對象超過三千人，來自美國、中國和以色列。我們發現，差異顯現在兩個交織的因子：個人經驗的張力程度，以及採用悖論心態的程度。

首先，人們對張力的經驗感受不同。這種差異來自各種情境，某些情況比別的情況來得更有張力。以色列團隊指出——居住在持續區域衝突的中東，產生的張力跟其他地區非常不同，例如紐西蘭鄉間牧羊農場。急診醫生被衝突張力包圍的程度可能跟瑜伽老師不同。脈絡對於我們累積衝突經驗的影響非常大。

先前提到，我們的研究認為人們在以下這些情境中經歷張力升高：（1）更快速變遷（2）更高的多重性（3）更匱乏。變遷的步調愈快，我們愈會經歷到現在與將來之間的張力。至於多重性，來自不同人與利害關係人的聲音跟觀點愈多，我們在不同目標、角色及價值之間經歷到更多衝突張力。最後，人們經歷到的資源愈是匱乏，就愈會競爭資源分享。[84]

環境張力的本質各不相同，不同人對張力的適應程度也不相同。我們周圍到處都是衝突張力。有些人會特地尋求這些張力，刻意運用它來增加創造力。有些人可能會避免或忽略張力，以降低潛在的衝突。然而即使是身處在同樣狀況下的兩個人，經歷到的張力程度也有所不同。我們研究發現，在同樣組

織中做同樣工作的人，回報給我們的張力程度不同。

選擇戰場

其次，每個人對於對立力量之間的了解也有所不同。偏向二分思維的人會限縮思考，認為選項非黑即白，從中擇一。悖論心態的人則會重視對立力量之間的矛盾，認清這些力量是如何彼此強化。高度悖論心態的人傾向接受張力是自然的、有價值的、激發活力的。這種人在面臨兩難時，並不是問應該選 A 或 B，而是問「如何同時兼顧 A 和 B ？」光是改變問題就能導出新選項，引進兼並思維。

合起來看，經歷衝突張力的程度以及我們的心態，決定了處理悖論的四個象限（圖 4-1；進一步討論請見附錄二）。在「迴避」象限，我們經歷到的張力有限，運用二選一／二分心態。我們可能有幸處在沒有壓力的環境；或者是處在有壓力的居住或工作環境，但是有幸忽略周圍張力。

當然，有幸忽略是很有價值的，畢竟我們沒有時間和精力，去應對出現在身邊的每一個張力。我們可能會主動忽略某個一直出現的問題，例如工作上的專業成就以及社會影響，因為其他生活因素讓我們必須延後某個重大的職涯改變，有時候我們必須選擇打哪一場仗。

有時候可以避開衝突張力，但是無法總是避免。在某個時間點，這些微妙的工作張力可能會爆發，導致迫切的挑戰。或者，某天我們會發現自己處在新局面，壓力比較明顯而且令人煎熬。例如，本來工作可能不是太有壓力，直到來了一個新老

圖 4-1　兼並思維象限圖

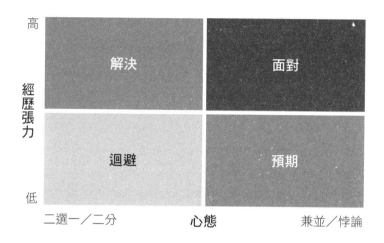

闖，打亂一切。這些張力突然出現時該怎麼辦？我們有工具可以處理它嗎？採用二分心態，不確定性可能會使我們不安，會想要趕快二選一。這時候我們就是在「解決」象限，做出二選一的抉擇，短期內可能會鬆一口氣，但是要提高警覺。如第二章所述，長期來說，這些決定最好的結果是受限，最壞的結果是傷害，引發惡性循環。

　　另一方面，我們可能傾向採用悖論心態，準備好同時面對互相依存的矛盾。你可能會想：「悖論？來吧！」。在「預期」象限，我們用悖論心態，但是經歷比較少張力。就像是穿上華服卻沒有地方可以去。這時我們處在低壓力情境中，當脈絡改變時，我們準備好可以運用兼並思維。但是，在「預期」

象限，我們也可以開始挖掘周遭的張力，與其把這些張力掃到認知地毯底下，我們可以把它們攤開來好好處理。這本書裡提到許多領導人就是這樣做。他們帶著兼並思維的工具，找出深層悖論，正面迎向這些悖論，產生更有創意及可持續的解決方法。這樣一來，我們就進入「面對」象限——我們在其中經歷到衝突張力，也運用悖論心態。

我們研究探討這些象限如何影響職場中的人，發現位於「面對」象限的人，工作表現比較優良，主管認為這種人比較能創新，生產力比較好，而且他們也比較滿意自己的工作。[85]研究結果顯示，如果我們採用二分心態，那麼在較低張力的情境下表現比較好。也就是說，如果我們是二元思維，最好處在衝突張力不太多的情境，或是要避免未來的衝突張力，因為我們應對這些衝突的方法是有限的。一旦經歷更多張力，悖論心態有一套工具能讓我們更有效回應。

我們從研究中發展出悖論心態清單，用來評估人們經驗張力以及運用悖論心態的程度。這份清單放在本書附錄，並附連結可看到網路版——你也可以測試你的心態，跟朋友分享或在企業組織中使用。[86]

討論象限時，我們假設人們可能不同時間處在不同象限。你可以透過改變環境或是對張力更有警覺，而轉換經歷張力的程度。你也可以改變悖論心態的程度。在這個悖論系統中，我們有三種工具來協助轉換深層預設，朝向悖論心態。這些工具是重新檢驗我們對於知識、資源與問題解決的深層觀點。（見圖 4-2）

圖 4-2 悖論系統：預設

建立邊界，容納張力
- 連結更高目的
- 分開與連結
- 打造護欄，以免偏離目標

轉移到兼並預設
- 接受知識含有多重意義
- 資源豐富而非有限
- 不是解決問題，而是應對問題

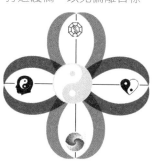

在不適中尋找安適
- 先喊暫停
- 接受不適
- 拓展視野

建立動態
- 徹底實驗，驗證可行性
- 為意外做準備
- 學著忘掉所學

接受知識包含多重意義

我們許多人相信，真實是無所不在的——如果某件事是真的，反之必定為假。[92] 但是，據說諾貝爾得主物理學家波耳表示，「有瑣碎的真實，也有偉大的真實。瑣碎的真實，其反面為假。而偉大的真實，其反面為真。」偉大的真實牽涉到複雜網絡的理解，透過對立的鏡片而折射出來。我們可能只知道矛盾的片段，而不是抓到這些錯綜複雜的真實的整體性。然而如

果我們非常執著於單一真實，以至於拒絕它的矛盾面，我們可能會失去比較深度的、比較全面的洞察。我們可能也會與抱持單一真實的他人觸發棘手的衝突。

早期哲學家以盲人與大象的寓言來描述這個觀念：一群盲人到一頭大象身旁，他們都想弄清楚眼前這個未知的東西，於是都把雙手放在大象身上，感覺那是什麼。第一個人的雙手放在象鼻，認為那應該是一隻粗壯的蛇；第二個人雙手放在大象的耳朵，認為那應該是某種扇子；另一個人的雙手放在象腿，他認為那應該是個樹幹；另一個人摸到象尾巴，他描述那是一段繩子；最後一個人摸到象牙，他說那東西是矛。每個人都很確定自己是對的，也都認為別人是錯的。沒有人願意讓步或是探索別人的觀點，結果形成僵持不下的衝突。[93]

十九世紀詩人薩克斯（John Godfrey Saxe）把這段故事寫成一首詩：〈盲人與大象〉：

> 這些印度人
>
> 大聲爭吵許久
>
> 每個人都有自己的意見
>
> 極為僵化又強烈
>
> 但他們每個人都只是部分正確
>
> 而他們所有人都是錯的！[94]

這些盲人假定別人都跟他們有同樣的經驗，每個盲人都相信自己的經驗反映出整體情況。但是，如果他們的假設剛好相

反，也就是說，自己的觀察只是許多觀察之一，自己經驗到的只是部分事實，其他人也是一樣。那麼，他們迥然不同的對立經驗，合起來就能形成更深刻的真實，或許他們就能更敞開心胸聆聽別人所經歷的真實。

他們能夠質疑自己的知識、探索替選方案、成為心胸寬廣的聆聽者，學習新見解、也產生新見解。這種開放心靈的預設，正是兼並思維的基礎。要了解知識是矛盾的，我們就必須預設多重真實可以共存。

▌從大象到黑猩猩

我們會看到一隻大象的不同部分，有一個原因是，在某個情境下，我們的大腦只能吸收這麼多資訊。伊利諾大學心理學教西蒙斯（Dan Simons）以及蓋信傑醫療集團（Geisinger Health System）行為與決策科學專案教授兼主任克里斯多福·查布里斯（Christopher Chabris），相當有力的論證我們在某個情況中會如何限縮焦點、極小化其他資訊。他們把這個現象稱為不注意即視盲（inattention blindness）。

西蒙斯和查布里斯在哈佛所做的研究，現在廣為人所知。這個研究被稱為選擇性注意測試。他們用一支影片，其中有六個學生，三個穿白上衣，三個穿黑上衣。三個穿白上衣的學生在互傳籃球。西蒙斯和查布里斯要求受試者看影片，數出白上衣學生互相傳球多少次。

如果你沒有看過這支影片而且你想看的話，那麼現在最好放下書去找出來看。如果你已經看過那支影片，你就會知道，

在選擇性注意測試中，穿白上衣的人傳球傳了 15 次。但是，影片最重要的部分並不是你是否答對傳球次數，而是你是否注意到有件奇怪的事發生。在他們傳球的時候，有一個穿著黑猩猩裝的人走進鏡頭中。這隻黑猩猩直接走到球賽裡，站在那裡拍胸脯，然後走開。

以下就是有趣的部分。受試者 50% 專注在傳球次數，完全沒有注意到那個穿著黑猩猩裝的人。只注意到一個部分，表示通常會漏掉其他。如果你以前看過這支影片，或是你認為自己當然會注意到那隻黑猩猩，你可以考慮選擇觀看另一支影片「猴子錯覺」。這支影片的梗很類似，但是在這裡我們就不多說了。[95]

這些實驗顯示出，我們吸收到有限的資訊，而沒有看到全貌。我們掃視環境、找出相關資訊，其他資訊就被放掉。心理學家稱這種傾向為確認偏誤（confirmation bias）。[96] 政治是個很好的例子。大家在政治上的歧見並不是關於事實本身，而是大家看到的是非常不同的事實。在現今政治兩極化的世界中，我們只關注確認我們已經相信的資訊。大家都在看不同新聞、與不同團體談論，專注在不同議題。[97] 因此，我們漏掉其他人關注的重要見解。我們太過專注在自己的觀點，陷入兔子洞中。一旦受到別人挑戰，情況就變成壕溝戰——防衛式的埋頭苦幹。[98]

與此相反的是悖論心態，一開始的假設是多重觀點共存，並且預設我們通常不會看到或不會欣賞其他觀點。一開始帶著這種預設，接下來我們能夠以開放心態從別人的觀點學習。

▍誰該來管理螢幕時間？

最近，我（溫蒂）可以感受到家裡快要爆發大象尺寸的爭戰。這提醒了我，無論我們多常說要欣然接納互相競爭的需求，還是很容易就掉進知識是單一真相的預設，導致我們進入對或錯的狹隘爭論。我跟我先生陷入熟悉的辯論，我們倆都專注在自己的片面資訊，以及我們所經驗到的真實。這個辯論的主題是：螢幕時間。這不是第一次我們討論這件事了，也不會是最後一次。

有一天我超級忙。我暫停工作，上樓去看看孩子們，發現小兒子在他的電腦前耍廢。他不是像姐姐那樣狂追劇《辦公室風雲》，也不是像他哥哥在打電動。他們已經看得或玩得太多，快把我氣炸了。我這個小兒子在電腦前所做的事，更是讓我氣到不行──他花好幾小時在看別人打電動！問題就在：你不是自己在玩，而是看別人玩。如果打電動是你的興趣，你可以很開心的玩，我絕對尊重。不過要是我兒子，我就沒辦法平心靜氣了。

我最深的恐懼開始冒出來。「我是最糟糕的家長」，我對自己說，「誰會讓小孩在家裡花好幾個小時看別人打電動？」顯然，答案是很多人都這樣，你看點閱率有多少就知道了。接著，因為我不是真的很想說自己是糟糕的家長，所以我做了所有不理性的伴侶都會做的事：我責怪我先生。如果不是我的錯，我想多半就是他的錯了。

「我們要控制他的螢幕時間。」我跟我先生說。

「那是誰要來監督這件事？」他回答。

我先生和我都是很好勝的人，所以我們針鋒相對的時候，真的會僵持不下。在激辯的過程中，我感受到我的拳頭握得愈來愈緊。

不過這件事我們已經討論過無數次，不需要再重複一遍細節。我們都知道另一個人的立場；我們都知道另一個會怎麼說。像這種時刻，情緒升高，兩個人都認為自己是對的、另一個人是錯的。我會爭論說，負責任的教養就表示要管制螢幕時間；如果沒有管制，那就是錯的。我不只要我先生同意我，而且在那個時刻，我還要他出手管教，要我兒子關掉電腦。

我先生也認為應該要管制螢幕時間，但是他知道那很難實施。我們兩人都陷在各自的泥沼裡。疫情時我們討論過這件事，三個小孩都在家上學，我們也努力在家工作。我先生同意，我家小孩的螢幕時間要管，但是他知道他沒辦法做到，他也不會要求我去做。這一點，我想他是比我合理的多！

我們都說出自己的立場。但是我們都很清楚這場爭執，所以就到此為止。已經吵過很多次的事情，沒必要再講下去。

誰是對的？我們兩人都對。我是對的，我家小孩需要管制螢幕時間；他是對的，我們兩個人的時間都很有限，也沒辦法去實施管制，尤其是在那個時候。如果我們一開始就是用這種預設，我們可以更坦誠聆聽彼此，探索不同方案，運用兼並思維來找出有創造性而且可持續的解決方案。

後來，冷靜下來，時間也沒那麼急迫時，我們提醒自己，我們是站在同一陣線，我們都想讓這個家更好，所以我們開始集思廣益。理想中，我們的小孩要能管好自己。他們其他活動

要足夠，不要過度受到螢幕吸引。我們也可以訂立制度，要他們為自己負起責任。同時，我們知道必須卸下來自我們內在的干預。

不過我們發現，要做到這個地步，需要花一些時間和投資。這個解決方法需要我們協助小孩去做其他活動，而且在旁邊支持他們。找到新的解決方式來應對這個挑戰，也取決於小孩的年紀和成熟度。我們家兩個青少年比較能自己管理螢幕時間，而小的這個需要比較多介入。我先生和我都知道，我們會持續面對螢幕時間這個問題。但是最重要的是，我們要一起面對，同時尊重彼此不同的觀點。

▌是的，而且……

有時候我們必須行動，實際做出我們所相信的事。要改變深層預設，我們必須開始改變行為，所做所為要能反映出我們想要相信的。亞里斯多德很清楚這一點，他說，「你就是你一直在做的事。」如何把兼並思維表現出來，表演專業能給予我們建議，更精確的說，是即興演員。他們一開始會說，「是的，而且」（Yes, and）。這個即興表演的核心實作方法，能協助我們打開心胸，累積對立的觀點。

即興劇場是沒有計劃、沒有劇本的。看起來一切都是自由流動和自發，不過表演者確實有幾項原則，以提供一個架構並避免混亂。早期的即興表演先鋒建立了所謂「廚房規則」，起源是演員們坐在廚房邊討論場景中哪些成立、哪些不成立。最有名的廚房規則是，絕對不要否定現實。即興表演者練習的技

能是，順著夥伴建立的現實，藉由「是的，而且」這句話，表示這個即興表演者接受其他人放在這幕場景中的想法（是的），然後想辦法接下去，並願意在夥伴的想法上，繼續累積（而且）[99]。

在即興表演中，要設定什麼場景，演員通常會問觀眾的意見。想像有個觀眾建議這幕場景應該是在遊戲場的母子互動，而你被選為扮演媽媽。

你開始在心裡思考這個場景，想像自己是個年輕媽媽，推著盪鞦韆上笑得開懷的幼兒。被選為扮演孩子的夥伴直接開始了，他說，「媽，很高興在這裡見到你，因為有件重要的事要跟你說。我讓我女友懷孕了。」呃，這並不符合盪鞦韆的場景。你心裡設想的稚氣歡樂變成長大成熟，而且如果懷孕不在計劃之內、也不受歡迎，那可能會是個悲劇。

你若要拒絕這個預設，有個選項是堅持自己設定的。你可以說，「寶貝，你才三歲，沒辦法讓女生懷孕的……而且，你這個年紀怎麼會知道『懷孕』這個詞呢？」這樣做就是對夥伴說「不是的，而是」。你的夥伴主張某件事，而你掌握控制權，提出別的主張。

那麼你的對手戲夥伴會怎麼做？接下來可能會是，你和你的夥伴辯論要採用誰的預設。這樣的話，這個場景不會繼續進展，而且也不會那麼有趣。

但是，現實生活中卻常常這樣發生。有人主張某件事，如果那跟我們想像的或預設的不同，我們可能會立刻拒絕它、挑戰它，或是重新主張我們自己的現實。那麼，我們要如何從那

裡再走下去呢？「不是的，而是」這種回應，只會讓我們陷入衝突爭執誰對誰錯——也就是二選一思考。想想現實生活中你跟別人對話，是否常常因為基本預設而陷入衝突？

如果你對那個場景動力說「是的」，然後想辦法繼續接下去。在遊戲場的場景，你可以說「噢，寶貝，真不敢相信終於來到這一天！自從你跟你女友二十五年前搬走之後，我就一直等著這一刻。我終於可能會在死之前當阿嬤了。」在這個場景，你同意你兒子的年紀是可以生育孩子的年齡（是的），然後你的回應是說這個兒子已經大到可以有孩子很多年了（而且）。你找出方法來看重夥伴的預設，然後迅速應變並給予驚喜，把悲劇轉化為喜劇。

要注意的是，「是的，而且」並不表示怎樣做都可以。即興表演研究者德凌科（Clay Drinko）解釋說，「同意其實是隨著這個場景所建立的現實，不一定表示對一切都說『好』。」人們在彼此的現實上逐漸累積，「是的，而且」這個方式才行得通，而不是某個人全權掌控這個場景，其他人只是順從。[100]

▌尊重他人認知，不表示同意

「是的，而且」這項規則的力量，不只在娛樂界裡影響深遠。治療師也看到它的價值，協助患者應對他們覺得卡住的問題，協助伴侶找到更多機會深化關係。教練及訓練者運用「是的，而且」方法來協助組織領導人更有創造力、更能彼此交流。研究顯示，這種即興表演訓練會產生更棒的創新、促進心理健康，並且更能耐受不確定性。[101]

至於本書強調的重點，「是的，而且」提供幾項實作方式，協助我們在悖論中找到出路。「是的，而且」提醒我們，真實有很多面向，因此有人挑戰我們的預設時，不必直接拒絕。想像我們對某件事有個預設，某個人跟我們說的卻完全相反。與其拒絕這個想法，我們可以盡量回應「是的」，看重那個人所認為的現實。很重要的是，看重別人所認為的現實，並不表示我們必須同意它，而是表示我們承認且尊重他人的現實，然後我們從這個現實中學習，擴張這個現實。

　　我們鼓勵你下次跟人交談時試試這個方法。在交談時暫停下來，仔細想想自己的想法與感受。你可能會覺得有點受到威脅，甚至生氣；你可能想著要用什麼防禦說法來挑戰對方的視角。不要這樣做，而是盡量以「是的，而且」來回應。如果你一開始就真誠尊重對方的立場，會如何呢？與其拒絕，試試看你可以怎樣在對方的立場，加上你自己的見解。然後再回過頭來看看。「是的，而且」這個做法，如何改變你的心態？是否讓你看到多重視角？怎樣改變這場對話的本質？

　　「是的，而且」這個方法，不只可以用在人們表達不同觀點時，還可以在自己觀點受到挑戰時幫上忙。如同第一章說過，悖論顯示在所有層面——在我們自己、在與其他人的關係、在團體中等。

　　想想我們心裡的悖論。如果採取「是的，而且」方法來應對它？例如，我們可能會認為自己是個大致上負責又可靠的人，但是卻沒有處理好某個截止期限，讓某人失望了。第一個反應可能會是自責。但是如果先從接受開始？

是的，我們有責任感；是的，我們沒有盡到責任；是的，事情發生了。而且，我們會從這個經驗裡學習，把未來再次發生的可能性降到最低。

資源豐富而非有限

悖論心態也牽涉到對於資源的預設，從關注資源匱乏轉換到關注資源豐富度。資源包括時間、空間、金錢，我們大部分的兩難都源自於此。不同需求，彼此競爭資源。工作與生活之間的挑戰，通常歸結到如何分配時間。組織內要雇用哪個人，這個問題會出現是因為金錢資源有限，必須做出選擇。我（瑪莉安）的某個研究計劃是研究產品設計公司，這些公司糾結於加強既有產品，還是投資顛覆式創新。這個張力的核心是資源的問題。

當公司需要基礎產品來付清帳單時，公司的資源——人力、時間、空間，有多少可以投注在顛覆式創新？最重要的領導挑戰之一，就是資源分配。

許多人處理這類問題的方式是，尋找更多有效方式來分配資源，也就是說，把餅切得更好。這個方法反映出二分心態，它的假設是資源匱乏——資源是有限的；一旦我們使用資源，它就會沒有了。例如，某個計劃可能只有這麼多錢，如果我們把這筆錢花在某項支出，就不能花在其他地方。這種零合思考讓我們覺得必須在不同選項之間做選擇。因此，如何使用這些有限資源，就引起明顯衝突。

▌資源有擴充性

悖論心態挑戰這種資源預設。如果資源不是零合？如果我們不必被資源限制住？如果我們可以擴張資源的價值呢？與其假設資源是匱乏的，悖論心態的假設是，資源是豐富的，我們可以透過使用資源來擴張它的價值。有很多方式可以擴張資源的價值。我們可以探討某項資源的多重面向，了解到這個價值並不是普遍皆然：對某個人來說有價值，不一定會對另一個人有價值。我們可以利用科技和創新來產生新價值。我們可以探索多元途徑來擴張價值，這樣可以創造新機會，以在悖論中找到出路。

這些資源通常會比起初設想的具有更多價值，而優秀的談判者更能體會這一點。成功的雙贏談判，取決於談判各方的能力，是否能認識這些資源的多重面向，然後增加它的價值。

通常人們只用單一面向來看待資源，而且決定誰得到這個面向的更多或更少資源。如果我們有一筆錢，必須決定誰能拿到這筆錢的多數；如果我們有一段時間，必須決定哪個活動要花比較多分鐘。這類協商牽涉到你如何主張資源的價值。預設心態若是資源匱乏，我們必須決定如何拆分這些資源。哈佛商學院教授以及談判專家貝澤曼（Max Bazerman）形容，這種匱乏預設心態是「神祕而且不變的大餅」。[102] 反之，創造價值的預設是資源豐富，鼓勵談判者去做大這塊餅，然後切分它。

我們來考慮一個真實存在的大餅——披薩。想像你和我一起去吃披薩。我們決定買一整個披薩，然後分食這一大個披薩。我們平分出錢。接下來，該怎麼分配這塊披薩？

我們可能會說，應該一人一半。如果這整塊被切成八片，那麼我拿四片，你也拿四片。這樣聽起來很公平，因為我們每個人都付了一半的錢。但是，我們可能會開始協商，或許我們剛下班，我沒吃午餐因為中午花時間在幫你完成當天要交的某個計劃。因為這個原因，或許我覺得特別餓，所以我要求得到五片披薩，而你只得到三片。或者，你想到過去幾次都是我付錢買披薩，你認為這次我應該拿到更多披薩。我們可以一直來回協商，直到找出方法來分掉這個披薩，而且兩個人都滿意。

注意這場協商中的深層預設。我們預設這個披薩只有一個面向，而且這個資源是固定的。有八片披薩，因此協商是關於我們可以拿到多少片披薩。

但是，能不能有個方式從這個披薩擠出更多價值，而不用真的改變這個大餅的尺寸？我們是否可以想想這個披薩有沒有其他面向？這樣做我們可以增加這個大餅的價值，而不用改變資源本身的份量。

例如，你和我在走去餐廳的路上開始討論披薩。或許我們因此明白，你很喜歡披薩的料——醬料、起司、披薩上面鋪的食材。你總是會把麵皮剩下來不吃（符合低醣飲食的潮流，但是其實只是讓你重溫九歲的自己）。而剛好我不喜歡吃披薩上面的食材，而且我吃純素，本來就不吃起司或肉。我通常會把這些都挑掉，只吃麵包（符合法式飲食習慣，但是其實只是讓我重溫九歲的自己）。從這項資訊可以得知，我們可以思考不同方式來分掉這個大餅。你拿到所有的料，我拿到麵皮。雖然我們每個人都拿到四片披薩，也就是一半的大餅，但是現在每

個人都能吃到一整片我們喜歡吃的部分。貝澤曼把這種方法稱為「把餅做大」。

在這個方法中，我們不以單一面向來看待資源（也就是披薩的片數），而是考量其他面向（也就是我們對這個大餅的不同層面的偏好）。我們可以重新思考如何根據資源的多重面向來配置這些資源。

再以時間為例。我們一天只有二十四小時可以分配，許多張力源於如何分配這些時間。如果我們只想到時面向，我們會卡在零和思考，也就是資源匱乏的思路。我們所能做的只是去想，要不要在某個活動花時間。但是，如果以生產力來考量，一天裡並不是所有時刻都是平等的。我們在早上九點可以完成的工作量，通常跟晚上九點可以完成的工作量，非常不同。尤其如果是晨型人或夜貓子。做事情的順序也會改變工作完成的效率。時間管理大師常常拿一罐石頭和沙子來做比喻，描述工作順序如何影響工作。如果先把沙子放進罐子裡，然後再放小石頭，通常會沒有空間放大石頭。但是如果我們先把大石頭放進罐子裡，然後再放小石頭，大部分沙子會塞進大小石頭的縫隙中。如果先做大計劃，我們可以找出如何利用空檔完成那些小任務。分配時間給互相競爭的需求，不只是不同專案要給多少時間，還有何時做這些事情，以及用什麼順序來做。

▌別人的垃圾

有些人特別有辦法擴張資源的價值。萊斯大學管理學教授索南生（Scott Sonenshein）把這些人稱為擴展高手

（stretcher）：能找出如何用少少的資源做到更多事。其中一個方法是在其他人認為價值很小的地方尋找價值。俗話說，某人的垃圾可能是別人的寶。擴展高手能在別人不要的東西裡找到寶——有時候真的是從垃圾裡找出來的。[103]

　　加拿大藝術家邁爾（Russell Maier）在菲律賓浪遊時，垃圾改變了他的生命。2010年他和當時女友從巴黎到菲律賓跟女友家人見面。邁爾是個藝術家，女友父親是馬尼拉一家大公司高階主管，兩人之間幾乎沒有共同點。事實上，這次見面結果並不是很好，以至於這趟旅程結束時，他女友甩了他、自行回到巴黎，而邁爾繼續旅行，把痛苦埋在心裡，從原住民智慧中尋找藝術靈感。旅途中他來到一個偏遠村莊，跟菲律賓高地原住民依格羅特人（Igorot）住在一起。痛苦跟沮喪席捲了他，不只心碎，而且也沒有錢了，沒有動機或目的地。村民接納他，好幾年之後他才開始找回自己的創造力。

　　有件事情讓邁爾感到驚異。當地語言沒有垃圾這個字。依格羅特人相信，每個東西都有價值，即使有些東西不能再用於某個用途，還是可以轉化成別的用途。其實他們有一個字來形容：ayyew，就是某件東西好好回收再做成別的東西。邁爾對這個觀念非常著迷，但是他也看到社區裡有許多垃圾，尤其是塑膠垃圾，瓶罐跟其他塑膠材料被丟到當地河裡、汙染村莊。他開始想著如何重新利用這些塑膠。有一天他決定把小塑料塞進比較大的塑膠瓶，漸漸明白可以用這些塞鼓的塑膠瓶作為建築磚塊，蓋起他自己的園子。想法很簡單——村子裡有許多塑膠垃圾和塑膠瓶都被當作廢棄物，但是當地人又非常需要建築

材料來改善家屋、學校以及園圃。

邁爾跟當地學校分享這個點子，讓學生製作數百個塑膠環保磚。當地督學覺得這個點子很棒，要求兩百多個學校用垃圾來製造環保磚，並且很快就散播到各地數千個學校。

從菲律賓偏遠小村開始的點子，變成一場運動。邁爾寫了一本操作手冊教作環保磚。2013 年，他建立網站 ecobricks.org 把這個故事與更多人分享，世界各地人們也跟他分享他們自己在做的塑膠瓶磚。德國發明家佛洛斯（Andreas Froese）也發現這種塑膠瓶可以用來作為建築材料，她在瓶子裡裝土和沙，用塑膠磚蓋出大型建築──家屋、會議中心、貯水槽等等建築。邁爾跟南非、北美、南美等地的環保磚製作者聯繫上，他們一起成立了全球環保磚聯盟（Global Ecobrick Alliance），啟發了美國、英國、南非、新加坡等地千百位環保磚製作者。

我（溫蒂）是在 2016 年透過鄰居介紹而知道環保磚，從那時開始，我跟我們社區已經將幾百磅重的垃圾變成建築材料。我們把環保磚送到學校、營地、當地自然中心，用來蓋出庭園的結構體、長椅、牆面。我們找方法從自己的垃圾中創造價值，把資源擴張得更豐富，也讓我們更活用兼並思維。[104]

▌爬到樹頂的梯子

有個能讓資源更富足的方式是，找到新科技來使用原本無法取得的資源。暢銷書作家迪亞曼迪斯（Peter Diamandis）和史蒂芬·科特勒（Steven Kotler）在他們的著作《富足》探索許多新科技。他們的理論很簡單，但是非常啟迪人心：世界上

有充足資源可以讓所有人吃穿無虞、都有地方住，只要我們有辦法取得這些資源。他們舉柳橙樹為例。我們可以從柳橙樹上採果子吃掉，但是如果摘掉柳橙樹低處所有的果實，會怎麼樣？這棵樹還有很多柳橙，但是除非拿梯子來，否則無法摘到那些柳橙。新科技就像梯子，讓先前無法取得的資源變得更容易取得。

迪亞曼迪斯和科特勒在他們的書中提出好幾個例子。例如他們強調水資源的明顯挑戰。世界上超過十億人無法取得乾淨水源，這個問題導致每年有兩百萬兒童因此死亡。問題不是出在地球沒水，而是需要新方法來確保水是乾淨而可以使用的。同樣的，世界各地都有人在餓肚子，並不是因為缺少糧食。在美國，估計約有 40％食物浪費。挑戰出在找到新方法來有效分配食物，減少食物浪費。[105]

所以，我們可以找到新梯子來取得自己有限的資源。新科技可以協助轉換我們對資源的觀點，從慣性的二分思維轉換到兼並思維。與其想辦法切分時間、金錢、精力這些大餅，我們可以探索讓大餅變大的新選項。例如，視訊這項科技轉變了我們跟別人交流的能力，縮短交通時間和金錢。我們現在可以在自家客廳裡透過視訊來開會、演講、跟同事溝通，或是參加派對。科技可以提供新機會讓我們延伸資源和思考。

▌施與受的良性循環

資源富足的心態，不僅讓我們先擴張資源、再分配資源到各種互競需求，而且協助我們了解這些資源可以彼此互惠。

格蘭特（Adam Grant）在《給予》（*Give and Take*）這本書中主張，接受我們所需要的，並且付出給他人的良性循環。我們通常會把這種張力視為分配資源的二分法。我們假定，給予別人將會拿走我們給自己的時間跟精力。格蘭特駁斥這個態度，指出專注於協助別人的給予者能獲得多層次的個人利益。

　　格蘭特在書中介紹一個絕頂的給予者里夫金（Adam Rifkin），他原本是個程式設計師宅男，後來變成成功的矽谷連續創業家。大家形容里夫金老是在問「我能幫什麼忙？」，而且他會幫忙到底。因為里夫金的持續付出，他被《財星》稱為最有人脈的人，他能與別人交流，以串接人脈來繼續協助別人。透過這種令人讚嘆的不斷給予，他找到自我意義，人生目的、滿足感，更別提創立三個成功的事業。把資源給出去，讓里夫金收穫更多。[106]

　　當我們面臨互相競爭的需求，資源匱乏引起張力。資源匱乏的假設，使得這些需求競相取用資源。相反的，富足思考能擴張可能性，進而引發全新的綜效。

不是解決問題，而是應對問題

　　最後，悖論心態讓我們轉換問題解決的預設，從控制變成應對。大部分人喜歡控制。我們比較喜歡站在穩固地面上，而不是捲入持續改變中。我們比較喜歡清楚而確定的選擇，而不是悖謬與不合理。當我們面臨模糊、改變、不合理的狀況，通常會把問題解決視為重拾確定和穩定的手段。

　　面對悖論，正是模糊與改變的完美風暴。經常互相衝突的

各種多元選項，繞著彼此而旋轉。對立的需求可激發創造力也可讓人振奮，但是衝突張力會引起焦慮害怕與不滿。在這些時刻，我們希望盡可能降低不確定性，藉由掌控情勢來達到穩定。面臨悖論時，感受到掌控最簡單的方式——至少是暫時掌控感——就是在各種選項之間做出清楚的決定。我們可能也會掌控周圍的人，例如家人、工作團體、組織，要求他們必須像我們一樣。如果我們有二分心態，我們會把問題解決視為重拾控制。

但是，處理悖論需要的不是問題解決，而是不同做法。記得，悖論是動態的，也是持續的。悖論無法完全解決，因為對立力量永遠都在。例如，應對工作與生活兩難，我們絕對無法完全解決深層悖論，也就是為自己還是為別人、規劃妥當或臨時應變。這些悖論持續挑戰彼此、改變彼此；悖論不曾消失。如果我們抱持悖論心態，我們會從解決問題轉換到應對問題。「應對」表示我們接受不確定，體認模糊，在當下找方法往前走；我們知道，將來還會再重新考量我們的決定。我（瑪莉安）和同事路切爾（Lotte Lüscher）把這種應對方式描述為「找到一個行得通的確定性」。我們可能無法完全掌握情況，但是我們有足夠的清晰度可以向前，可以站穩腳步、做出決策，並且持續學習與調適。[107]

應對指的是找出行得通的確定性。與其抗拒衝突張力，不如接受它們。與其說是解決一個持續的悖論，不如說是持續解決一個一個流動的小問題。這本書從頭到尾，使用的語言都是加強「應對」這個觀念，而不是控制。我們不會說解決悖論，

而是說處理悖論、在悖論中找到出路、面對悖論、運用悖論。我們不是說要盡量縮小或抗拒衝突張力，而是欣然接納衝突張力。語言是改變任何深層預設的第一步，但是首先，所有人也必須體認到，要放手不控制有多難。

▎擲骰子

放手不控制，是違反直覺的——至少違反我們的偏見。哈佛心理學家艾倫·蘭格（Ellen Langer）做了一些實驗，顯示出我們常常預設自己可以掌控，甚至是在最隨機的狀況中。蘭格把這種偏見稱為控制幻覺（illusion of control）。

想想擲骰子這個遊戲。如果你不常涉足賭場，你可能不知道擲骰子這遊戲怎麼玩。大家圍站在桌邊，猜測擲骰子的結果並下注，然後有人擲骰子。輸贏取決於擲骰結果跟下注是否符合。下注的人輪流擲骰。假設這個賭博遊戲是合法的（而且骰子沒有灌鉛），那麼擲骰結果完全是隨機的，無法人為控制。但是蘭格發現，人們相信自己有辦法控制。相較於別人擲骰，輪到自己擲骰時，大部分人會下注會更大且更有風險。[108]

有許多情況就像擲骰子這樣，我們可能會希望掌控——或至少認為我們能掌控，但是其實不能。你可能會有個鄰居（嘿，可能就是你），相信只要穿上幸運球衣，支持的球隊就會贏——而且這件球衣還不能洗，以免洗掉幸運。我（溫蒂）記得大學時在耶魯，跟其他同學一起穿過舊校區去摸摸伍爾西（Theodore Dwight Woolsey）雕像的腳，據說這樣接下來考試就會很順利。不管我是否相信摸摸雕像的腳真能保佑我學業順

利，這個小動作讓我假定自己能掌控些什麼。研究發現，我們經常運用迷信行為使自己相信我們掌握某個情況，而且愈是認為我們能掌握，就愈會做出比較有風險的決定——無論是私人事務或組織內的策略決策。[109]

▋ 透過調適性的問題來領導

在結果為隨機的情境中，我們想控制事物；那麼想像一下當我們覺得有責任時，我們的控制欲會是如何。當你擔任掌舵者——父母、隊伍教練、或是組織領導人，而處理的事情後果很會嚴重時，想想這種情境下的問題解決。

領導人有責任把一群人帶向某個結果。他們肩負著期待，通常希望能掌控全局，表現堅定果決，讓結果成為他想要的樣子。但是，研究不斷顯示，有效達成想要的結果，取決於領導人放手的能力。[110]

領導人的任務既模糊又相當繁重，而且通常隨著時間會愈來愈混亂而不確定。哈佛甘迺迪學院的海飛茲（Ronald Heifetz）、葛萊修（Alexander Grashow）、林斯基（Marty Linsky）在著作《調適性領導的實踐與藝術》區分出兩種類型的問題——技術性問題以及調適性的挑戰：「技術問題可能很複雜而且十分關鍵。例如在心血管手術中把有問題的瓣膜換掉，但是已經有解決方法，並以當前所知來實行。透過可信賴的專業以及組織目前架構、程序及做事方法，來解決這類問題。」[111] 要解決技術問題，必須精確診斷狀況，掌握解決方法，並且知道如何實行這個解決方法。這些步驟可能還是很

難，但是有路線圖可循。反之，調適性的挑戰沒有路線圖可循，十分混亂而且不確定，可能漸漸冒出來，而且充滿互相競爭的需求。調適性挑戰是矛盾的。

1977 年，哈佛管理學院教授、並且也是執業精神分析師澤倫茲尼克（Abraham Zaleznik）認為，有效應對調適性挑戰，需要領導人在不確定中找出創新及靈感。他說，偉大領導人就像藝術家，對於多重且變動的可能性保持開放，接受混亂並且處在混亂之中。他把領導人跟經理人做對比，經理人通常很快去想怎麼解決這個問題，以維持結構及穩定性。經理人面對不確定時會尋求掌控；領導人則是學習怎麼應對它。處理悖論要靠領導人和藝術家的預設，他們願意處在混亂邊緣，抱持開放的可能性，逐漸累積洞察，而不是尋求確定性與定案解決的避風港。

▌走到陽台

放手不要控制，欣然接納不確定性，應對、學習、調整，這些都是說的比做的簡單。海飛茲、葛萊修與林斯基三位管理學者建議在面對不確定時，，有個方法是「走到陽台上」。因為面對複雜的情況，會讓人覺得有壓力又混亂，我們在崩潰邊緣，想逃開它或整理一下思緒，但是對於選項有哪些，我們的觀點是很狹隘的。他們把這種狀況比喻為進入舞池。我們在跳舞時，焦點變得狹窄，我們可能會想著自己的舞步，或是擔心踩到別人的腳。我們在跳舞時無法看到誰跳出場或進場；音樂改變步調時，我們也看不見人們的回應模式；我們看不見舞者

如何跟另一個人共舞。要做到這些，必須走到觀賞陽台上，需要一個比較廣闊的視角，超越目前的狀況，想一想隨著時間會有什麼改變。

兼並思維的假設，使我們的眼界打開，協助我們對調適性的複雜問題回應得更好。海飛茲、葛萊修和林斯基認為，這種思考對領導者特別重要。由於領導者的角色，漸漸的不是在解決技術問題，而是面對調適性的挑戰，這些挑戰沒有路線圖，而且顯現出矛盾的需求。領導力代表的是有能力從舞池挪到觀賞陽台，更欣然擁抱複雜，並且從充滿動態的複雜之中學習。

跳舞的比喻可以協助我們學習如何處理悖論。走到陽台上就像轉變關注焦點，本來是注意大象的鼻子或尾巴，變成看到整隻大象。讓我們卡在兔子洞或陷入壕溝戰的個人視角，我們可以後退一步，變成欣賞互競需求的多重面向，以及它們如何影響彼此。我們不會把互競需求認為是鎖死在靜態關係中，而是看到它們如何隨著時間轉變。也就是說，我們可以放手。我們可以欣然接納自己必須去應變，允許各種狀況隨著時間漸漸開展，從中我們透過回應而學習、調適、成長。

在此要進一步闡明海飛茲、葛萊修和林斯基的觀點。他們認為，雖然陽台提供了視角，但是領導人只能在舞池內行動。因此，應對複雜的狀況，需要領導人同時在陽台上，也在舞池裡。他們寫道，「挑戰在於，在舞池和陽台之間來來回回移動，介入並觀察做什麼事會造成什麼影響，然後再回到行動。目標是盡可能同時在兩個位置上，就好像你有一隻眼睛看著舞池，另一隻眼睛從陽台往下看，看到所有的行動，包括你自己

的行動。」[112]

■ 該先做再說，還是慢慢來比較快？

這個隱喻讓我（溫蒂）想到最近參加一場會議。我和其他領導人愈來愈警覺到系統性的種族不正義，另一個領導人和我在辯論，邁向更平等的組織要做哪些努力。會場中每個人都同意必須這樣做。但是，實際上要做些什麼？有些人提議，把大家分成小團體，各有自己的觀點及偏見，然後以此為先導計劃，有了經驗再來規劃更大規模的做法。其他人則反對這個想法，認為這些做法太小、太貴、太草率。他們提議花長一點的時間來研究這個議題，尋求更有效的系統層次的改變。是要跨出小步、還是大型系統變革？立即回應或審慎規劃？每個人對整體目標有共識，但是要怎麼達到目標，就陷入掙扎。

這並不是我們第一次開會。我比較晚才加入這個過程。「先做再說」這一派，已經展開實驗計劃，做了相當有份量的基礎工作，這個計劃是在一小群挑選出來的領導人之間，引導出充滿偏見的棘手對話。這一派已經在外面找到幾位顧問，也收到提案準備開始做。「先做再說」派已經摩拳擦掌，但是，主張「慢下來，造成更大的影響」這一派，對此還是有所保留。每一方都來找我，希望我提出不帶偏見的新視角。

仔細聆聽每個人的主張時，我自己的偏見也加進來了。我比較偏向先做再說、稍後再想；這是因為我沒耐心。我跟「先做再說」那派站同一邊，正要開口表示支持，但立刻煞車。許多年前我學到一件事。會議中各方開始辯論的時候，我最好往

後坐，聆聽，充分吸收整體論辯，然後才開口講話。這個方法要花一些時間訓練。我很衝動想加入辯論（先行動再說，因為我沒耐性），首先我得要用力拉住自己，要更深思熟慮一點。為此，我曾經在參加會議前在手背上畫了一個叉，提醒自己要花更多時間聆聽，而不是說話。這個黑色大叉叉就像提醒我走上陽台。聆聽。聽見雙方的聲音。看到更寬廣的圖像。做到這些之後，才可以提出結論。

所以我就這麼做。我走到陽台上，看見自己在舞池裡，認出我自己的偏好是早點行動而不是花時間琢磨。然後我聆聽另一方的意見——他們的目標是什麼？他們擔心什麼？最後，我問自己，是否有什麼選項可以兼顧慢跟快，同時聚焦在前導實驗和系統層次的改革。然後，我才開始說話。但我不是提出解決方案，而是一個另類問題——怎樣可以兼顧這些不同觀點？這個問題改變了會議對話，從彼此防衛的衝突，轉變為綜效式的思考，並且有機會產生新點子。這讓我除掉掌控欲望，卸下捍衛自己一開始所相信的，進入一種應對現況的感受，我對改變保持開放，並且邀請其他人進入更廣博的思考。

最後，以表 4-1 總結二選一慣性與兼並思維的不同。不同心態的人如何吸收知識、資源及問題解決，對於他們是否能創意地面對持續挑戰，影響相當大。

柬埔寨如何運用兼並思維改善社會？

本章開頭介紹在 2000 年剛拿到 MBA 學位的霍根斯坦，對於自己究竟要加入營利企業或非營利企業而左右為難。他很

表 4-1　比較二選一慣性與兼並思維

對……的預設	二選一慣性	兼並思維
知識	矛盾的 一個事實 一個正確答案 贏／輸	一致的 多重事實 各種想法互相競爭 雙贏
資源	匱乏 零合賽局 表示競爭	豐富 正和賽局 表示合作
問題解決	控制 解決 最小化不確定性和風險	應對 調適 接受不確定性與風險

高興自己當時去了香港，因為他需要離開美國麻州劍橋市的家鄉一陣子。在香港時，他決定多花些時間探索這個區域，同時也好好想想自己的事業選擇。這個機會讓他接觸到新想法，他改變了問題。與其問自己是否要加入一個營利或非營利事業——這是一個二選一的問題，他開始問自己，如何建立一個事業，他可以對人群造成影響，同時又能利用他在產業界和商學院學到的技能和才華。

　　對於這個問題，他在柬埔寨發現一個全新的答案。霍根斯坦還在香港時，有人建議他可以去柬埔寨的暹粒，造訪十二世紀寺廟建築群、古代世界奇景吳哥窟。霍根斯坦採納了建議，不過並不是寺廟使他感到驚異，而是那裡的人。

許多到訪吳哥窟的遊客都接觸過當地人，他們常常會向遊客討錢，在欣賞寺廟之餘，這是一件令人分心的事。霍根斯坦卻剛好相反，他對這些人很有興趣。他不只看到乞討，他還注意到當地社群的動機跟創造力。柬埔寨是世界上最窮的國家之一，1975 年到 1979 年間在赤柬政黨及領袖波布統治之下經濟大倒退。赤柬政策導致將近兩百萬柬埔寨人民死亡，尤其是知識分子及中產階級，人民遭處決、餓死、疾病、過度勞動等暴行。種族屠殺過了二十多年，人民仍然生活在赤貧之中。然而在貧窮之下，霍根斯坦看到人們渴求希望的精神。他坐上載客腳踏車嘟嘟車，車夫因為想練習英文一直跟他講個不停。霍根斯坦去網咖要寄電子郵件回家，得要排隊等，因為當地年輕人都聚在網咖，想接觸更廣大的世界。

霍根斯坦跟這些柬埔寨人一樣，父母輩是被種族屠殺毀掉的一代。但是不同之處在於，他的家人逃出歐洲，在加拿大重建生活。他自問是否能做些什麼，把他的好分享帶給柬埔寨下一代？

旅行結束，但是他心裡還在想著怎麼幫忙。六個月之後，他跟四個朋友回到柬埔寨——兩個朋友是顧問業的同事，另兩個的背景是非營利事業跟社會工作。他們著手找出柬埔寨最迫切的需求，有哪些既有資源可以對應這些需求，他們探索著可以加入什麼。他們在柬埔寨首都、也是唯一的大城市金邊租了一層公寓，拜訪各種組織，希望能跟當地人見面。他們漸漸了解，大部分柬埔寨人要不是收入不穩定的稻農，就是成衣工廠工人，製作的衣服絕大部分銷售到西方國家。家庭貧困的結果

通常是把小孩送到城裡找工作。不幸的是，農村小孩在城市裡面臨嚴重歧視。同樣受到歧視的還有大量由僧侶撫養長大的孤兒，他們的父母在波布政權的種族屠殺中死亡；還有殘障人士，因為幼時感染小兒麻痺，或是誤觸赤柬在鄉間設下的地雷而導致身殘，許多地雷至今仍存在。許多家庭不堪貧困，把女兒賣入性產業。非政府組織想方設法提供協助，開辦英語班、電腦班、以及其他可以謀職的技能班。許多人沒有時間或金錢去上這些課；能夠上課的人，也沒有多少工作能讓他們使用這些新技能。

▌劣勢也能成為最佳優勢

霍根斯坦和他的朋友發現，他們可以為最弱勢的柬埔寨人創造好的工作機會，藉此造成最大影響。他們把焦點放在被勞動市場拋棄的那群人——孤兒、鄉下來的移工、身體殘疾者，還有從奴隸買賣中援救回來的的婦女。霍根斯坦成立的組織後來成為「數位落差資料處理公司」（Digital Divide Data，DDD），一個入門程度的資訊公司，雇用柬埔寨最弱勢群體以及失業民眾，做資料輸入的工作。他鼓勵員工學習新技能，漸漸能去申請比較高階的工作。

現在這家公司已經成立二十年，在四個國家雇用過兩萬五千多人。超過一萬人從這個企業「畢業」，找到薪資更好的工作，超過十倍該國平均年薪。DDD 榮獲著名的斯柯爾社會企業精神獎以及洛克斐勒獎。普立茲獎得主湯佛里曼（Thomas Friedman）在著作《世界是平的》稱霍根斯坦為「我最喜愛的

創業家之一」。[113]

　　霍根斯坦成立 DDD 之後不久，我（溫蒂）跟一個學術同事討論他的商業模型。同事問我，「它們是非營利還是營利公司？」，這兩種公司在法律規定上有所不同，會影響到如何經營以及管理階層所做的決策。我記得後來我終於問到霍根斯坦，他的公司是屬於哪一種。「兩種都不是，也兩種都是。這很重要嗎？」他說。

　　其實，他在柬埔寨成立的公司是營利組織，因為柬埔寨文化深深抗拒非政府組織。柬埔寨人經歷到的非政府組織，對他們發號施令而且高度剝削。但是霍根斯坦在美國成立的是用來支持 DDD 的非營利組織。這個非營利組織比較方便接受補助及捐款，使它得以推展計劃及訓練許多員工。霍根斯坦並不是迴避法律規定，而是找到方法讓法律架構來支持、而不是限制或定義他的營利組織的社會使命。現在社會企業已經愈來愈普遍，霍根斯坦是先行者。

　　建立 DDD，需要霍根斯坦採用悖論心態。他要的是有社會使命、能造成重大影響的非營利組織，以及焦點明確而且有效率的營利事業。他並不是在這兩種結構二選一，他找到第三個選項，一個可以完成兩種目標的社會企業。

　　兼並思維一開始是察覺到悖論，它深藏在我們日常衝突張力以及最棘手的兩難之中。如果我們重新框架關鍵的預設心態，從二分思維轉變成兼並思維，我們會重新思考如何看待知識、資源、管理方式；我們會開始邁向比較複雜而且更有創意的悖論之路。哲學家齊克果鼓勵人們，這樣做可以打開強大的

全新可能性：

 不要小看悖論……因為悖論是思想家的熱情來源，思
想家沒有悖論，就像失去感受能力的愛人：沒有價值又平
庸之人。[114]

本章重點

- 預設形成心態和認知,根據心態和認知而產生行動。悖論心態牽涉到經歷衝突張力以及重新架構這些張力,從二選一(二分法)轉變成兼容並蓄(悖論)。
- 兼並思考始於轉換以下三個領域的深層預設:
  - 知識:本來認為真實是單一的對或錯,轉換成認為多重事實可以共存;
  - 資源:本來認為資源是匱乏的,轉換成認為資源是豐富的;如何切分大餅,變成設計創造性的方法來增加大餅的價值及影響;
  - 問題解決:從渴望控制變成應對,認為處理悖論的不確定性的關鍵,牽涉到調適能力及學習。

所有悖論真的都存在連結嗎？

悖論是不是我們心裡想像出來的？有些人認為，我們如何理解世界、如何與世界互動的心理樣板，讓我們感受到互相交織的對立。是我們創造出顯現悖論的認知框架。這種觀點的深層哲學是「社會建構理論」——認為現實的創造是透過共同的集體詮釋。[87]就如尼采（Fredrick Nietzsche）所說：「事實並不存在，一切都是詮釋」。

其他人認為，互相交織的對立力量，就是這個世界與生俱來的本質。古代哲學家持這種看法，例如東方的老子和西方的赫拉克利特，他們描述這個世界建立在動態的二元性，也就是不停共舞的對立力量。科學家例如法拉第與波耳，描述這個物理世界到處埋藏著悖論；精神分析家例如榮格與阿德勒，描述人類心靈充滿互相依存的矛盾。[88]晚近的巴瑞·強森描述悖論是「自然的賜予，就像重力或陽光，是一種自然現象。」[89]

悖論究竟是社會建構還是與生俱來，是詮釋出來的還是真實存在的？這個問題已經辯論了好幾世紀，持續到今天。它似乎就像「樹林中的樹」那個問題的悖論版：如果一棵樹倒在一片毫無人跡的森林中，那麼它有發出聲音嗎？聲音，是那棵樹造成的，還是聽者造成的？悖論，是這個世界的作用，還是這個世界的觀察者所建構出來的？

這本書讀到這裡，相信你已能明白這個問題的框架是二選一的思考：社會建構或是與生俱來？那麼，如果我們把它改成兼並的問題呢？也就是說，悖論的性質，如何能同時兼有社會建構與與生俱來？社會建構如何影響悖論的本質？悖論的本質

如何透過社會建構而顯現？

我們在自己的論文中主張，悖論是一個系統的隱性特質，透過社會建構而變得外顯。也就是說，悖論隱藏在可見的兩難困境中，然而是我們的理解，將深層的悖論挖掘出來。[90] 我們的學術同行及好友，西班牙伊薩德商學院的翰恩以及澳洲麥奎里商學院院長艾瑞克‧奈特（Eric Knight），把這項主張更往前推進。他們提出，悖論運作的方式，類似於我們對宇宙物質的了解。量子理論認為，我們並不知道物質是粒子還是波，我們可以測量物質來回答這個問題，但是實際測量會干擾這個系統，因此物質顯現出來的特性，部分來自物質，部分來自測量。翰恩與奈特認為，我們對於悖論的經驗可能也是如此。彼此對立的特質之間複雜的互相依存，可能深藏在系統的架構之下，但是這些互相依存的性質顯現為悖論，取決於我們的經驗以及對現實的社會建構。他們認為，社會建構不只是讓隱藏的悖論顯現出來，而且還把深層複雜的現實，建構成悖論。[91]

無論你相信悖論是與生俱來還是社會建構，或是兩者的整合，我們身邊充滿悖論，藉由了解這些工具以有效處理悖謬的不合理性，我們還是能從中獲益。

第五章

建立邊界，容納衝突張力
在穩定不確定性中，提供心理安全感

生命之複雜，就像我們自己。
有時候脆弱就是力量；恐懼長出勇氣；
傷口就是通向完整的道路。這不是二選一的世界。
　　──美國演員　瑞曼（Rachel Naomi Remen）

　　佩爾納（Janet Perna）感到壓力沉重。1996 年她擔任 IBM
資料管理部門總經理，任務是徹底改造該部門，而且不能丟失
每年數十億美元的營收。這個任務非常艱鉅，一不小心就會失
敗。她知道失敗的威脅是什麼滋味。她跟其他同事經歷過，幾
年前 IBM 幾乎倒閉，三年內裁掉超過十萬人，當時佩爾納是
幸運留下來的員工之一。應該說她幸運嗎？她必須證明給公司
高層看，當時留住她是正確的。

　　一九九〇年代初期 IBM 嚴重衰退，是相當著名的案例。
新科技進入市場，許多企業都被擊潰，但是 IBM 可能是遭遇
這種命運的最大企業。幾十年前，這家跨國企業是大型電腦的
市場領導者，這種專業讓 IBM 得以推出下一代個人運算，但
是也因此面臨危險。一九八〇年代，更聰明、更快、更便宜的
半導體晶片打開新世界，大型電腦被更小更快速的微型電腦取

代。好幾家公司轉而發展這種電腦。IBM 看到微型電腦的潛力，研發部門打造出該公司的微型電腦——最後成為 IBM 個人電腦。為了快速進入這個市場，IBM 個人電腦的構件來自其他公司。微處理器來自英特爾，作業系統來自微軟。

IBM 開始銷售這種小型電腦給大型企業客戶。這些客戶可以把這些小型電腦連接到較大的伺服器，這樣就能延伸價值。結果就是客戶端伺服器環境，企業提高運算能力，同時降低營運價格。運算能力提升使這些小型電腦的市場正當化並且大幅擴張，遠超過只有少數電腦玩家與愛好者使用的範圍。IBM 的銷售成長相當不錯，但是這個做法也為其他新公司打開機會，進入這個市場。IBM 創造了市場，也讓這個市場摧毀了自家企業。

起初，IBM 高層並不擔心新競爭者。IBM 主要獲利來源是大型電腦，在這個市場中它仍然穩居第一。但是強項也形成盲點。公司高層在大型電腦市場陷進兔子洞太深，認為這是核心業務因此持續投入。同時，微型電腦市場的成長正在加速。一九八〇年代晚期經濟衰退，企業預算緊縮，客戶端伺服器對企業運算力來說是比較便宜的選項，家用電腦的需求也愈來愈高，而 IBM 卻繼續強化大型電腦的價值，於是開始失守硬體運算這塊陣地。IBM 高階主管辦公室上演壕溝戰，傳統派堅守目前策略，把壞消息合理化，迴避重大改革。他們被惡性循環的漩渦給困住了。

顛覆的歷史一再證明，傲慢自滿不敵勤奮熱情和活躍創新。市場漸漸被當時看起來還是草創的企業占領——戴爾、

微軟、甲骨文、康柏、迪吉多、昇揚、惠普、接著是蘋果。
IBM 面臨悲慘的後果。1992 年，大型電腦業務損失幾十億美
元。截至 1993 年，IBM 已經裁掉超過十萬個員工——這對許
多人來說是沉痛打擊，因為他們加入 IBM 是抱著終生雇用的
期望。報紙及分析師都在撰寫 IBM 的訃聞；《經濟學人》寫
了一系列文章，強調 IBM 裁員導致的破壞性連鎖反應，並說
「IBM 從光榮走向衰敗之震撼度，難以誇大。」[115]

　　令人驚異的是，IBM 高層卻能讓這家公司起死回生。
1993 年，IBM 聘請以採取大膽策略而著稱的葛斯納（Lou
Gerstner），他一到任立刻著手將這家公司從瓦礫中挖出來。
葛斯納改變 IBM 經營焦點，以前 IBM 幾乎只做硬體，而他開
始大量投資在軟體及電腦服務上。[116] 不過，葛斯納幾乎沒有時
間等這項新策略塵埃落定，因為下一波科技巨浪已經湧起。互
聯網在一九九〇年代早期開始流行，迅速引發大量的全新可能
性，演變到現在成為雲端運算、應用程式、持續互相交流。這
次 IBM 領導人不會再像上次一樣犯錯，他們要準備好迎接這
波新科技。

IBM 如何起死回生？

　　葛斯納從 IBM 先前的災難中學習，他要打造創新，以迎
接新興的網際網路及電子商務機會，同時還要管理這家企業既
有業務。IBM 管理階層把焦點放在打造三個面向的產品。第
一面向是已經在市場上的產品。第二面向是創新產品，接下來
六個月要把產品推進市場。第三面向的創新是聚焦在比較遠程

的未來。[117] 為了在公司上下推展這種創新做法，葛斯納要求每個事業單位都要投資在第一、第二、第三面向的產品。這表示每個事業單位都必須管理既有產品以保持短期營收，同時要有長期意識、發展創新產品，而這可能會蠶食到既有產品。

佩爾納感受到這種拉鋸，要維持目前市場領導地位，同時要為明天而創新。她的事業單位是為大公司打造、銷售、連結傳統資料庫。但是她認為資料庫這個業務未來會有幾項顯著改變。首先，資料庫不會再集中於一台電腦，而是分散到不同供應商的平台。這項改變會需要 IBM 工程師用新的程式語言寫程式碼，好讓軟體在不同平台上運作。第二，當時資料庫需要儲存的只是數字和字元，但是未來要儲存所有形式的內容，包括聲音和影像資料，例如照片、影片、聲音檔。這種新內容更複雜，資料儲存需要新的思考方式。最後，工程師也了解，必須發展新產品才能處理呈指數增長的各種型態的資料，並且要在網路上存取資訊。

理想中，IBM 在資料庫管理的領導地位，有助於研發、行銷與銷售這類新產品。佩爾納的事業單位正在研發第二面向跟第三面向的產品，用新方式來儲存不同型態的資料。這不僅適用於企業後台功能，也會是電腦運算的驅力。

工程師正在努力打造新的資料庫，盡量同時把焦點放在既有產品及未來創新產品，但是挑戰很大。研發主管希望把工程師調去做實驗，但是也覺得有壓力必須回應顧客要求，更新目前的資料庫。這些主管感受到的拉鋸是如何調配這些工程師的時間。這個事業單位也必須建立全新的業務團隊，跳脫 IBM

的傳統客戶對象，建立接觸顧客的新通路。但是業務團隊還是要達成業績，比較容易的做法是拜訪既有客戶，而不是花時間去開發新客戶。許多資料管理部門的員工覺得受到威脅，因為他們的技能不再被重視，也害怕自己丟掉工作。佩爾納覺得自己被各種方向的力量拉扯。

佩爾納的兩難困境，其深層是經典的學習悖論——從過去成長到未來，如何處理其中的互競需求。學習悖論包括互相依存的對立面，例如短期與長期、避免風險與接受風險，穩定性與改變，傳統與現代化。1991 年，史丹佛大學教授馬區（James March）形容這種悖論是介於探索新機會與剝削既有利益之間的張力。他注意到，組織必須隨著時間調整以求生存時，這種悖論就會出現：

> 探索所指的字眼包括搜尋、變化、接受風險、實驗、玩、彈性、發現、創新。剝削所指的包括去蕪存菁、選擇、產製、效能、挑選、實施、執行。大量投入在探索而排除剝削的調適性系統，可能會發現在實驗上付出很多但卻沒有得到多少好處。他們展示太多未經發展的新點子，卻沒有什麼傑出的稱職能力。相對的，大量投入在剝削而排除探索，可能會發現自己困在不盡理想的穩定均勢。因此，在探索與剝削之間維持適當的平衡，是系統是否能存活與繁榮的主要因素。[118]

組織會過時，但是人也會。學習悖論也會出現在個人層

級，例如努力提升自己、學習新工具及新技能，想找出時間學習新事物，同時又要兼顧許多目前的任務，這些悖論就會出現：我們知道應該為未來準備，但是光是當下生活就已經幾乎沒有時間。

倫敦商學院教授伊芭拉（Herminia Ibarra）把這些張力稱為真誠悖論（authenticity paradox）。我們希望能真誠做自己，但是隨著逐漸成長與學習，我們必須踏出舒適圈，採取不是那麼像自己的行動。有時候在做到之前，我們必須假裝。感覺不像自己，是為了努力朝向一種新擴充的真誠。[119]

建立邊界

我（溫蒂）的博士論文有一部分是研究 IBM 高階主管在二〇〇〇年代再造這家企業的過程。當時 IBM 希望更了解如何處理過去與現在的需求，如何應對多重的時間面向。為了尋求協助，IBM 資深領導人找到哈佛商學院教授塔胥曼（Michael Tushman）及史丹佛商學研究所的歐萊禮。

塔胥曼和歐萊禮認為，要處理這些挑戰，企業必須使用兩面策略。要克服成功後的災難，一個方法是必須同時探索（explore）與剝削（exploit）。領導人一方面必須在營運面做到極優，另一方面則是接受風險以創新。[120]

IBM 聘請塔胥曼和歐萊禮來協助旗下所有事業單位主管，了解如何運用兩面策略。身為博士生的我加入兩位教授，希望能了解事業單位領導人怎麼處理探索與剝削的悖論。我觀察佩爾納以及其他幾位她的同事如何與這些張力搏鬥。有些主

管，例如佩爾納，採取的方式讓他們能有效處理學習悖論。有些人則不是這樣，而是掉入兔子洞，陷入過去的覆轍。有些主管看到未來的潛力，但是他們的創業精神卻變成破壞錘。他們創新得太過頭，疏於管理既有業務數百萬美元的營收，有些狀況甚至是傷害摧毀了目前業務。

有一個關鍵因素影響這些事業單位的表現，那就是他們如何建立邊界來應對悖論。正如我們先前描述，邊界是維持我們的心態、情緒、行為的結構（圖 5-1）。這些結構具有許多特色，包括目標、常規、正式組織結構、角色。也可以包括時間和實體環境的分配。

本章我們探索幾種工具，它們能讓這些邊界容納張力。無論是在個人生活或企業組織，這些邊界設立得愈清楚，我們就愈有動能、更具實驗性、更大膽的處理這些悖論。

連結更高目的

圍繞著悖論建立鷹架，一開始是先找出一個更高目的——為什麼我們要做某件事，它的理由、意義、以及方向。心理治療師法蘭卡（Viktor Frankl）認為，更高目的最能定義我們的生命，最能讓我們有動機。身為二十世紀中葉的維也納猶太人，法蘭卡遭到納粹逮捕，被送進集中營。法蘭卡注意到，人們身在集中營，周遭都是慘無人道的痛苦和死亡，但是還是努力抓住生命存在的意義。尋找意義，才有活下去的意志力。[121]

更高目的讓我們有機會定義自己的生命。它能建構我們的行動，讓我們邁向成功。許多表現傑出者都寫到他們個人

圖 5-1　建立邊界，容納張力

建立邊界，容納張力

- 連結更高目的
- 分開與連結
- 打造護欄，以免偏離目標

轉移到兼並預設

- 接受知識含有多重意義
- 資源豐富而非有限
- 不是解決問題，而是應對問題

在不適中尋找安適

- 先喊暫停
- 接受不適
- 拓展視野

建立動態

- 徹底實驗，驗證可行性
- 為意外做準備
- 學著忘掉所學

認為的意義與價值理念。美國著名電視主持人歐普拉（Oprah Winfrey）對媒體快企業（Fast Company）表示，她的使命是「成為老師。啟發我的學生，他們能做到比自己認為的更好」。

同期快企業也訪問了協助女性累積財富的網站 DailyWorth.com 創辦人史坦伯格（Amanda Steinberg），她表示自己的願景是「培養世界上所有女性的自我價值以及身

價」。史坦伯格強調，財務富足及情緒力量為女性賦能的重要性。[122] 同樣的，企業成功取決於意義——其重要性更勝於策略或組織結構。想想樂高的企業精神——「啟發與發展未來的建造者」或是 Nike 的使命「盡一切所能推進人類潛力」。這些目的宣言，啟迪、振奮人心。

目的宣言也是處理悖論的一個重要工具。尤其是，面臨衝突與不確定時，更高目的能夠（1）振奮人心，繼續突破表面的互競需求（2）幫忙把對立力量結合起來（3）提供長期焦點，協助對齊我們的短期決策。

▎處於挑戰中的毅力

處理悖論是很吃力的。不確定性以及持續的衝突張力可能會把我們累垮。意義能幫助我們振奮起來。它提醒我們是為何而做，協助我們度過每天的挑戰，找到更多對工作的承諾。美國牧師傅斯迪（Harry Emerson Fosdick）了解這一點，他說，「人們會為了金錢而努力工作，會為了別人更努力工作，但是，最努力工作的是為了某個目的。」[123] 你可能知道「三個疊磚匠」這則寓言故事，很能生動表現這個想法。

三個疊磚匠並肩工作。建築師來到第一個、也是疊得最慢的疊磚匠身邊，他問，「你在做什麼？」這位磚匠回答，「我是個疊磚匠。我在疊磚塊，才能養活我的家人。」第二個建築師問動作第二快的疊磚匠，他回答，「我是個建築工，我在蓋一座牆。」建築師問第三個、也是動作第三快的疊磚匠，他回答，「我在蓋主座教堂，蓋出這座教堂，能讓人們彼此交流，

跟上帝交流。」

廣受喜愛的《小王子》作者聖修伯里，在他的另一本作品《沙子的智慧》也表達類似想法：「建造一艘船，並不只是編織帆布、鑄造釘子或閱讀天空。而是合力對海洋的品賞，在它的波光之中，沒有任何矛盾，只有共同的愛。」[124] 我們表達意義，不只是為了激勵自己，更是激勵他人。

著名演說家西奈克（Simon Sinek）在美國西北部華盛頓州普吉特灣一場小型 TED 演講中，闡述了更高目的之價值。他對大家說，要從解釋為什麼做某件事開始。「人們買的不是你所做的事物，而是買你為什麼要做這件事。」西奈克舉蘋果公司為例。這家跨國科技公司，並不是說自己製造出很棒的電腦，而是說它要挑戰現狀、不同凡想。設計產製出很棒的電腦，只是完成這個願景的其中一個方法。[125] 專注在充滿抱負的價值，以及衝擊對我們的行動，能讓人們熱切完成精心策劃的工作。西奈克認為，偉大的領導人激勵別人採取行動的方式是描述為什麼某件事很重要——也就是這件事的意義，然後再描述如何做到這件事，甚至最後才描述這件事是什麼。西奈克的簡潔概念獲得廣大迴響，並且迅速散播開來。

2010 年，在哈佛商學院畢業班的演講中，克里斯汀生教授強調更高目的之價值。他是聲譽卓著的哈佛教授、顧問、管理大師，他大可以針對如何利用意義，來激勵出商業策略或成果，提出艱深的建議。不過他的演講卻是更針對事業、專業上的成功及財富，常常與個人幸福、家庭牽繫、共同承諾等之間，互相拉扯與競爭。我們在處理工作與生活的悖論時，追求

金錢、地位、名聲，常常是更用力拉扯我們，可能使我們陷入惡性循環。他毫不拐彎抹角的提醒該屆同學，在安然醜聞案中被定重罪的史基林（Jeffrey Skilling）是哈佛商學院的校友；與克里斯汀生同樣獲得羅德學者榮銜的三十二人中，有兩人被定罪入獄。克里斯汀生懇請學生花時間思考更深層的個人意義，利用這個意義來激勵自己，持續謹記工作與生活的價值；達成專業成功也要獲得個人幸福，而不是只有前者。

在我們經歷充滿挑戰的張力時，我們的時間、精力和耐心都被嚴重擠壓，意義尤其能給予力量。兼並思考需要投注情感與認知。意義可以提供認知上的理由以及情感上的激勵，幫助我們面對悖論。

▌團結對立

互相競爭的需求往相反方向拉扯時，悖論也會引起分裂。面臨這些分裂，更高目的的宣言，能讓我們團結起來。談判專家經常強調更高目的的價值，做為一個接觸點，它能提醒對立雙方的共同承諾。

非營利組織「和平種子」（Seeds of Peace）是個好例子。這個組織把軍事衝突區的年輕人找來齊聚一堂，彼此學習與交流，希望能培養他們在這個地區長出充滿勇氣的領導能力。這個非營利組織為年輕人提出一個共同意義，是雙方都同意的：「在衝突導致分裂的社群中追求和平的改變」。達成和平是衝突區各方年輕人都同意的結果。追求和平，超越彼此的差異，在這些年輕人面臨相當分裂的議題時，協助他們互相交流。[126]

一九五〇年代社會心理學家謝瑞夫（Muzafer Sherif）的研究顯示，更高目的的力量可以使互鬥派系彼此連結。首先，他和研究團隊把二十二個 12 歲男孩帶到奧克拉荷馬州的羅伯斯洞穴營地，將他們分成兩隊，安排讓兩隊互相競爭的活動，創造出互相對抗的陣營。營隊剩下最後五天，這些男孩已經因為競爭而對彼此產生偏見及怒氣。研究者能反轉這種分裂情勢嗎？為了反轉，研究者設計幾個情境，他們稱之為「高層級目標」，這個目標對兩隊都有吸引力，但是需要彼此合作才能達成目標。對立團體為了達到整體目標，會開始盡量減少衝突，一起合作。[127]

▌長期焦點，短期決策

最後，更高目的讓我們把眼光放到遠方地平線上，能協助我們度過短期的衝突張力。在對立之間的持續困境，會讓人覺得暈頭轉向。陷入這種痛苦時，震盪感就像身在暴風雨中的船隻，左右搖晃、顛顛簸簸。但是，眺望遠方的地平線，就能在混亂中獲得內心的平靜。無論經歷什麼局部的震動，地平線還是保持靜止，給我們一種當下的穩定感。同樣的，著眼於更高的意義，能減少悖論產生的混亂。在面對互競需求時，專注在整體願景，可以讓我們盡量減少焦慮和不確定感。

這種長遠的眼光，也有助於避免陷入二選一的陷阱。短期決策往往更短視；我們只看到更具體、可量化、更確定的事物，而不是更抽象、質性、不確定的事物。這種關注可能導致我們過度強調悖論的某一面。達成短期利益的壓力，常常蓋過

產生長期影響的願望。為了達成短期目標，排除任何為了未來而學習和改變的興趣。如果我們總是讓短期思考來驅動決策，最後會強化非此即彼的選擇，讓自己陷入兔子洞。對 IBM 的佩爾納來說，短期壓力使她更有壓力必須提升既有產品。她和其他高層必須繼續放眼長期，才能持續提醒自己，投資在風險較高的創新，有其價值。

　　加拿大卑詩省維多利亞大學教授施洛文斯基（Natalie Slawinski）和西安大略大學的班索爾（Pratima Bansal）研究加拿大亞伯達省的油砂企業，確認長期焦點的價值。亞伯達是全世界石油含量第三高的地區，僅次於沙烏地阿拉伯與委內瑞拉。二〇〇〇年代早期，開採亞伯達油面臨來自環境團體的巨大壓力，環保人士及社會名流把它們刻畫為生產「骯髒石油」的企業，並表示，跟傳統原油開採相比，開採亞伯達油砂造成明顯更多溫室氣體排放量，耗水更多、更多空氣汙染，並且砍掉更多森林。此外，為了容納油砂開採廢物而建的滯留池，導致數千隻鴨子落在池中死亡。

　　開採亞伯達油砂是一種極度競爭的原物料產業，任何成本都會減少短期競爭優勢，尤其是採取環保做法而衍生的成本。然而，施洛文斯基和班索爾挖掘這些產業的資料，發現一項重要洞察。雖然這個產業有其競爭本質，但是有些公司卻投入更多環保做法。

　　這些公司是為了自己的企業發展而把長期願景納入考量。短期來說，企業高層認為環保做法的成本高昂，會降低公司利潤。但是把焦點放到長期來看，企業高層就看到不同的圖像，

體認到環保做法是促使他們創新的機會，並且能提升與利害關係人的關係，降低環保團體指控而衍生的花費，並且能讓具有相同理念的員工，產生更大的熱情及承諾。[128]

在 IBM，我（溫蒂）和企業高層觀察到短期與長期之間的張力，不斷浮現。巨大的兩難困境，例如是否重整企業結構，以求更有效率或激發更多實驗性做法，這些兩難議題放到企業會議中討論。同樣的，要如何分配工程師的時間，以滿足既有客戶需求、或事為新市場開發產品，這種決策幾乎每天都會出現。在支援既有產品和創新之間，幹練的管理高層可能會經常搖擺不定，始終不一致。他們是走鋼索的人。

但是，為了更高目的，走鋼索有其必要。對佩爾納來說，她的願景簡單明瞭——在資料管理界成為第一名。這個願景沒有任何神奇之處。更重要的是如何利用這個願景。佩爾納每次去開高層管理會議，一開始就會闡明這個願景。然後她會提醒其他主管，每個人能如何為達成這個願景而貢獻。資料管理部門的願景要能成功達成，需要團隊中所有人的貢獻，就像謝瑞夫在羅伯斯洞穴營地的社會心理學實驗一樣。這個事業單位必須在繼續目前資料庫客戶的需求中保持關鍵地位，同時設法與正在建立資料庫新做法的網路新創公司競爭。

佩爾納在每次會議一開始就提出該事業單位的更高目的，藉此強化團隊合作的重要性，接納張力，找到更有創造性的做法。佩爾納團隊中某位主管告訴我們，「這支團隊沒有誰是一支獨秀的。」不能只是讚揚自己的成功；必須為整個事業體的整體解決方案做出貢獻。

互競需求的分開與連結

我們經常被問到，如何有效建構任務來處理悖論。應該分開對立的兩端，以確保焦點，使每一方都能實現其需要的目標；還是應該連結對立的兩端，增強綜效的潛力？差異化還是整合？分開還是連結？也許你不會意外，答案是兩者兼有。有效處理悖論，需要找到分開和連結對立兩端的做法。正如我們所說，處理悖論是矛盾的。

分開和連結，涉及如何在悖論四周建立邊界——無論在個人生活、還是在企業組織中。為了分開或連結矛盾的兩端，企業組織可以利用不同特點來建立邊界，包括正式的結構、特定的領導角色、目標、指標和獎勵、時間、利害關係人關係等等。分開兩端，可能牽涉到把兩端分成特殊的子單位，或是分配責任給不同主管。也可能是找不同時機來談論對立的選項，或闡明特殊目標、不同的獎勵結構。同樣的，連結兩端，可能是指定某個主管負責在各個子單位之間建立聯繫，排出時間把對立方聚在一起；或是培養出強調探索綜效和整合的文化。

我們還可以在個人生活中建立邊界，協助分開和連接矛盾的兩端。個人生活中的邊界，與組織脈絡類似，可能包括目標、個人角色、時間、人脈連結和實體位置。例如，有些人會畫定界限，明確區分工作和生活。可能會利用實體空間或時間，在不同的地點或一天中的不同時間，專注於工作和生活。甚至可能使用不同的科技工具——工作用的電腦和電話，一回到家就收起來。有些人可能喜歡界限不那麼明顯。對某些人來說，並不會在家裡就不工作，在工作時也不會完全不理家庭，

也就是說，時間是比較不固定的。可能會在晚上拿出筆記型電腦，就可以在家完成工作，或者全天隨時回覆電子郵件。有時這些邊界有效，但有時卻是個挑戰。我們曾經有明確的工作與生活界線，但在全球疫病流行時，邊界模糊或消失了。我們寫這本書時，組織領導者和員工都在探索在家上班或混合上班的可能性，我們在學習工作和生活邊界的新思考方式。

分開和連結，甚至可能包括我們穿的衣服。美國長青電視節目《羅傑斯先生的社區》，主持人弗雷德・羅傑斯（Fred Rogers）每集開始時都是走進他家，把西裝和皮鞋換成舒服的開襟上衣和運動鞋。這個動作標示出，他的角色從比較正式的上班族，轉變成友好的鄰居。組織理論教授斯梅茨（Michael Smets）、賈扎布寇斯基（Paula Jarzabkowski）、伯克（Gary Burke）、史匹（Paul Spee）在最近的研究中，探討倫敦駿懋銀行的再保險核保人，指出這些核保人經常在工作中採用《羅傑斯先生》的策略。再保險是一種保護保險公司的做法，避免因為洪水或颶風這類嚴重天災，而需付出大筆理賠金導致公司資源虧空。

各保險公司的核保人為了保單條款而彼此競爭，但是一旦談定，這些公司就會彼此合作來分攤風險。核保人的互動既競爭又合作，既是為了交易、也是為了交流。斯梅茨等人發現，服裝是這些核保人處理邊界的方式之一。他們穿上西裝跟正式鞋子，表示在商場上採取比較正式而競爭的立場。回到辦公室之後就會脫掉西裝、換鞋、捲起袖子，表示可以開始比較合作的非正式連結。

保險業核保人也有其他策略，在這兩個世界之間建立連結和綜效。例如，知識和資訊可以促進連結。在比較輕鬆的互動交流中交換資訊，這對商場上的交易能產生正面影響；而公司在交易中獲得的價值，會產生外溢效應，影響到他們如何建立社群。[129]

▋ IBM 的分開與連結

在管理創新時，塔胥曼和歐萊禮建議，事業單位的結構要強調分開和連結。他們建議建立單獨的子部門，把新產品與其他部門區分開來。他們關注高階主管的領導力以培養連接點，同時也指出，利用科技及銷售和其他資源，創造出戰術性的綜效，透過這種綜效進行整合。

考慮到新產品可能會威脅現狀，獨立子單位是在更受保護和焦點更集中的環境，孵化實驗性的做法。有個例子是，一九七〇年代末期生產小型電腦的 Data General 公司，它是最早挑戰 IBM 硬體霸權的電腦公司之一，該公司高層相信他們可以在小型電腦市場領先，但他們也在這個新領域的競爭中輸給其他公司，尤其是迪吉多（Digital Equipment Corporation）。

Data General 雖然很興奮能生產出新電腦，但是高階主管發現陷入一個熟悉的挑戰中——目前業務占掉最主要的時間與資源。最後，他們靠著緊抱願景和意義，並且經歷一些挫折之後，該公司的創新部門主管威斯特（Tom West）成立一個團隊，類似臭鼬工廠（Skunk Works）（按：武器製造商洛克希德馬汀的祕密研發小組代號），把一小群工程師帶到一個跟總

部完全不同的地點，給他們一年時間製造出新機器。作家季德（Tracy Kidder）獲得普立茲獎的作品《新機器的靈魂》，就是在描述這個創新團隊如何集中心力拚命工作。

塔胥曼和歐萊禮認為很重要的是，這些創新孵化團隊必須回頭跟企業組織之間強力連結。為了讓事業單位重視創新價值，並且讓這些創新能從既有產品中得到好處，資深高層必須培養組織內部各單位的持續連結，推動整合及綜效。

佩爾納尤其了解分開與結合的需求。她的事業單位正在為分散式運算打造新型資料庫。IBM 有一個在自己的大型電腦上運作的專用資料庫。在客戶與伺服器運算這個新世界中，IBM 要有一個資料庫可以在許多不同平台上運作。一開始會先利用既有資料庫所得到的洞察，但是必須建立用 Java 來寫的新軟體，這是一個完全不同的程式語言。既有的大型資料庫是由加州的專業工程師團隊負責，他們是這個產業中最厲害的工程師。但是，他們抗拒建立新程式。佩爾納對我們說，「這些工程師很忙，忙著照顧既有客戶、維持大型資料庫的競爭力，忙到沒辦法分身來打造新型資料庫。」[130]

想要轉變這些工程師的關注焦點，是徒勞無功的。不過，佩爾納知道可以利用一個在加拿大多倫多的工程師團隊，他們已經開始為 Unix 作業系統發展新型資料庫軟體。佩爾納從加州搬到多倫多去領導這個團隊。加州的研究團隊跟加拿大的團隊分開，每個團隊可以專注在獨特的任務上。這種切分也讓各小組擁有更多彈性可以連結。加州工程師不會再把新資料庫視為威脅，而是把多倫多團隊視為加州大型資料庫的延伸，樂意

在發展過程中提供諮詢。為了打造新型資料庫，把研發單位分開，使這些團隊能找到新方式來產生連結。[131]

▌切分並不可行的時候

當某個企業組織的重要任務是交織的，那麼切分成獨特子單位的策略不一定總是可行。資深團隊中可能有人的目標不只一個，這就需要高階主管們密切合作。在這些案例中，高階主管可以找到別的方式來切分，而不是建立獨立子單位。可以用的方法是，特地切割出不同事業體、安排專屬時間來探索每個目標、利用不同的決策過程，或是發展論述跟溝通內容把策略分開。

在第四章我們介紹獲獎社會企業「數位落差資料處理公司」（DDD）。它的社會使命是幫助人們脫貧，而這取決於如何聘雇人力，而且與此密切相關的是，要能繼續經營下去，財務上也有其需求。社會使命與財務需求，在幾項策略性的問題上經常產生衝突，例如要僱用什麼人以及如何使企業成長。有幾位顧問建議 DDD 領導人考慮建立不同事業單位——一個單位是聘雇大學畢業生，可以產出比較多利潤；另一個單位聘雇數量較多的弱勢民眾，以達成社會使命。第一個事業單位可以提供必須的財務支援，以協助第二個事業單位。

但是，DDD 領導人發現，這種分叉結構會造成太多不和諧。而且利用商業經營給予員工最佳支援，從中獲得的價值也相當顯著。建立不同的單位會減少這些優勢。所以，DDD 領導人找到新方法，就是建立兩套各自獨立做法，把財務需求和

社會使命分開，以求能分別聚焦。例如，他們做出兩套財務報告——一個是社會使命的活動、另一個是主要商業活動，找出不同指標，以求更能了解成功達成各項目標的驅力。還有，他們在工作會議中分配不同時間來應對每個目標。

執行長霍根斯坦也會在各種溝通管道中強調這兩邊的獨特性。他會在董事會中提出的問題像是「這項決定如何影響我們的使命？」、「這項決定對我們的業務有何影響？」藉此請各個主管考量每項策略的不同需求。

佩爾納和霍根斯坦在各自組織中，都為了分開與連結而建立邊界，但是他們採用的途徑不同。塔胥曼和歐萊禮描述佩爾納的方式是結構雙元（structural ambidexterity）——建立一個分開的子單位來孵育創新，領導高層則負責策略整合，以核心產品促成綜效。與之相較，學者勃肯蕭（Julian Birkinshaw）及吉布森（Christina Gibson）把 DDD 模式稱為脈絡雙元（contextual ambidexterity），因為它的分開與連結是建立在非正式的脈絡、實務、組織文化，而不是正式的結構中。[132]

▌避免假性二分、假性綜效

這些例子提供各種不同的途徑以建立可以分開或連結的邊界。沒有什麼方式是特別好或特別壞，而是取決於組織的狀況。不過，這些方法都必須平和分開與連結。只靠分開或只靠連結是有問題的。我們需要兩種做法，才能處理悖論。

有些 IBM 團隊分開但不連結。建立子單位，以保持其創新獨立於企業內其他部門。這樣做可以避免短期張力。然而，

這些單位未能相互受益。創新計劃幾乎無法獲得既有產品相關的知識、技能、市場和其他資源。既有產品並沒有從創新計劃產生的新洞察和能量中獲益。漸漸的，缺乏共同價值觀和目標，加劇子單位之間的競爭；各自為政導致惡性循環。如同 IBM 的情況所示，當政治衝突加劇，領導人困在無止盡的對戰中，疲倦而洩氣，最終結果是組織衰退。這種方式強調的是假性二分法——將對立兩端拉開，不重視它們的整合。

不過，一樣有問題的是連結而不分開。我們稱這種做法是假性綜效——兩端的深層需求都沒有應對到，只是蒙上一層融合的外罩而已。在這些情況中，比較具有力量的一端會漸漸占上風。IBM 有一個軟體事業部門，對於雙元組織這個想法非常有興趣，該部門的領導人寫出一份充滿感情的宣言，闡述更高目的，把這份使命宣言貼在辦公室各處，還做成海報、放進皮夾的小卡等，以強調這份融合且激勵人心的意義宣言。

他們還把連結放進結構中，把創新責任放進既有的功能性結構。研發部門副總裁要負責管理既有產品及創新探索的發展；業務副總裁必須想辦法如何繼續銷售到既有市場，同時要開發新市場。高階主管會議聚焦在每個單位負責人的報告。

這個事業單位的結構，沒有一個是聚焦在創新。實施的結果並不令人意外。依照慣性而運轉的現狀占了上風，創新變成只是忙碌的高階主管「一邊兼著做」的事情。由於既有產品的需求太過龐大，愈是不確定、短期、有風險的創新，通常被完全推到一旁。為了有效處理悖論，企業領導人必須同時為分開及連結建立策略。[133]

打造護欄，以免走得太遠

把悖論的兩端分開時，常常會把它們拉開得太遠。此時二元思維占了上風。專注在一端，而排除另一端，開始陷入兔子洞。我們的認知、情緒、行為陷阱，讓我們卡在洞裡。無法看到另一端，遮蓋了潛在的綜效及連結。

然而，我們可以建立結構，以免走得太遠。我（溫蒂）和牛津大學的組織行為學教授貝沙羅夫（Marya Besharov）在我們的研究中看到，霍根斯坦以人和實務做法及正式結構，強化每一端的價值，並加強連結。我們將這些邊界稱為「護欄」，作為每一端的守護者。這些護欄有兩個功能。首先，就像道路護欄一樣，這些障礙物確保我們不會太過偏向某一端。它協助我們避免惡性循環，並幫助我們走鋼絲，鼓勵我們在對立需求之間流暢而頻繁的移動，而不用擔心過於關注某個方向。其次，護欄也是約束，把我們正在處理悖論的領域劃分出來。這些約束能激發新的想法。將對立兩端拉在一起，促進創造性的整合，我們可以找到新的騾子。

▌保持前進的軌跡

像 DDD 這樣要同時兼顧社會使命及商業目標的社會企業，會面臨一個明顯的風險，那就是太偏向悖論的某一端。這些組織通常會強調社會任務而犧牲商業目標，或是反過來。有些社會企業可能憑著相當熱情的理想主義而成立某項事業，不理會這個計劃中的商業部分，走到極端，理想主義可能會使新創精神破產，最後連達成社會使命的機會也遭扼殺。有些社會

企業創辦人可能會訂下使命驅動的目標，但是很快就看到利潤潛力，於是就潦草帶過社會使命。對使命的承諾減少，表示可能會失去獨特的市場競爭優勢。

霍根斯坦成立 DDD 時，決心要停止柬埔寨的貧窮循環，充滿熱情、激勵人心、相當有感染力……但幾乎快要讓這項事業沒頂。這個組織聘僱了幾乎所有柬埔寨弱勢民眾，給他們在職訓練，讓他們進入勞工市場，得到更好的工作機會。DDD 聘僱波布統治時期大屠殺倖存的孤兒，還有患有小兒麻痺或誤觸戰爭地雷而身殘的人，這些人找不到別的工作。有一陣子，DDD 領導人還聘僱被賣到性產業的女性，因為如果這些女性沒有別的工作，就會再回到性產業。

問題是，這個組織聘用的人，大多數技能極為有限，無法勝任 DDD 的工作。這些員工要做的是資料輸入，但是許多人沒有打字技能。早期進來的人，一分鐘只能打八個字。大部分工作需要用英文，但是許多人連柬文都不識，何況英文。要訓練這些員工，同時又要滿足客戶需求，是一個挑戰。每隔一陣子就會有公司領導人提出這個問題，是不是要聘請比較有技能的人，比較能滿足顧客需求，例如一些柬埔寨的大學畢業生。這個想法總是被回絕，因為它不符合 DDD 的使命。

幾年下來，霍根斯坦找了一群董事會顧問。其中有次顧問會議，有個經營過數十億美元事業單位的顧問直，接把情況攤開來談：「你知道你們有很棒的點子，但是如果繼續這樣做，你們三個月內就會破產。」霍根斯坦及管理團隊知道營收慘淡，但是這位顧問團成員直白的話語是一記警鐘。領導人必須

更注意收支狀況才行。

　　DDD 管理團隊對這項建言嚴肅以對。他們發展出比較有效率的流程，建立額外的財務控管，人資跟福利都收緊。但是，很快就做得太過頭。曾經像個使命驅動的事業，卻變得很官僚，愈來愈多各種目標、指標與獎賞，員工感到挫折。儘管 DDD 的使命是支持員工的社會企業，但員工卻覺得被該組織剝削。DDD 顯然在收支管理方面走得太遠，領導人必須重新考慮做法。

　　董事會顧問的功能就是該公司的護欄，員工也是。這些群體能防止組織卡在兔子洞深處，也就是過度注重社會使命、或是過度企業目標。霍根斯坦開始建立更多護欄，防止這個組織淪入許多社會企業的命運，其中一項是確保管理團隊成員有包含商業背景、也有國際發展經驗的人；DDD 找來的董事會顧問團成員也是這樣。而且，這個社會企業也跟其他利害關係人建立關係，以守衛它的每項任務。例如早期 DDD 跟印度的資料輸入公司有緊密聯繫，這些公司可以協助確保 DDD 的業務足夠穩固；它也跟許多非營利組織和非政府組織形成網絡，以協助組織領導人謹記社會使命。這些各種不同的角色及關係，讓 DDD 在社會使命及企業發展的決策上更為順暢。

　　組織領導人知道這些護欄能防止他們偏往任何一端，就能比較安適的走在鋼索上。過了一段時間，這些資深領導人開始問彼此：「我的護欄是什麼？」以確保自己維持對策略目標的承諾。

　　佩爾納也為她的團隊建立護欄，以確保大家關照既有產品

以及未來創新。這些護欄能導引團隊成員的角色及團隊目標。在某次業務會議中，佩爾納的財務副總透露，她已經好一陣子覺得有困難。團隊成員談論著下一步創新該怎麼做——人事聘用；他們必須再繼續聘用新工程師來打造創新，這些工程師有專業技能，薪水要求也會比較高。財務副總在會議中對大家說，創新的投資報酬讓她深感擔憂，風險很大，她覺得很難合理化這些成本，因為不知道什麼時候投資才能有回收。

大部分情況中，財務專家的工作就是管理一個組織的財務風險；這位財務副總經理的績效表現與她的風險管理能力是連帶的。不過，並不是只有這位高階主管在擔心，團隊裡其他成員也覺得很挫折。他們擔心花了太多時間在創新，而既有客戶等著他們修正軟體缺陷、或是做出重要的軟體延伸功能。眼前要解決的事似乎比較緊急。

這些關於目前的擔心是很重要的，但是佩爾納知道，企業一定都會有立即需求而無法好好為未來做長期規劃。她知道她必須正視這些挑戰，此外也必須保護創新，不要被受到短期壓力的人壓制。由組織中不同人來負責創新及既有產品，這種理念鞭策佩爾納建立護欄，防止 IBM 過度傾向任何一邊。她與這些資深領導人一起為創新建立新指標，這些指標跟既有產品的指標不同，並且強調不同的決策流程，以決定如何透過研發過程來推進創新。

▍護欄作為創新之母

護欄是一種約束，它其實能孕育出更多創新及創造力。俗

語說，需要是發明之母。處理悖論也是如此。透過界定領域，將互相競爭的需求放在一起，強迫我們找到更多騾子，也就是更具創造性的整合。

索南生在《延伸》一書中指出，懂得延伸的人會尋找能夠激發創造力的約束。他舉蓋澤爾（Theodor Geisel）為例，也就是知名兒童讀物作家蘇斯博士（Dr. Seuss）。編輯給蓋澤爾一項挑戰和明確限制：是否能只用五十個獨特的單字寫出作品？結果寫出最著名的《綠雞蛋和火腿》，只用了五十個不同的單詞，組成朗朗上口的短語，孩子們愛不釋手，而且往後一直記得書中重複的內容。這本書銷售超過八百萬冊，成為最暢銷的兒童讀物之一。[134]

護欄也強迫我們想出更具創意的可能性，以應對競爭的需求。葛斯納對 IBM 業務部門提出挑戰，要求在多領域業務中脫穎而出，迫使他們更具創造性的管理業務。同樣的，把社會使命和商業目並列，社會企業發掘新的組織規範，必須超越更標準的非營利或營利規範，重新思考法律地位並思索策略。

還有一個例子是雙薪家庭所承受的壓力。家中兩個大人都要外出工作，如何解決家庭需求和家務，就面臨更多兩難。兩難的深層就是本書提出的許多悖論：自我與他人、工作與生活、規劃與自發。歐洲工商管理學院教授珍妮佛・派翠利耶里（Jennifer Petriglieri）研究雙薪夫婦，她發現讓這些夫婦配合良好最重要的事情之一是建立約束，因此在面對衝突時更具創造力。派翠利耶里將這些約束描述為「夫妻契約」（couple contract）——一起建立起共同價值觀，同時澄清雙方都不想

跨越的邊界。不同夫妻的邊界可能不同。對某些人來說，可能牽涉到地理位置、出差量、離開家人的時間、雙方財務需求、對事業的承諾，或者是否生養孩子。這些護欄創造了夫妻可以協商和創新的界線。與所有界線一樣，解決方案並不是一體適用。例如，伴侶之間可能會因為關於出差的護欄，而去找更能滿足需求的新工作。或者，對職涯的承諾可能會讓伴侶找出可以外包哪些家務責任。不同伴侶的解決方案可能有所不同，但是這個過程是類似的。設定界限，並利用它們來找出處理互競需求的新方法。[135]

個人層次的邊界

到目前為止，本章分享的例子主要集中在企業高層如何應對組織悖論。然而，正如前段提到，邊界也協助解決個人生活中的矛盾。我們和一位朋友討論到這部分。她面臨的挑戰困境和深層矛盾，難受到使她流淚。姑且稱這位朋友瑪雅。她讀完醫學院後，到一個著名機構擔任住院醫師。在醫學院成績優異的瑪雅，覺得很榮幸能夠拿到這個住院醫師位置，但她也擔心是否能成功應付這項挑戰。開始擔任住院醫師不久，她就失去信心。

住院醫師訓練讓他們運用醫學院所學，轉化為實際為患者治療。在瑪雅的住院訓練中，大家都提醒住院醫師要利用這段時間好好學習，總醫師和主治醫師鼓勵住院醫師提問，住院醫師經常跟在總醫師身邊，以了解如何處理病患的診斷和治療。住院醫師也要參加研討會，由主治醫師跟同事介紹病例並討論

某個特定醫療問題。

儘管有這些方式鼓勵住院醫師參與，但瑪雅發現風氣卻不是如此。由於這個院所非常有名，住院醫師訓練的競爭特別激烈，他們知道在這裡的表現會影響下一份工作。

跟瑪雅同期的住院醫師很少提出真正的問題，而是盡量表現自己的知識和才能，很少表現脆弱。而且，總醫師並不鼓勵他們表現出不確定感。雖然總醫師對住院醫師說你們應該提出問題，但似乎從來沒有耐心回答這些問題，而且好像希望住院醫師有自己的答案。瑪雅覺得很不愉快。她不再問問題，也不對同事透露不確定或不適感。說任何話之前她都要揣度這樣說是否正確。為了找人來驗證她的診斷，她經常與某個護士分享她對某個病人的見解，希望這個護士能給予確認。瑪雅的精神壓力越來越大，最終撐不住了。

瑪雅哭著對我們說，她在想自己是否真的要當醫生。醫學院最後那四年難道就這樣浪費掉嗎？更別說她花了大學四年時間讀醫學預科。她真的能勝任這份工作嗎？她四歲時一心想成為髮型師，或許應該追求那份職業吧。雖然她也會擔心搞砸某人的髮色，但是補救髮色總比補救誤診要容易得多。

該顧好眼前，還是提早為未來打算？

瑪雅的困境的深層矛盾，其實與佩爾納的難處非常相似。這個問題的核心是學習與表現、成長與達成目標、為明天規劃又要能今天存活的悖論。住院醫師訓練目的是幫助新醫師學習如何行醫，但是新醫師被認為應該要有自信，避免不確定感，

要表現良好。學得越多，表現就愈好；表現得愈好，就愈能表達不確定感，並且更奮發學習。

我們許多人都經歷過這種學習與表現的悖論。進入一個新職位而且有很多東西要學時，可能會像瑪雅一樣經驗到這種張力。我們可能會發現，世界不再重視我們的技能和經驗，或者可能會遇到無法解決的新挑戰。最終，我們必須在表現良好和學習新事物之間取得平衡。

聽瑪雅說完並讓她好好釋放情緒後，我們開始討論這個問題。挑戰並不在於她有新東西要學，挑戰在於如何在學習這些新事物同時保持自信。表現良好可以培養信心。當她還在學習時，如何才能重拾自信、保持自信？

首先，我們討論她的更高目的是什麼。為什麼要學習成為醫生？她最初為什麼進入這個行業？瑪雅一直想幫助別人。她小時候和家人曾經遭遇車禍，雖然並無大礙，但她媽媽和兄弟得要動手術，在這種嚴重的情況下，瑪雅看到醫療人員的重要性，不僅感激也受到啟發。她記得事故發生後，家人焦急地等待救護車的情形，她覺得好無助，直到救護車終於抵達。瑪雅希望能學到這些技能，幫助別人。她找到更高目的——在危難時能夠給予別人照顧和安心。強化這個說法，提醒她為什麼需要更了解醫學、病人和她自己。

然後我們討論哪些經歷讓她感到自信，哪些經歷讓她感到脆弱。是否可以考慮將她的表現與學習分開？是否有某些時刻，例如覺得自己表現良好時，會增強她的信心？她能否將這些時刻與需要學習的時刻分開？瑪雅讀醫學院時曾經每週幾小

時去診所做義工，為患者提供保健建議，她很喜歡而且感覺很好，但是因為開始住院醫師訓練，她知道沒有什麼時間當義工，就沒再去了。那麼，回去當志工一段時間會有幫助嗎？儘管會占用一些休息時間，但能夠在某些時刻重拾自信，在住院醫師訓練期間感到不確定時，當義工應該會有所幫助。

我們也討論如何將她對自己的表現的信心經驗，與她的學習經驗連結起來。布朗的研究強調脆弱的價值。脆弱並不是弱點。展現脆弱可以傳達我們的力量，有助我們學習。[136] 是否有任何方式來傳達瑪雅的脆弱，以更多力量及韌性，讓她能夠學習更多？

▊ 找到生活中的護欄

最後，瑪雅的生活中需要什麼護欄？有些人失去控制，因為對自己的成功太過自信，需要護欄來提醒他們回到學習新事物的狀態。不過瑪雅面臨的情況則是相反，她失去控制是因為學習新事物占據一切，降低她對自己表現良好的感受，她的自信受到打擊。最後演變成，專注於學習而沒有表現，反而限制了她的學習潛力。她能建立什麼護欄以避免情況繼續惡化？我們討論了幾個選項。她可以跟醫學院的朋友保持聯絡，比較彼此的經驗、互相同情、提醒彼此是具有才華的。她可以跟鼓勵她申請醫學院的大學導師重拾聯繫。她也可以對住院醫師夥伴們慷慨給予更多讚美；如果她有不安全感，很可能其他住院醫師也有這種感受。說出來，讓外界好好看重他們的技能，這樣會增強他們的信心，同時也協助她看重自己的價值。

在她的生活中建立這些邊界和結構，讓瑪雅能處理學習與表現的悖論，對自己的醫學技能重拾信心，並且應對她所經歷的兩難困境。三年之後，瑪雅被認為是這個住院醫師訓練中表現最傑出的，醫院邀請她留任成為全職醫師。

本章重點

- 邊界是我們建立的結構、實際做法、人物，以加強我們處理悖論的能力。我們找出三個核心邊界，以協助進行更多兼並思考：

  - 更高目的：總體的願景，能讓我們產生動機去接納張力，把對立兩端結合起來，並專注於長期，以盡量降低短期的混亂。

  - 分開與連結：結構、角色、目標，協助我們把對立需求分開，獨立看待每個需求，再把它們拉在一起，評估它們的相依性與綜效。

  - 護欄：能防止我們太過偏斜，以免在某種張力中陷入惡性循環。

第六章

對立張力的創新路徑
掌握情緒連結點，就是共識的交叉點

> 我確知的是，呼吸就是你的錨，是賦予你的禮物——
> 我們都有這份禮物，讓自己專注在每一個當下。
> 當我遇到即使是最輕微的張力，我會停下來，
> 深呼吸，然後放鬆。
> ——美國知名主持人　歐普拉（Oprah Gail Winfrey）

我（溫蒂）記得上大學的第一個晚上。耶魯的羅倫斯宿舍裡，新床鋪抵著深紅色磚牆，我把自己拋到床上，鬆了一口氣，也感到一陣焦慮。通往大學的路總是漫長的，我的比別人更長一點點，因為我延遲一年入學，在某個國際青年團體的領導層級裡工作，一年後終於來到耶魯。

我父母在整個過程中都在我身旁。他們不是緊迫盯人或幫小孩掃除障礙的直升機父母。他們就是參加大學招生日的導覽，印出申請資料，協助我備齊住宿所需物品。道別時，我覺得鬆了一口氣，因為終於來到大學生活的起點；但是，前方會有什麼，我也感到焦慮。最急迫的挑戰就在眼前：這地方跟我的出身大不相同，我要如何在這裡找到歸屬感？第一次在宿舍房間裡獨處，坐在這個剛剛開始、不是老家也還不是新家的空

間中，感受到我的過去與現在之間的拉扯。

在我心中，就讀耶魯大學的多半是聰明的富家子弟，他們以前讀的是要穿制服的私立升學高中，去內華達州的太浩湖度假，而且姓氏還跟校園裡某棟建築物的名字一樣。我相信那些上耶魯的人會成為未來的國家領袖或諾貝爾獎得主。

而我是佛羅里達州的羅德代爾堡附近、一所公立高中努力唸書得到好成績的學生，我們學校所謂「制服」包括 T 恤跟夾腳拖，我放假常常是跟表兄弟姐妹一起玩，在後院舉行吐西瓜子比賽。如果有哪棟校園建築命名為我的姓氏史密斯，那是純屬巧合。我不知道該如何應對這個由學院住宿、無伴奏合唱團、祕密社團、政治聯盟所定義的世界。我感覺自己好像降落在陌生國度。

1848 年，美國政治家、社運工作者曼恩（Horace Mann）寫道，「教育超越其他由人類發明的事物，它是最能使人類處境趨於平等的，它是社會這個機器的平衡輪。」[137] 曼恩啟發了美國公立教育，並且使大學教育普及。對我跟其他許多人來說，大學就像一盞燈塔，標示著未來的機會。

然而，就像任何事情一樣，它也有個問題。那種平等化的經歷與提升社經地位的能力，伴隨著相當大的挑戰。英國劍橋大學的管理學院教授崔西（Paul Tracey） 和慕尼爾（Kamal Munir） 以及加拿大安大略省金斯頓女王大學的組織行為學教授達辛（Tina Dacin）合作研究，指出這些被外界忽視的代價。他們研究劍橋大學的社交動態。人所周知，劍橋在鞏固英國上層階級扮演重要角色。他們發現劍橋大學的儀式和規範，

例如正式晚宴、校內社交活動、與大學門房職員的互動，在在傳授英國社會菁英的不成文規則。這些儀式和規範非常強烈，很快就教給不是來自那種背景的學生，然而許多這些學生指出，雖然他們可以參與其中，但是從來不覺得自己真正屬於這種環境。更重要的是，在晚餐上談論紅酒、或是參加賽艇大會這些新經驗，表示他們回家時會覺得自己像個外人。他們覺得卡在兩者之間。他們想尋求歸屬感，會問自己「我是誰？」[138]

在人生中許多不同時刻，「我是誰」這個問題呈現出兩難困境。幾千年來，哲學家、詩人、治療師等，辯論過也討論過人類這個深刻而基本的疑問。這個兩難困境的深層，我們稱之為歸屬悖論——角色、目標、所屬群體、價值、個性等，這些在我們人生中互相矛盾但卻互相依存的各種元素。歸屬悖論包括各種角色之間的張力，例如父母與孩子、員工與家人、下位者與上位者，也包括過去的自己與未來的自己之間的張力——進大學那天晚上，我深深感受到的張力。

讓情緒發揮作用

本章要介紹另一組協助處理悖論的工具——我們的情緒。矛盾會引起複雜而互相衝突的情緒反應，為了對張力保持開放，我們必須超越自己的心態和思考，才能與心靈接軌。我們必須把情緒當作資源來運用，而不是視之為障礙。

愛因斯坦的日記透露出這種複雜情緒。[139] 他深入思考物理學基礎原則，遭遇到的悖論是，某個物體如何能在動的同時又靜止。這個問題讓人又煩惱又振奮。愛因斯坦知道自己的思

想將挑戰人們如何理解世界的核心假設，這讓他感到不安，但同時也為發現新見解而充滿活力。愛因斯坦在日記中描述，他感覺腳下的地基正在搖晃，不再是站在穩定的地面上。

英國管理學教授凡斯（Russ Vince）及布洛辛（Michael Broussine）針對英國國家健保服務（NHS）重大改革計劃所引發的衝突和強烈情緒反應，進行研究。他們舉行工作坊，邀請醫生、護士、行政人員、這些研究參與者探索他們所感受的張力，顯露出深層的悖論，包括過去與未來、穩定與改變、理想主義與務實主義。研究者請參與者畫圖，進一步表達他們的感受。三個參與者畫出的圖像，傳達出他們對於新可能性的興奮，例如有一幅是一隻醜小鴨變成天鵝。其他 83 個研究參與者畫的圖像顯示出，改革的不確定感引發了深層負面反應——烏雲、墓碑、躺在床上的病重患者、組織的大船即將沉沒。凡斯和布洛辛以精神分析法區分出五種防衛反應：壓抑、回歸、投射、反應形成和否認。[140]

如果只是不確定性這個因素，並不會引發防衛反應。不確定性是有好有壞的。它可以引發好奇心與開放心態，但也可能會導向更防衛的閉鎖心態。內布拉斯加大學林肯分校教授哈斯（Ingrid Haas）以及多倫多大學教授威廉·康寧漢（William Cunningham）發現，對不確定性的反應不同，取決於我們認知到的威脅程度。[141] 更大的威脅，讓我們對不確定的反應更加閉鎖、視野更狹隘。我們會在一開始就避免那些會引起不確定性的資訊或想法。也就是說，我們會轉向二選一的思維，盡量縮小不確定性，進而把威脅降到最低。

緩解選擇產生的情緒勞務

比較大的問題是，一旦引發防衛反應，可能會陷入惡性循環。不確定性及威脅合起來會加強焦慮感、挫折甚至憤怒，接著大腦就會告訴我們，不應該這樣覺得。我們評判自己的情緒時，會開始加上額外的情緒反應。我們可能會覺得有罪惡感、甚至感到羞恥。

布朗提出這兩個觀念之間的重要差別。罪惡感表示我們做了某件壞事。羞恥則是比較個人的、比較有滲透性，表示我們自己是壞的。罪惡感和羞恥感導致我們無法跟別人連結。就在連結是最重要的時刻，我們卻躲開別人，唯恐別人發現我們這麼壞的原因。[142] 負面情緒像漩渦一樣持續往下。

西元前五世紀，佛陀描述這種向下的情緒漩渦，就像在射第二支箭。我們人生中有些經驗是不舒服的，甚至是痛苦的，這些無法避免。佛陀描述說，這種經驗就像被箭射到。通常我們對第一支箭的回應是各種負面情緒——害怕、震驚、憤怒、悲傷、埋怨、羞恥——造成額外的苦。這些反應就像對自己射出第二支箭。我們無法控制第一支箭，但是，我們可以自己的反應，就是那第二支箭。這項來自佛陀的智慧，常常被歸結為「痛是無法避免的，但苦是可以選擇的。」[143]

回到我們的脈絡，由悖論而來的不確定性，是無法避免的。但是，從不確定性而來的負面結果，是可以選擇的。我們的深層矛盾兩難，逼出深深的恐懼、焦慮，以及防衛心。這些都是真實而且重要的情緒，我們要接受它。但是，也正是這些情緒，導致我們焦點限縮，訴諸於二元思維。假如我們在恐懼

裡浸潤太久，最後可能會把自己推得愈來愈遠，掉進兔子洞。我們必須正視恐懼，但是接下來要找到不同方式來回應互競需求。也就是說，透過體認情緒不適，然後才能利用工具，自在的處於不適之中。要達到這個境界，我們歸納出三種做法（圖6-1）。

先喊暫停

為了應對處理悖論時引發的不適感，我們可以先喊暫停，創造一個空間，介於最初的刺激以及最終的反應。暫停可以是心智上或身體上的，可以是深呼吸，或是在情緒高昂的局面下暫時離開。暫停的目標是促發一種更經過考慮的反應，而不是膝反射式的反應。

暫停讓我們運用大腦的不同區域。我們經歷某件可怕或引發焦慮的事物，大腦的邊緣系統，也就是被稱為哺乳動物腦，這部分就會被激發。大腦邊緣系統讓史前祖先面對荒野威脅時能迅速反應。如果祖先看到一隻熊，大腦邊緣系統就會大喊：「危險！」然後引發立即反應，先是靜止不動，然後迅速做出戰或逃的反應。現在我們這物種不再需要持續警戒熊、獅子和老虎，但是大腦邊緣系統還是在運作，總是在警戒著威脅。

對許多人來說，悖論感覺就像是那頭熊。悖論是不確定的、荒謬的、不合理的、複雜的。我們不知道遭遇不確定時，到底會發生什麼事。會顛覆我們所知世界真實和正確的一切嗎？會啟動更深層的恐懼嗎？悖論會觸發大腦邊緣大喊「熊！」然後我們要不就是選擇逃跑——從悖論的不適撤退到

圖 6-1　悖論系統：安適

建立邊界，容納張力
- 連結更高目的
- 分開與連結
- 打造護欄，以免偏離目標

轉移到兼並預設
- 接受知識含有多重意義
- 資源豐富而非有限
- 不是解決問題，而是應對問題

在不適中尋找安適
- 先喊暫停
- 接受不適
- 拓展視野

建立動態
- 徹底實驗，驗證可行性
- 為意外做準備
- 學著忘掉所學

二元思維，減少眼前的不適，卻讓我們陷入困境；要不就是選擇戰鬥——保衛我們最喜歡的一端，因此加劇壕溝戰。這兩種反應都會引發惡性循環。

先喊暫停讓我們有機會找到不同的反應，而不是戰或逃的迅速反應。我們可以考量其他選項。我們可以感受最初觸發的不適，但是接下來啟動大腦中比較有發展的部分，以採取更開放而靈活的反應。

▌保持冷靜，繼續前進

面對不適時先喊暫停，這並不是新想法，但是這種做法需要不斷提醒。有一張廣受歡迎的貼圖「保持冷靜，繼續前進」（keep calm and carry on），提醒我們在面臨威脅時保持冷靜。這個建議在很多情況都普遍適用，因此過去二十年被採用、改編、複製了數百萬次。不過，這句標語原本的用法並沒有造成那麼大的影響。

這句標語是英國政府在二戰爆發前夕所製作的海報。當時英國民心焦慮，預期各大城市將會遭受大規模空襲，政府知道若發生大混亂會讓情況更糟，為了平息焦慮，政府製作一系列海報來安撫大家的情緒。本來要在全國各地發放張貼這些海報，但是敵方攻擊來得太快，發放量沒有那麼多，海報的影響力不是很大。

但是，2000 年諾森伯蘭郡的小鎮亞尼克，經營巴特書店的合夥人曼里（Stuart Manley），在一疊戰爭相關二手書中見到這張海報的圖像。他說，「那散發出來的感覺很棒。」，他拿給妻子瑪麗看，兩人決定重印這張海報，放在書店賣。顧客很喜歡，這批重印海報很快就賣光了。[144]

保持冷靜，這個提醒廣被接受，人們開始把這句話重製改編，版本有數萬種之多。有些標語是「保持冷靜，繼續專注」、「保持冷靜，做你自己」、「保持冷靜、用功讀書」、「保持冷靜，烤個麵包」、「保持冷靜，吃小蛋糕」、「保持冷靜，愛獨角獸」等等。我們寫這一章初稿時，任職的大學之一剛好寄出邀請要我們參加線上教學的訓練課程，這堂

課程標題是「保持冷靜，繼續線上」（Keep Calm and Carry ONline）。

這句話引起情感共鳴，部分原因是它激發了更深層的智慧：周圍世界的不確定性和混亂，引發我們的焦慮和混亂，這時候，保持冷靜有其力量和價值。我們並不總是能夠控制周圍的環境，但我們可以控制自己的內心世界。與其讓經驗自動引發防衛反應，這句英國戰時宣傳標語鼓勵我們採取不同做法——保持冷靜。但是，該怎麼做到？

▌讓心靈主導

保持冷靜，在外界刺激與反應之間創造一段暫停，其中一個最容易也最有效的策略是呼吸。如果你查詢憤怒控制的技巧，呼吸是第一個也是最受歡迎的技巧。事實上，情緒調節技法，包括管理身體疼痛、引發幸福快樂感、降低焦慮感，其中呼吸是最重要的。長長的吸氣和呼氣需要我們暫停，暫時轉移注意力，減慢心跳速率。這些生理調整讓我們有足夠的空間和時間，從自動反射轉而思考出更周延的另一種反應。在處理悖論時，自動防衛情緒使我們陷入狹隘的二元思維，我們可以藉由暫停來轉化它，轉變成更能接受各種不同選項的心態。

復健科醫師加博（Raouf Gharbo）發展出這種方式來治療他的病患。加博是美國維吉尼亞聯邦大學心血管健康整合中心主任，專精神經肌肉電生理學。他治療慢性病患和身心障礙者，注意到疼痛和療癒經驗之中蘊含的悖論。長期的調適性健康狀態，必須同時關注身體疼痛和情緒疼痛，也就是頭腦和心

靈。療癒取決於我們是否認識到更深層的恐懼，這些恐懼能讓我們變得狹隘，也能釋放我們的潛力，更能信任，因而打開新的可能性。

加博把這些反應連結到生理系統。正如他在作品中所述，疼痛引發交感神經系統的「戰或逃」反應，我們不只要應對這種反應，還必須同時啟用副交感神經系統，它控制復原反應。這兩種系統並不只是輪流作用的獨特槓桿裝置，而是相當互相依存的，能促成解方以照顧到情緒與身體兩方面的反應。身體疼痛和情緒折磨彼此強化，引發惡性循環，降低我們的靈活思考。這種惡性循環釋出一股荷爾蒙，其中包括皮質醇。不斷分泌皮質醇，對於健康有數不清的不良後果。

我們必須降低這種荷爾蒙分泌，才能回到靈活思考，產生比較健康的反應。這牽涉到副交感神經系統。加博認為，副交感神經系統是由信任情緒所推動的。活在信任與恐懼、交感神經與副交感神經作用、照顧疼痛與避免疼痛，持續在這兩者之間移動，才能維持健康。

加博發現，疼痛管理是一種平衡，在身體幾個相對的槓桿機制之間走鋼索。這些矛盾的生理學方法為我們提供策略，讓我們在生活中更有效應對悖論。

不過，第一步是先喊暫停，對於恐懼觸發的交感神經反應產生過量荷爾蒙，更有警覺。暫停可以讓副交感神經發揮作用，相較之下它是目的驅動、信任觸發的神經系統。

加博醫師指出，心跳速率的變動是一個早期警示，表示我們的反應需要重新平衡。如果我們能監測心跳速率的變化，就

能得到更多資訊，知道什麼時候必須暫停、審視狀況、找出另一種行動方法。

加博醫師稱這個過程為自動復健（autonomic rehabilitation）。舉例來說，有些病患有慢性背痛問題，導致走路、睡覺、甚至坐著都很痛苦。

有一種治療方式是用止痛藥，這種方式發展到極端，已經導致濫用鴉片的全球危機。加博醫師提出不同做法，強調對深層情緒的覺知，認識情緒痛苦如何引發更大的身體痛苦，並且學習管理情緒，這時，第一個做法就是呼吸。

接下來，加博醫師鼓勵繼續採用呼吸這項策略，以活化副交感神經系統。透過集中意念於呼吸，我們可以切入立即生理反應。學會這些技巧之後，我們可以進一步將對話導引至更高目的、建立信任的關係、盡量不要花費能量在引起恐懼的衝突上，以促進副交感神經系統的反應。[145]

接受不適

我們可以先喊暫停，鼓勵自己想想不同反應，但是如何確定暫停之後的反應會有所不同？暫停之後，如何轉換到更有建設性的回應？

為了確定暫停對我們有幫助，我們必須先接受深層情緒，尤其是一開始會觸發我們的難受情緒。通常我們對負面情緒的反應是拒絕及否認，希望這些情緒快快消失，但是，這樣做只會鼓勵這種情緒反攻，而且更強。我們應該接受並且正視這些情緒，這樣它們才會漸漸消失。[146]

▊ 徹底接受

布拉克（Tara Brach）擁有臨床心理學博士學位，並在加州伍德艾卡的靈岩冥想中心學習佛法。她提供線上佛法講座及引導式靜坐冥想，受眾廣大。布拉克教導內容著重在佛法傳統，其中穿插不少絕佳的幽默。這些講座的重點核心是「接受」，布拉克稱為徹底接受（radical acceptance）。她認為，只有先臣服於難受的情緒，才能盡量減少痛苦。在《徹底接受》一書中，她用西藏上師密勒日巴的寓言，闡述這個關鍵思想。密勒日巴住在山洞裡，不斷面對惡魔：

> 偉大的西藏上師密勒日巴多年住在與世隔絕的山洞。他能看到自己內心，就像實際的投影一般。他內在的魔鬼——欲望、激情、厭惡，會以誘人美女和可怕妖怪的形式出現在他面前。面對這些誘惑和恐怖，密勒日巴並沒有被壓垮，而是唱道：「你今天來真是太好了，明天你應該再來。我們應該時不時交談一下。」
>
> 經過多年苦修，密勒日巴學到，痛苦只來自於被魔鬼引誘、或是想要打敗魔鬼的時候。為了在魔鬼出現時獲得解脫，他必須直接而清醒的體驗魔鬼。在某個故事中，密勒日巴的山洞裡充滿了惡魔。面對最頑固、最霸道的惡魔，密勒日巴做出一個絕妙的舉動——把自己的頭放入惡魔的嘴裡。在完全臣服的那一刻，所有的魔鬼都消失了，剩下的只是純粹覺知的燦爛光芒。正如佩瑪·丘卓（Pema Chodron）所說：「抵抗消失時，惡魔就消失了。」[147]

布拉克認為，接受是療癒的第一步。用佛陀的話來說，接受就是認識痛苦、而不增加更多痛苦，注意到第一支箭、而不射出第二支箭。

█ 反彈效應

徹底接受，可以緩解難受的情緒，部分原因是大腦就是用來處理那些我們想要推開的事情。如果我們拒絕或否認負面情緒，只會更強烈體驗到這些情緒。哈佛大學心理學家丹尼爾‧韋格納（Daniel Wegner）把這種反彈效應稱為適得其反的處理理論（ironic processing theory），並透過白熊實驗證明這種效應。

韋格納的研究受到俄國文豪杜斯妥也夫斯基的啟發。杜斯妥也夫斯基在《夏季印象的冬季筆記》這本書對讀者提出一個問題：「給自己一個任務——不要去想北極熊。你會發現，這個受到詛咒的東西，每分鐘都進入你心裡。」[148] 韋格納很感興趣，他要求研究參與者不要想白熊。如果你沒有試過，你可能會想現在試試看。那麼先把這本書放到一旁，按下計時一分鐘，閉上眼睛，告訴自己不要去想白熊，為時一分鐘，看看會發生什麼事。

韋格納的研究發現和我們猜想的一樣，大部分人會想到白熊。有些人說，他們決定不想白熊，而是想棕熊，不過諷刺的是，人們通常會拿棕熊與白熊做比較。[149]

同樣的，拒絕或否定我們的情緒，會造成反彈效應。當你覺得悲傷、沮喪或擔心時，有人跟你說要開心起來，這幾乎是

沒有什麼用的。我們試圖埋葬深層情緒，防衛機制就會啟動，最後，情緒反彈，通常會造成更大傷害。布拉克認為，不要去避免情緒，而是面對情緒；愈能接受負面情緒，就愈能解除情緒在我們的思想和行為上帶來的衝擊。

悖論讓我們覺得困惑、不勝負荷、感到挫折時，首先要做的是肯定這個時刻。布拉克告訴她的聽眾，要對每個湧現的情緒說「是的」。例如，我躺在大學宿舍床上時，可能會對自己說「是的，要怎麼融入這個新環境，我覺得壓力好大。是的，我覺得很害怕，過去的我不會真的適合新的我。是的，我很焦慮這一切會通向哪裡。是的，我擔心回家時會是什麼感覺。」正如布拉克指出，第一步是接受，讓我們能安於不安，讓我們有一些空間找到新方法來應對我們面臨的兩難困境。

▎承認困頓

有時候很難接受我們自己的情緒，但是跟別人一起就會比較容易。有一天我們兩人在談話，我（溫蒂）正在苦思某個策略問題。我在一個執行長教育計劃授課已久，疫情時取消了這個面對面的課程。我正在左右為難是否要重開這個面對面的課程，因為我知道疫情還有不確定性。

深層問題浮現，那就是在疫情後期拖得很長這段時間，如何讓課程參與者感到安全但是又保有彈性。如何應對種族平等這個有挑戰性的重要議題，先前經營課程時就已被提出。除此之外還有一些要注意的地方。我並沒有馬上抓住這個課程的機會和可能性，而是直接二選一：我們應該繼續開面對面課程，

還是乾脆完全取消？

瑪莉安對我露出某種表情——我們抓到對方陷入二元思維時會有的表情，然後她直接問我：「溫蒂，你在害怕什麼？」。她知道我反覆考量之下的深層心態是害怕。有機會說出深層情緒，讓我有一些空間去接受這些情緒，而不是讓它們反射式的主宰我的回應。

拓展視野

一旦我們暫停而且接受難受的情緒，如何轉變成可以在情緒中安放自己，而且積極面對情緒，讓我們在處理悖論時繼續向前？正向心理學提出見解，說明如何在處理悖論時拓展觀點，導入正向情緒，捨棄狹隘的二選一方式，採用更開放而廣闊的兼並思維。

▍拓展與建立

北卡羅萊納大學教堂山分校教授佛德瑞克森（Barbara Fredrickson）認為，導入正向情緒能協助我們拓展心智，讓我們開放面對新觀念及不同做法。我們產生新的可能性時，就能創造比較正面的情緒。也就是說，正向情緒漸漸會促成良性循環。她把這種正向的反饋迴圈稱為拓展與建立理論（broaden and build theory）。[150]

喜悅、自豪、滿足、感激等等正面情緒，能帶領我們拓展視野。我們感覺愈好，就愈能吸收各種資訊，並且能探索整合的想法。這樣做讓我們思考上更有創造力，行為更大方。佛德

瑞克森指出，重點是，改變思考和行為具有持續性的影響，我們變得比較大方而且有創造力，我們建立新知識、擴展社交圈和人脈網絡、長出韌性，並且在別的方面有所成長。我們發展出可以長期利用的資源組合，這些資源讓我們變得更健康、更充實，這種狀態最終會激發更多正面情緒，持續良性循環。

佛德瑞克森認為，積極情緒實際上可以抵銷負面情緒的危害，這個論點得到許多科學研究證實。這些結果體現在我們自己的生理機能中。負面情緒可能會導致皮質醇大量分泌和血液流動加快，而正面情緒可以迅速使我們恢復到更中性的狀態。負面情緒會升高我們的血壓，但正面情緒會降低血壓。

▌ 從負面情緒轉變到正面情緒

當我們現在負面情緒泥沼中，我們可以採取許多行動來觸發正面情緒。把這些行動列出來可能是好幾大冊。就本書目的而言，可以歸納為兩點建議行動：（1）意識到負面情緒何時占據主導地位；（2）知道如何導入深層的正面情緒。兩者合起來就是帶有明確目標的做法，可以將我們的初始情緒從負面轉向正面。

首先，我們必須小心不要讓負面情緒主導；我們不能改變那些我們不知道需要改變的事。加博醫師教病患，想想一整天的行動，是否涉入衝突、引發負面情緒循環。你否花了太多精力在某個回報有限的事情上？你是否從擔心變成恐懼，並陷入了毫無用處的「萬一……怎麼辦」這個兔子洞？然後，加博鼓勵患者將這些努力跟更廣大的意義和目的進行比較。暫時跳脫

出來，探索目標意義，能讓我們轉換到更健康的反應。從身體的角度，他提醒我們考慮自己的心跳速率。心率波動（尤其是劇烈變化）表示負面情緒正在導致我們產生適得其反的想法和行為。[151]

其次，找到可以幫助你將有害情緒轉化為健康情緒的做法。正向心理學的創始者、賓州大學的馬丁·塞利格曼（Martin Seligman）在著作《邁向圓滿》廣泛回顧這類實務做法。[152] 例如你可能會考慮採用感恩、社會連結、身體運動，以及這些做法的結合。

現在感恩日記已經相當流行，科學也證實寫感恩日記的價值。哲學家長期以來都認為感恩是一種核心的道德表現。羅馬政治家西塞羅認為它是所有美德之母。最近，心理學家發現感恩可以帶來更廣闊的視野，以及更有生產力、更具整合的思維。塞利格曼進一步研究各種練習方式，例如指認出自己的明確優點，對這些優點表達感激；或是寫一封感謝信、特地拜訪某人辦公室或朋友住處以表達感謝。

拜訪某人表達感謝，也是一種社會連結的做法。跟別人連結，可以減輕壓力並擴展我們的思維。然而在新冠疫情時期以及個人在低潮的時候，可能會孤立自己，這正是適得其反。你需要找個藉口來與別人連結嗎？可以試試塞利格曼的善意練習：「找一件完全意想不到的善事，明天就去做。」

也可以考慮的是運動的價值。運動在大腦中釋放腦內啡，降低疼痛的感受。選一個你最喜歡的運動方式，無論是快走還是鐵人三項。運動能引發正面情緒、增加大腦的血流，進而增

強大腦功能。

▌情緒矛盾的益處

悖論所產生的情緒防衛反應，似乎要以正向態度來回應。不過，敏銳到讀者可能已經理解到，只關注正面是太過簡化的反應。完整的解藥是更為複雜而且更為矛盾的。健康的反應來自關注負面和正面情緒，兩者都要。如同我們經常在這本書裡說到，處理悖論是矛盾的，上文描述的兩個做法，已經指出處理悖論會牽涉到矛盾的情緒。接受不適，需要你面對負面情緒，開拓視野，邀請你探索及擴展你的正面情緒。

美國賓州理海大學（Lehigh University）教授羅特曼（Naomi Rothman）贊同這種面對情緒的矛盾方法。她透過研究發現，同時連接正向與負面情緒是相當有益的，她將這種經驗稱為情緒上的矛盾（emotional ambivalence）。這裡的矛盾並不是指不確定的情緒，而是接受我們有多重的互相衝突的情緒。就像雙手都能用、沒有哪一隻手是慣有手，我們處在情緒上的矛盾，表示我們能同時感受負面跟正面。我們可能不會察覺到，但是其實我們常常有這種感覺。

例如，參加家族婚禮，你可能會為新人深深喜悅，也會有深深的失落感，因為這對新人可能會把單身時的一切都拋開，或者你可能想起當天不能在場的親友。參加葬禮也是類似，失去某人可能讓我們感到非常悲傷，但也可能因為與逝者共有一段幸福快樂回憶，因此在悲傷同時感受到一絲喜悅。有一個詞用來形容這些情緒矛盾的時刻——甘苦、苦甘。

羅特曼指出，我們不喜歡認為自己或領導人是情緒矛盾的，我們希望領導人清晰有條理並且前後一致，不只思想，也包括情緒。但是羅特曼的研究顯示，情緒矛盾可能正是互動更良好、領導更有產能的關鍵。關注負面與正面情緒是比較健康而且更實際的。在某個研究中，羅特曼及伊利諾大學香檳分校教授諾斯克夫特（Gregory Northcraft）探討情緒矛盾如何影響談判結果。談判需要我們接受競爭需求，並且想出一個合作協議。談判中，每個人都想得到最多——這是競爭的立場；但是我們也想達成協議，這就需要合作的立場。

學者指出採取整合方式的重要性，能讓談判雙方更了解對方的需要，並且在談判各方分配資源之前，可以擴充潛在解決方案。以直覺來想，我們可能更願意跟顯示正向情緒的人一起進行整合式思考。如果對方表現出愉快而有魅力的樣子，我們可能會覺得比較受對方歡迎，我們會比較願意合作。但是，羅特曼和諾斯克夫特的研究發現，表達情緒矛盾，會引發比較整合式的協商。如果談判中某一方表現出情緒矛盾，另一方就會覺得自己在談判中可以發揮更大的影響力，更投入解決問題，促成更多整合可能性的挖掘和發展。研究顯示，同時表露正面和負面的複雜情緒，這種力量可能比我們想像的更強大。[153]

重溫學校經驗

情緒上的矛盾，那就是我（溫蒂）上大學第一個晚上感受到的。我坐在宿舍裡，開始害怕起來。我又累又孤單。要怎麼在這個地方找到我的路呢？什麼時候會有人發現我其實不屬於

這裡？要如何處理過去和未來的我，既看重過去的我、同時探索未來我可能會是什麼樣子？這些不確定感一下子湧進來。我一邊想、一邊更害怕了。

然後我聽到敲門聲。同一層另外五位樓友打算去披薩店吃晚餐，那是一個家族經營的經典希臘餐館，從 1969 年開業至今餵飽無數耶魯學子。我既緊張又興奮，從床上跳起來跟著一起去了。認識彼此之後，我漸漸更能夠完整看待我自己和樓友們。我們六個人的背景非常不同，有個同學是在芝加哥長大的韓裔美國人，一個是洛杉磯長大的墨西哥裔，一個是波士頓長大的愛爾蘭裔美國人，一個是紐澤西州來的印度裔美國人，一個是德州來的猶太人。沒有人是我想像的出身超級富裕、畢業自新英格蘭州私立學校的典型耶魯學生。我並不孤單。其實，我們所有人都在想著怎麼適應大學生活。

跟樓友坐在一起吃披薩，正是我所需要的。這讓我得以從外界對我的負面思考喊暫停，讓我跟別人建立連結感，讓我有機會歡笑、跟人們建立關係，觸動正向情緒。

我不能說我在耶魯的每一個經驗，都是這麼順暢的情緒轉換，讓我能自在處於不適之中。不過我確定，大學新鮮人那一年，我們吃了很多披薩。

本章重點

- 深層悖論引發不適——害怕、焦慮、防衛心態。在這些情緒之下採取行動，可能會導致狹隘且更限制的二元思維。為了促動兼並思維，我們必須正視負面情緒；同時，與其對應的正向情緒，我們可以利用以下三種工具來引發：

  - 先喊暫停：在升起負面情緒和做出反應之間，建立一個空間（喘一口氣或是暫時離開某個情境），我們可以正視情緒、但是不會觸發面對悖論的立即反應（通常是比較適得其反的）。

  - 接受不適：否認負面情緒會造成反彈效應，強化負面情緒。全然接受負面情緒，而不是否認它或壓抑它，這樣可以盡量減少負面情緒的衝擊。

  - 拓展視野：正面情緒，例如對於不確定的狀況感到振奮、驚奇、興奮，能讓我們拓展思考，進一步刺激我們產生更正面的情緒。這種反饋迴圈可協助我們採取更開放的兼並方式來應對悖論的張力。

- 處理悖論是矛盾的——我們必須同時關注負面以及正向情緒（情緒矛盾），才能有效的回應互相競爭的需求。

第七章

九成問題無法解決
以最適解方取代最佳解方，
最有效控管機會成本

今天的成功企業領導人，是那些心智最有彈性的人。全心接納
新觀念，經常挑戰舊觀念，與悖論共存，這些都是效能領導人
的最高特質。再者，挑戰是伴隨一生的。真理不可能憑空出
現。領導人必須引導大船，同時把所有東西都拿出來，這本身
就是根本上矛盾的。

——美國商業教皇、管理學家　彼得斯（Tom Peters）

　　2005 年，凱莉就任戈爾企業第四任執行長，面臨互相競
爭的需求。這家公司成立 47 年，創辦的家族成員領導這家公
司長達 42 年。領導人建立了重視創新及獨立自主的企業文
化，公司的成長及擴張相當亮眼。企業文化造就了成功，不過
凱莉就任執行長時，成功對於造就它的文化也形成一個挑戰。
凱莉能夠維持這種文化傳承，同時帶領公司進入日益全球化的
商業環境嗎？
　　1958 年，戈爾（Bill Gore）創辦這家化學產品開發公司
（按：即設計生產 Gore-Tex 防水布料的廠商），為的是建立
一個他自己想在裡面工作的地方。他是個充滿抱負的創新者，
相信自立自強、實驗方法、人的連結。家族流傳著一則他在偏

遠地區露營旅行的故事。這趟旅行之前，他花了好幾星期有條有理的打包行李，只帶最必須的物品以確保能在凍土苔原獨自生存數星期。關於他的理念，還有一個比喻就是戈爾家族在德拉瓦州威明頓（Wilmington）的牧場上，戈爾本人親自設計一個具有代表性的游泳池，並且跟一小群親朋好友合力建出這座游泳池。剛建好的池子會漏水，他又重建一次，最後建造出漂亮的游泳池，用來作為社群聚會的聖地。這個游泳池反映出他的工程才能，還有他很喜歡把眾人聚在一起的傾向。這種自立自強和創業人格特質，跟他第一個工作的階級嚴明的科層體制完全互斥。他辭掉工作，跟妻子薇耶芙（Vieve）一起創辦自己的公司。

戈爾非常喜歡閱讀社會科學書籍，他以兩位學者的書為基礎，在自己創辦的公司裡發展出更具向心力的企業文化。心理學家馬斯洛（Abraham Maslow）《人類心理學》啟發戈爾建立人們能達到自我實現的文化，管理學教授麥格里哥《企業的人性面》協助他擬定管理實務，讓員工達成自我實現。[154] 戈爾曾說，「我夢想著一個企業可以讓所有加入者擁有絕佳機會；一個培養自我實現的強健組織，組成這個組織的個人，大家的能力都加乘放大，超越單純的總和。」[155]

為了實現這個夢想，戈爾鼓勵員工自己發想計劃，並且要說服大家這個計劃如何推進公司的策略，然後招募其他員工加入這個計劃。戈爾把科層體制降到最低，去除正式角色及職銜，所有員工都是「夥伴」（associates），每個員工都有協助員工成長的「提案人」（sponsors），而自己也不是控制他們

的上司。

戈爾建立的組織結構是基於「小團體的力量」，鼓勵組成五人或更少的小團體進行創新。他將每個實體設施的規模限制在 200 人，好讓每個據點的員工都能認識彼此。1963 年，比爾的兒子羅伯特（Robert）拿到化學工程博士後加入公司，發明出主力化合物產品 Gore-Tex 並申請專利，這時，創辦人樹立的企業結構創新收到成效，各小團體展開行動為這種材料找出各種新應用和市場，包括耐用的戶外夾克、牙線、主動脈移植物、軍裝、甚至吉他弦。

企業如何用悖論突破成長天花板？

2005 年凱莉就任執行長時，戈爾公司已經成長到年營收超過 30 億美元，全球總共有 45 個據點、一萬個員工。這家企業連續多年都在世界最佳企業排行榜上。[156]

凱莉在戈爾任職 25 年，她相當重視戈爾企業文化，也了解小團體的力量。不過，她開始看到這層文化盔甲上的裂縫。小團體能促成凝聚力、產生新想法；但是，公司為了在全球市場競爭而建立全面產業策略時，小團體也會產生問題。戈爾員工常常用各種方式鎖定同樣的市場，發展出來的創新產品把公司拉向許多不同方向，造成市場上的困惑。每個地區團隊也常常建立自己的企業溝通、科技系統、人資系統，造成大量浪費以及無效率的整合。

到了 2008 年，為了因應全球經濟衰退，必須在整個事業體層面上更有紀律且更有效能。凱莉對我們說，「以前小團體

自主形成、有機發生，然後就會產生創新，他們會繼續發展下去，接著就成了……但是，管理一個數十億美元營業額的企業，需要更有紀律，關於投資跟商業協作的決策也更多。」[157]

凱莉左右為難。戈爾企業的成長造成新挑戰，需要強力且整合的跨事業策略，使戈爾能在全球市場中競爭。不過，引入中央集權式的管理，對於作為公司基石的充分授權而且靈活彈性這個身分認同，就像一種侮辱。

自公司成立以來，凱莉僅是第二位非戈爾家族出身的執行長，要如何表彰比爾‧高爾的傳承，同時又成長為一個全球企業，她十分掙扎。

凱莉看到這個兩難困境下的深層悖論。中央化以及去中央化、控制與彈性、小團體與大組織之間，她能指出對立但卻互相交織的力量。這些張力是屬於組織悖論的範疇，顯示出如何結構生活上及組織中的衝突。

我們跟其他企業合作時，也可以看到組織悖論的例子——自主及獨立之間、自然發生與事先規劃之間、控制與彈性之間的拉扯。進入更多人工智慧及機器學習的時代，企業更要處理人類與機器之間的矛盾，或說是以科技為中心的文化跟人類為中心的文化之間的矛盾。在個人生活中也看得到組織悖論，審慎與隨興、結構與調適。

體認到這些悖論是個好的開始。凱莉對我們說，「這段時間我學到的是，在企業中不要隱藏這些張力，因為我們一直都必須管理它們。」[158] 不過，她仍感受到這些悖論之間的衝突，各有抱持強烈而對立立場的支持者。

圖 7-1 悖論系統：動態

建立邊界，容納張力
- 連結更高目的
- 分開與連結
- 打造護欄，以免偏離目標

轉移到兼並預設
- 接受知識含有多重意義
- 資源豐富而非有限
- 不是解決問題，而是應對問題

在不適中尋找安適
- 先喊暫停
- 接受不適
- 拓展視野

建立動態
- 徹底實驗，驗證可行性
- 為意外做準備
- 學著忘掉所學

建立動態

　　凱莉知道戈爾公司可能會滑落兔子洞。它的創業精神文化使它獲得極大成功，而成功也讓公司加重這種文化，但是當時代變遷，這種文化卻變成像是絞索，而不是催生。它正朝向一個惡性循環。

　　為了從一開始就避免掉入兔子洞，或是幫助我們快速擺脫困境，我們需要能夠促發動態的工具（圖 7-1）。動態指的是

能夠刺激學習、促成調適、鼓勵互競需求之間持續轉換的行動。這種動態行動不僅可以防止我們陷入覆轍，還可以幫助我們運用創造性的張力。透過不斷重新思考替代面的本質以及它們之間的關係，我們可以釋放悖論中的創造力，也就是尋找新的騾子，或是更有效的走鋼索。

處於動態中，並非表示猶疑不決。我們可以在處理悖論時作出清楚的決策，但是，保持動態可以確保我們對新資訊開放，能夠容忍模糊，並且願意基於新資訊來重新思考。尤其，我們找出三種核心工具來促成動態：按方法步驟做實驗、為意外做準備、學著忘掉所學。

▌源於悖論的豐田哲學

為了描繪動態如何作用，想想豐田汽車的例子。[159] 清水紀彥與竹內弘高發現，運用悖論是這家公司培養持續創造力及成功的關鍵。他們在著作《極致豐田》（*Extreme Toyota*）指出使豐田獲致成功的策略所依據的六個悖論 [160]：

- 步步為營；大步躍進
- 節儉簡約；不吝斥資
- 高效營運；冗餘營運
- 穩健心態；偏執心態
- 階層分明；鼓勵異議
- 簡潔溝通；複雜網絡

這些悖論深深嵌植於豐田企業。員工在處理互相競爭的需求時，豐田的指引原則讓他們保持動態。例如，豐田的兩項指引原則，第一是自働化（*jidoka*），意思是具有人的智慧的自動化。豐田網頁解釋，「工匠精神的實現，是透過手工來學習製造基本原理，然後將其應用到廠房，並且不斷改進。這種人類技能和科技提升的循環……有助於增強我們的製造競爭力和人力資源發展。」[161] 第二項原則是即時製造（Just-in-time, JIT）。為了減少浪費，每個生產廠房都被要求必須備齊所有製造車輛的物料，而且所有汽車都按照客戶需求來生產——但是不能有多餘的物料或生產。自働化和即時製造這兩點，讓員工勇於實驗與改變，讓豐田每個人都能應對最迫切的矛盾。這些指導原則透過一個持續學習及提升的系統而強化，這個系統稱為豐田生產系統（Toyota Production System）。人們在自我管理的小型團隊中工作，以減少整體的領導人數，更多授權給局部決策，鼓勵每個人做實驗並提升流程及結果。這些原則以及其生產系統結合起來，讓他們能以動態的方式來處理悖論，引發該企業的良性循環。

徹底實驗，驗證可行性

我們對某個事物的投資愈多，我們就會對它更堅持。第二章介紹過，心理學家把這種幾乎可以說是病態的行為稱為升高承諾。[162]

即使某個行為、習慣或文化不再適切我們的目的，即使我們知道必須改變，我們還是會緊握它，害怕放掉已知、轉而投

入不確定的新可能性。按步驟做實驗，能把我們從這種承諾中解放出來。

面臨兩難困境時，做實驗讓我們有目標地測試，把新想法付諸行動，然後評估測試結果。不只在心裡思考這些選項，而是小規模的實際做出來，並且收集資料來檢視這些做法的影響，然後考慮是否繼續走某條路或是換一條路線。這樣可以讓我們保持警惕。

快速製作原型

為了讓你經常變換攻略方式，實驗應該要低成本、頻率高、而且快速。位於加州帕羅奧圖的獲獎設計公司 IDEO 執行長凱利（David Kelley）建立一套流程來鼓勵這種實驗方式。設計者做出設計原型或模型樣品，以便了解什麼可以、什麼不行，然後再改進設計。

不過，凱利了解到，大部分設計者並不是這樣使用原型，而是花許多時間分析問題，一開始就思考整個解決方案。到了做出原型的時候，他們投下許多精力在這個過程，以至於不太願意改變設計。這個原型不再能作為動態學習及改變的工具。

為了翻轉這種常見狀況，凱利鼓勵 IDEO 的設計者要「快速製作原型」，希望設計者可以經常做出小模型，目標不是每個模型設計完美，而是嘗試各種想法、從中學習與進步，然後再做實驗。重點是，這些低成本的實驗能確保設計者不會太早卡在堅持某些想法。[163]

身為寫作者，我們知道快速製作原型的價值。寫這本書

時，我們回想到早期還是單打獨鬥的研究人員，花很久時間反覆琢磨寫在紙上的每個字，寫出初稿就花了很長時間，以至於我們極不願意回頭修改它。諷刺的是，產出高品質初稿的焦慮，讓我們連開始下筆都沒辦法，更加拖長整個過程。我們跟其他寫作者談論這件事，更是確認大家都有這種焦慮和麻痺的模式。不過我們慢慢認清，經過修改才能產出優秀的寫作。寫作協助我們思考，修改則是把這些想法再打磨得更清晰。

優秀的寫作者不一定是寫出好初稿的人，很可能是初稿寫得不好但是很快，接下來編修初稿時把想法發展得清楚完備。我們鼓勵有寫作障礙的寫作者採用自由聯想，只要將文字寫在紙上，以便開始編修和改進。我們兩人是這本書的共同作者，學會一起努力快速製作原型，把草稿給對方看，幫助澄清彼此的想法。我們其中一個人會寫出凌亂的初稿，另一個就編修這份草稿，然後我們會多次來回修改，不斷改進。

豐田的文化是鼓勵快速原型製作。1957 年，公司領導人開始探索把汽車賣進美國的可能性，他們知道，了解美國市場的唯一方法是嘗試並從中學習。豐田前任總裁強調，「即使我們的汽車還不太符合市場，但我們也沒有時間觀望。我們需要建立橋頭堡。最初進入市場時可能會遇到一些挫折，但我們會獲得寶貴經驗，並逐漸提高業務績效。」[164]

豐田領導人設定了一個大膽目標：生產一輛使空氣更乾淨的汽車。工程師開始努力實現這個目標。第一個實驗產出一台無法啟動的引擎，下一個引擎使汽車僅移動幾百公尺。持續進行的小型實驗，不斷推動豐田朝著看似不可能的目標邁進。

■ 找出綜效

做實驗能協助我們處理悖論，一部分原因是實驗能把隱藏的綜效揭露出來。我們一開始檢視眼前的兩難困境時，會比較容易看到對立選項之間的矛盾。我們會看到不同決定對每一方造成什麼影響。但是我們比較不容易看到的是綜效，也就是如何證明某個選項對於另一方是有價值的。實驗可以使這些綜效顯現出來。

洛奇莫爾博士（Kerry Ann Rockquemore）的成長過程中，重視矛盾的價值也了解做實驗可以引發綜效。身為黑白混血的孩子，她在跨越多種文化和多重現實的環境中長大，她知道自己輕鬆的在兩種文化之間流動的能力是一種力量的源頭。

在不同的身分認同之間輕鬆移動，協助洛奇莫爾建立成功的事業。洛奇莫爾的職涯剛開始是學術工作者，她探討身為雙種族的人在不同背景中如何自處。學術工作者常常能從非正式的師友指導中受益，但她發現在學術環境中得到指導及支持的機會並不多。最微妙而貼近個人、也常常是最重要的建議，是在下班之後大家去喝一杯時，或在高爾夫球場、壁球場，或是某人家裡晚餐聚會。問題在於，這種非正式指導常常會在制度中引入偏見。人們通常更容易跟類似的人交流，資深教授之中的少數群體代表性不足。新進大學教師獲得非正式指導的機會較少；新進大學教師需要更多的指導和支持，特別是代表性不足的少數族裔。

洛奇莫爾樂於跨界和嘗試新事物，她開始了自己的實驗。她創辦了一家新創公司作為副業，建立線上社群，為新進教師

提供指導、建議和支持。為了滿足市場的重要需求，這項副業很快就發展成一家規模完備的公司——教師發展與多元化全國中心（National Center for Faculty Development and Diversity，簡稱 NCFDD）。

洛奇莫爾將悖論融入 NCFDD 的核心策略中。大多數像 NCFDD 這樣的教育科技公司更關注「技術」而不是「教育」——僱用的工程師和創業人多於學者。洛奇莫爾對我們說，「大部分公司把大學教師視為要移除的障礙……而不是提升經營不可或缺的夥伴。」[165] 落齊莫爾知道，如果她為大學教師打造產品，就需要這些人從一開始就為產品過程提供意見。她體認到，這項事業要成功，取決於教育者和創業者雙方的貢獻和想法。

不過，要整合不同群體的做事及思考方法，碰到許多挑戰。洛奇莫爾表示，「學術人員花一年時間去研究問題及做實驗，這樣在做決策時能夠比較考慮周到、有目的性。創業人則是盡可能快速的經歷失敗，以便迅速改換及軸轉。」[166] 學術人和創業者也有不同優先次序。學者想要的是有用而方便的產品，能讓最廣泛的教師族群使用的精彩內容。而創業者來自比較商業化的背景，採取更務實的市場觀點。

他們會問，可以用最低成本得到最高收益的品項是什麼？這些差異造成持續的衝突。

其中一個困境尤其嚴重——研究生。如果 NCFDD 的目標是支持大學教師並解決學術界的不平等問題，那麼如果這個公司儘早開始與剛進學術界的人，也就是與研究生合作，會更加

有效。這樣做會帶來很高的「使命報酬」。但企業家認為這種選擇會扼殺投資報酬。大家都知道研究生的資源非常有限,而且大學不會像對待教師那樣投資在研究生身上。

洛奇莫爾跟她的團隊決定進行一個實驗,建立他們的關鍵課程——為期 12 週的密集特訓班,參加者會學到時間管理並提升生產力的新技能——針對研究生。課程是四人以下的小班制,每班有一個教練引導協助。結果一如預期,大學會付錢讓大學教師參加這種課程,但是只有少數幾間大學會送研究生來參加。對這些研究生來說,自費參與的費用過高,NCFDD 決定為研究生大幅調降住宿費用。但是,這樣做就代表公司得要降低成本。最大的一項成本是付錢給專業教練來主持帶領每個小班。教練能增加相當大的價值,但礙於目前預算,NCDFD 的實驗是,不聘用教練,而讓小團體自我組織。

事實證明這個實驗非常成功。即使沒有教練主持,參加者也能透過重要內容和支持而有收穫。重點是,這個實驗幫助公司擴大其他業務。公司領導人認為可以繼續提供這種成本較低的選擇,給其他無法負擔整個課程費用的大學教師。做實驗不僅使公司能夠提升它的使命,還開發了增加利潤的新機會。

▍離巢

我(溫蒂)在寫這一章節時,有個老朋友打電話來,分享一個兩難困境。在她的私人生活中,做實驗得到洞察以處理悖論,證明是有價值的。我朋友和她先生外派中國好幾年,在中國養大三個孩子。2020 年疫情初起時,他們搬回美國,離祖

父母近一點。大女兒正在讀八年級，即將進入高中。環顧所住的社區，很難找到一所高中能讓這個「第三文化」孩子，也就是既有美國的根又熟悉中國文化，能夠融入並且感受到挑戰。於是他們乾脆申請了幾所寄宿學校。我們通話時，他們才剛收到好消息——好幾所寄宿學校接受他們女兒入學，現在必須決定是否要送她去住讀。

爸媽和女兒本人都很興奮這個寄宿學校的機會，卻又害怕分開的痛苦。這個緊密的小家庭，還沒準備好拆散。大女兒是家中手足的表率，如果她離開，另外兩個孩子會有什麼反應？而且，父母雙方的大家庭都沒有人上過寄宿學校，去上這種學校不是雙方家族會做的事。所以他們感到不安。我傾聽朋友的困境，可以發現深層悖論是緊握和放手，以及怎麼做對某個家人最好、怎麼做對整個家庭最好。

我們通話時，我正在寫這一章。所以我問朋友，「如果把寄宿學校的決定當成一個實驗呢？」雖然他們可以想像，寄宿學校的決定可能會對女兒、他們以及家裡其他成員產生什麼影響，但在嘗試之前無法真正知道。如果去寄宿學校試試六個月，知道六個月後會重新評估，那會怎麼樣？也許到時候發現這個損失對每個人來說都太大了，決定她需要回家。或者，女兒離家住校，雖然家裡失去她，但可能會為家中每個人創造新的可能性，甚至可能是沒有預料到的機會。把這個決定視為一個實驗，這種重新框架幫助我的朋友擺脫二選一的考量方式，採用更有動態的方式，既能讓女兒的教育有所進展，同時又確保家庭的親密。

為意外做準備

新的可能性有時會在最意想不到的時候出現。挑戰在於是否注意到這些想法並且願意參與其中，也就是說，要對偶然性抱持開放態度。我們把意外發現定義為「有計劃的運氣」——並沒有在找尋什麼的時候，卻發現一些有價值的事物。雖然可能沒有積極尋找，但是讓自己處於能發現新可能性的位置，並在它們真正到來時意識到。無論是個人和領導者角色，都能為機遇（serendipity）創造條件，這種方法使我們能參與新事物，並防止我們陷入覆轍。

機遇的經典例子包括 3M 便利貼、魔鬼粘、盤尼西林，甚至哥倫布美洲之旅。這些情況中，發明家、科學家或探險家，都專注於解決一個問題，而某個事故卻解決了其他問題。哥倫布本來是尋找通往中國的新貿易路線，然而他去到的是美洲。弗萊明爵士在進行流感研究時發現治療細菌感染的盤尼西林。

也正是因為機遇，戈爾發現某種化合物，後來製造出Gore-Tex。當時他花了好幾個月一直實驗某種化合物，想使它更耐用。但是不管怎麼加熱或是冷卻，它只是變得更脆弱。有一天，他沮喪到用力拉扯這種材料，發現它伸展超過 800% 卻沒有斷裂，最終開發出 Gore-Tex，這種才料成為該公司開發出許多產品的基礎。

凱莉接任戈爾公司執行長面臨的問題是，是否能創造偶然機會，幫助公司在它的企業文化上進行類似的創新。

我（瑪麗安）一生中體驗到許多次機遇的力量，最清楚的一次可能是拿傅爾布萊特學術獎金去倫敦。我把自己推出辛辛

那提的舒適圈去探索，卸下當時身為副院長的職責，去擴大我的研究以及其影響力。為了充分利用這段經歷，我在倫敦及週邊地區許多商學院報告我的研究，收到相當正面的經驗，例如在當時的卡斯商學院（現為貝氏商學院）任職。

▌糟透經驗的悖論

　　但是有些時候卻不那麼正面。最激烈的考驗是在倫敦商學院，我面臨對我的研究、基本假設、研究方法等等拷問整整90分鐘。我克服自己的情緒、尤其是防衛心理，才能保持冷靜，以傾聽學院成員的批評並從中學習。事後我沒有搭地鐵回家，而是走了一個小時來舔舐傷口，消化那些收穫。

　　直到一年後，我擔任卡斯商學院新任院長時，才明白原來這就是「有計劃的運氣」。我和一位資深教授一起喝茶（畢竟是在倫敦），他曾是院長遴選委員會的成員。我告訴他我非常感激拿到傅爾布萊特學術獎金，它讓我來到卡斯商學院，然後竟然成為院長。他微笑著告訴我，並不是因為我來了卡斯才助我獲得院長面試機會，而是因為我去倫敦商學院報告那次，他是聽眾之一，後來他跟卡斯商學院所屬的大學的校長說，任何能夠泰然自若的接受這種審訊，而且還能用合作與學習的方式接受它的人，必定能勝任院長一職。

　　我常和學生分享這個故事。你永遠不知道你的機會從何而來。但你可以有目的地把自己放在可能使機會發生的地方，而且心態上要對機會更有覺察。計劃，能讓你以探險家的心態，有目的地進行探索。

▌從悖論中抓住新機會

有效處理悖論，取決於我們創造出能帶來機遇的條件。也就是說，我們為幸運的發生做好準備。路易斯・巴斯德（Louis Pasteur）有一句經常被引用的名言「幸運眷顧有準備的人」，這句話抓住機遇的概念。

重點是，為意外發現做好準備，本身就是矛盾的。該如何準備讓好運發生？葡萄牙里斯本諾瓦商學與經濟學院管理學教授米格爾・皮納・庫尼亞（Miguel Pina e Cunha）和澳洲雪梨科技大學管理學教授馬可・柏蒂（Marco Berti）提出警告，為運氣做準備時，過於機械化會帶來危險。機遇這件事，如果我們在組織中要求，或想要在生活中尋找，就會失去新發現的本質和樂趣。他們提出了更有機的方法，包括接納不確定性、鼓勵懷疑和即興。[167] 紐約大學全球事務中心全球經濟計劃主任克里斯欽・布許（Christian Busch）補充說明這種準備工作，他認為機遇取決於心態，我們可以培養心態，對於出現在我們面前的幸運，抱持開放態度。[168]

童書作家卡格羅夫（Stephen Cosgrove）依靠機遇來處理悖論矛盾在生命中帶來的新機會，他說「我的人生就是一個機遇的故事」[169]，這是很恰當的評論，因為他的第一本書書名就是《小紅龍誕生》（serendipity）。他寫這本書的過程，確實是有計劃的好運。我（溫蒂）特別喜歡卡格羅夫的書，一年級時第一次讀到他的書，六歲的腦袋瓜裡就有 serendipity 這個字在轉呀轉。我因為想知道卡格羅夫的故事而跟他聯絡，相談之下，這份從小到大的喜愛變成由衷讚美。

1974 年，卡格羅夫是一家中型公司的高階主管，他走進一家書店，想找些書給他三歲女兒讀。他想要短篇小說，但要包含好人、提供良好價值的正面訊息。他想要高品質的想法，但又想要便宜的書籍，這樣他就可以買多一點。他看到的大多是昂貴的精裝長篇故事，或是沒有道德寓意而且過於簡化的短篇故事集。這是個十字路口，但他決定不接受眼前的選項，而是他嘗試自己寫童書。

他是讀著好故事長大的，大學時當過演員和說故事的人，但他從未想到把這些興趣變成職業，而是進入商業界謀職，首先為父親工作，後來擔任租賃公司的副總裁。他站在書店裡，看到再次嘗試寫作的機會。

在從事租賃業工作同時，他會在凌晨四點拿出打字機開始寫作。他寫了四本書，其中包括《小紅龍誕生》。這些書抒情而有趣，同時也有值得讚美的角色和正面價值觀。他請繪本作家詹姆斯（Robin James）創作繽紛的插圖。

卡格羅夫想出版這些書，面臨另一個新困境。他想做成平裝書出版，推向大眾市場，但是很難找到出版商。經過一年嘗試推銷這些故事，他終於收到某家出版商的報價，條件是要他刪掉太繽紛的插圖，刪掉價值觀的部分，而且要出精裝。這根本不是卡格羅夫想要的。沮喪之下，他向內探索。他有從商背景，於是決定自行出版。成立一家獨資出版公司，名字就叫緣分出版社（Serendipity Press）。這個系列大受歡迎，三、四年內，卡格羅夫寫的前十二本書的銷售量超過三百萬冊，該系列現已包含七十多本，甚至啟發日本動漫系列和另一個卡通系

列。這家出版社成立至今已將近五十年，卡格羅夫正在製作一套英文發音的電視節目，並且出版中文譯本。[170]

卡格羅夫準備好迎接新的機會。他去找書，找不到書，他就利用過去的創作經驗來寫書。他去找出版商，找不到出版商，他利用商業才幹成立出版公司。他的背景為他做好準備，使他能為碰到的新機會做實驗。如此一來，他處理了核心困境中潛藏的持續悖論。

▌給大眾的摩托車

關於在商業上能洞悉持續悖論，逮住發展機會進而成長的經典案例，就是本田（HONDA）。本田在二十世紀六〇年代進入美國摩托車市場並獲得巨大成功，這個過程到底是運氣、還是深思熟慮的準備，引起了激烈的爭論。

1975 年，波士頓顧問公司（Boston Consulting Group）受英國汽車業委託而撰寫一份報告，內容是英國在美國摩托車市場的份額如何從 49% 下降到 9%。[171] 在美國，騎摩托車主要是穿著皮夾克的「地獄天使」等等飛車黨。1960 年，本田亮眼的打進美國，推出更輕巧的摩托車，開闢了新市場，這種輕巧型摩托車在日本銷售很成功，城市居民希望更輕鬆的在城裡穿梭辦事。同時，本田推出行銷活動「騎乘本田，你會遇到最好的人」。報告指出，正是本田出色的低成本差異化策略以及創意行銷，使公司收入從 1960 年的 50 萬美元增長到 1965 年的 7 千 7 百萬美元，占 63% 美國市場。本田的成功，成為世界各地商學院教授市場分析和出色戰略的典範。

史丹佛商學院教授巴斯克爾（Richard Pascale）的疑問是，這種說法是否真能反映全貌。本田獲得成功的敘事，似乎過於乾淨、過於合理化。出於他所謂「尋找驚奇」動機，1982 年他邀請六位曾領導六〇年代在美國推出摩托車的本田高階主管重聚。事後回憶反映出的故事，與波士頓顧問集團所描述的截然不同。在他們看來，當初成功有很大運氣成分，加上領導者自信滿滿、而且願意追隨不可預見的機會（即使最初並不願意）。也就是說，高階主管事先計劃機遇，並且在機遇發生時利用它。

本田宗一郎的奇襲

本田創辦人本田宗一郎是個發明天才，行事特立獨行，他的精神滲入整個企業，依此使得合夥人藤澤武夫決定撥出一百萬美元，派遣三名高階主管前往美國，想辦法為本田生產的摩托車建立市場。由於對美國市場了解甚少，這些高階主管根本不知道在美國是那些穿皮衣的飛車族群才騎乘摩托車。而且他們幾乎不會說英語。他們三人在洛杉磯租了一房公寓一起住，想辦法賣出摩托車。

由於他們對美國市場的了解有限，最初策略是鎖定在銷售重型摩托車（350 C.C.），不幸的是，引擎無法適應當時美國市場所需的長途旅行及大量使用，導致機器反覆漏油，離合器失效。

第一個月內，本田在美國的努力似乎注定失敗。他們用備用現金將摩托車運回日本，讓研發團隊夠解決問題。資金困窘

又要等待改裝摩托車送來，而且不確定下一步怎麼辦，但是他們抓住一個幸運的機會。這段等待期，他們在洛杉磯街頭騎著從日本帶來的輕型摩托車（50 C.C.）跑東跑西。西爾斯百貨公司（Sears）某個主管注意到這些輕型機車，他看到機會，認為這可以賣給城市居民。本田主管一開始抗拒西爾斯的提議，因為他們認定自己是重型摩托車的市場競爭者，不想因為銷售輕型摩托車而玷汙這個聲譽。新想法不僅看起來有風險，而且他們擔心透過西爾斯或其他體育用品店這些銷售通路，可能會削弱本田在摩托車經銷商中的地位。然而，等待著重型摩托車改造，這種不穩定的處境，使本田高階主管們最後還是讓步了。本田進軍美國摩托車市場、最終取得成功的過程中，這是第一個偶然的轉變。

巴斯克爾給這個故事一個框架，稱之為「本田效應」。他解釋，有些觀察者在定義本田的成功時，過分強調準備和遠見而忽略了運氣。本田效應取代波士頓顧問公司關於策略規劃高明的合理化敘事，而成為動態平衡的避雷針。巴斯克爾指出，「我幾乎沒有意識到，一件軼事的小小基礎竟然成為『縝密計劃』和『自然發生』這兩種策略流派之間的辯論震央。」這場爭論仍然十分激烈，其中包括為其他取徑提出強力論點的管理學者。[172]

巴斯克爾繼續闡述幾項能持續帶來機遇的工具。包括重視不同的選項、看重辯論並創造辯論機會、降低公司內的權力動態以廣納意見。巴斯克爾和他的研究夥伴把這些做法稱為培養敏捷（cultivating agility）。我們贊同，這種動力，也就是讓好

運發生的計劃，對於長期成功是必要的。

我們的研究夥伴庫尼亞、瑞哥（Armenio Rego）、克雷格（Stewart Clegg）以及林賽（Greg Lindsay） 研究了本田的故事，他們特別強調，巴斯克爾的方法有其悖論本質。這些學者認為，機遇不僅有助於處理悖論，而且它本身就是矛盾的，因為它整合了深思熟慮的準備與幸運的機會、縝密計劃和自然發生、策略穩定性以及改弦更張的意願。本田高階主管培養出庫尼亞及其研究夥伴所謂生成式懷疑的潛力（potential for generative doubt）──他們有意願、並且知道在不確定中可能存在機會。研究者對本田故事的分析，加強了本書的核心訊息──處理悖論是矛盾的。

學著忘掉所學

在本章前面，我們提到設計公司 IDEO。它的設計實務，包括快速原型製作，使公司具有非凡活力，不斷學習並且始終對改變保持開放。但是， IDEO 一直有個挑戰，是否可以在需要時改變其基本流程。我們把這種努力稱為學著忘掉所學──找到方法放棄舊思維模式，為新思維模式騰出空間，讓我們在處理悖論時更加靈活。

1998 年，IDEO 設計師博伊爾（Dennis Boyle）面臨一個難倒他的新機會。 博伊爾跟 IDEO 團隊成功協助 3Com 公司 PalmPilot V 設計案。這種掌上型電腦在設計上比前代 PalmPilot 更耐用、更輕巧、造型更流線。 PalmPilot V 設計案歷時兩年多，大量研究人們如何使用掌上電腦並找出改進機

會。設計團隊必須與製造者合作，製造出新型鋰電池，並且開發以鋁合金取代傳統塑膠外殼的方法。當時該產品已投入生產，預計 1999 年 2 月出貨。

然而，1998 年，在 3Com 負責 Palm V 的幾位主導者，為了更大的自主權和更直接的經濟利益，在友好的情況下離開 3Com，成立一家新公司 Handspring，希望生產一款價格僅為 Palm V 一半的產品，具有新穎的功能，而且與 3Com 達成協議採用其授權的操作系統。他們希望用推出 Palm V 所需時間的一半來設計這款新產品，準備在 1999 年 12 月聖誕季銷售。為了實現這個目標，必須在 1999 年 4 月之前快速設計完成。Handspring 團隊在 Palm V 專案與博伊爾合作非常成功，便詢問他是否願意在 IDEO 負責這款新產品的設計。

▎為了更好，只能妥協？

這讓博伊爾陷入兩難。若要做這個專案，他就必須妥協 IDEO 的良好設計。首先，IDEO 設計過程中有許多廣泛討論，員工腦力激盪各種專案，利用在走廊相遇時的非正式討論，引發機遇火花並深化學習。例如博伊爾曾為 IDEO 在帕羅奧圖所有員工購買 Palm V，數量超過兩百人，邀請他們給予非正式回饋，以便學到如何改進產品。由於 IDEO 持續協助推出 Palm V，所以 Handspring 專案必須祕密進行，但是這樣一來，跟不直接涉入專案的 IDEO 同事學習的可能性，就減少很多。其次，設計時間較短，IDEO 團隊必須明顯壓縮設計過程的實驗階段，這樣會減少獲得回饋和改進的機會。

明知這是對核心流程的挑戰，博伊爾是否要接下 Handspring 的設計案？不只要為新產品提出新想法，而且還要為產品發展的核心流程提出新想法。他知道，如果 IDEO 真的是一個信奉學習和設計的設計公司，那麼也就必須能夠做出承諾，重新設計它自己的設計流程。

▌雙迴圈學習

哈佛教授亞吉里斯（Chris Argyris）被認為是組織發展的奠基思想家之一，他將博伊爾面臨的挑戰描述為雙迴圈學習。我們常常定期練習的是單迴圈學習，而且幾乎自動化——做出決定、嘗試一下、獲得回饋，並利用新知識來改善未來的決策。雙迴圈學習挑戰我們內在的預設、心理模型和決策規則，一開始就是這些引導我們做出決定。亞吉里斯以室溫控制來比喻。想像室溫設在攝氏 20 度，控溫器會監測房間內的溫度，收集數據，然後依據不同溫度做出不同反應，溫度過高時加入較冷的空氣（或減少暖氣），溫度過低時加入較暖的空氣（或減少冷氣）。這個過程反映的是單迴圈學習。雙迴圈學習則是質疑是控溫器設定為攝氏 20 度的預設。[173]

內在預設不斷影響我們的思考和決策，尤其是面對悖論的反應。想想本書介紹的矛盾張力，如何挑戰導致張力的假設。第四章介紹組織在關注使命和市場之間面臨的張力，談到霍根斯坦創立社會企業 DDD。霍根斯坦剛開始發想 DDD，面臨一個深刻的假設：要不就專注以利潤為導向，要不就專注以使命為導向，無法兩者兼顧。我們在整本書中也提出工作與生活

之間的張力。對於自己的身分認同及責任，是事業取向還是家庭取向，我們的預設強烈影響著如何處理這種張力。

學者作家格蘭特（Adam Grant）在新書《逆思維》邀請我們學習忘掉所學，重新思考影響思維的核心預設。[174] 他的研究鼓勵我們，在生活中建立對自己內在預設的敏銳認識，並保持謙遜和實踐來不斷挑戰它們。格蘭特呼籲我們不要像政治家、傳教士或檢察官那樣思考，他們分別是捍衛立場、意識形態或法律案件，而要像科學家一樣思考，質疑我們的問題和證據，並尋求互相競爭的數據和觀點。處理互競需求的動態方式，表示我們願意學習如何忘掉所學；使我們更靈活在鋼索上擺盪平衡。甚至可能表示願意自問是否走在正確的鋼索上。

在戈爾企業，凱莉必須做的就跟 IDEO 一樣，必須引入新的做法，以創新組織的核心流程。戈爾公司在產品開發方面充滿活力和創新，但在文化和組織結構方面卻陷入困境和僵化。諷刺的是，組織領導人一直教條式的運用麥格里哥的管理理論，而麥格里哥本人並不鼓勵這種教條——像傳教士而不是像科學家那樣思考。

凱莉面臨的挑戰是如何幫助公司更能走在鋼索上。凱莉意識到她需要一種更具動態的方式，在一個整合的全球性企業結構中延續小團隊文化。她開始慢慢引入跨事業體的思維，建立公司統整化的流程，收集數據以掌握每個子單位正在做什麼、哪些未受到最優化。

這項工作需要極大的透明度和溝通，以協助組織了解，為整個事業體所制定的全球策略，並不會削弱地區工作團隊的權

力和創造力，反而可以促進它。凱莉舉行好幾場全員參加的大型會議。她仔細聽取回饋。透過這些會議時段，她的團隊採用一個引導性的比喻——呼吸。為了生存，我們必須吸氣和呼氣。戈爾的生存就像呼吸一樣，取決於全球思維和在地行動——在這兩種需求之間持續動態的舞蹈中。

本章重點

- 二元思維會導致我們陷入覆轍。我們要採用兼並思維來促發學習、發展及改變。這組工具目的是協助我們促動關鍵而持續的動態：

  - 按方法步驟做實驗：採取小而頻繁的低成本實驗，以測試新想法、從回饋中學習，即使在處在不確定中，仍然能往前推進。

  - 為意外做準備：透過有計劃的運氣，我們更能打開創新及改變的可能性。透過有目的的探索，我們可以把自己放在體驗或創造機會的位置上，心態上也做好準備。

  - 學著忘掉所學：悖論是動態的，需要我們不斷重新思考和改變所知事物。為了做到這一點，我們必須準備放掉既有的確定事物。

第三部

以組合替代取捨，
實現「我全都要」

如何回應個人生活中的兩難困境？群體分裂成涇渭分明的派系，如何處理這種棘手衝突？如何帶領組織整合、重視而且實現互相競爭的需求？這些都是最適合運用兼並思維的情境。悖論系統為這些混亂的問題提供一個框架。但是，當你深深陷入挑戰的泥沼中，要如何實際運用這些工具？

本書第三部探討悖論系統工具的實際運用，也就是採用兼並思維的過程。每一章都著重在這些過程的不同層面——個人、人際、機構。我們描述特定案例，說明如何將兼並思維實際運用在日常生活、工作及重大選擇上。

第八章

個人決策
轉職或留任？

> 碰到悖論真是太棒了。我們現在有希望取得進展。
> ──丹麥物理學家　波耳（Niels Bohr）

想想一個你人生中碰到的問題。可能是工作上正在努力的事，可能是家中某個困難。現在把它寫下來。

我們在帶領兼並思維的工作坊時，常常用這個問題做為開場。首先邀請大家約略描述某個正在面臨的挑戰，然後鼓勵大家框出更具體的兩難困境，最後，更重要的是指出這個問題的深層悖論。正是在這一點，引用量子物理學家波耳所說，「我們有希望取得進展。」

本章描述一個指出深層悖論並取得進展的過程，以解決大家面臨最具挑戰的問題。為了說明這個過程，我們介紹法蘭卡面臨的職涯困境。法蘭卡是化名；我們把多年來與數人共事經驗綜合起來融合成她的故事。我們已經看過太多次類似的職涯問題，因此認為這是很好的例子，也就是如何將兼並思維以及相關的工具組合，用在個人決策上。

我們也邀請你在接下來的案例中，可以帶入自己類似的經歷，相信你能得到「更好」的應對方案。

定義兩難困境

　　法蘭卡終於對她的事業有信心也充滿活力。但是走到這一步的路途顛顛簸簸。她在這家醫院各個部門工作過，包括財務、策略、營運，每個角色都有好的一面，但很多是不好的，原因是僵化的官僚制度、令人緊張的同事、以及有毒的上司。

　　過了十年，現在她做的是業務發展，這個職位她真的很喜歡，周遭的人也令她振奮。她很重視為醫院新計劃進行募款的機會。她喜歡與捐款人建立聯結，讓捐款人雀躍於從事慈善的影響力。她的同事和主管很棒；她在這個職位真正覺得可以全心投入，並且因為自我認同以及對團隊的貢獻而受到重視。法蘭卡在工作上相當成功，最近升任為醫院行政主管，領導一項重大募款活動。她已跟同事建立深厚關係，能夠挑選一個夢幻團隊來進行這項活動，大家一起訂下未來六個月的宏大目標。

　　優秀表現很難不受到注意。募款活動進行兩個月之後，她的夢幻團隊表現超優、提前達標，這時她接到獵頭打來的電話，詢問她是否考慮在另一家醫院擔任發展部門主管，那家醫院是當地最大的醫院系統。

　　法蘭卡受寵若驚，但是她不知如何是好。事業上她終於邁出大步，而且她熱愛這份工作，以為自己不會再異動了。但是她也知道，接受新工作的最佳時機是在目前職位的巔峰時。她知道在 S 型曲線上停留太久的缺點，我們在第二章詳細描述過。而且有位前輩提醒她，新機會總是值得探索，因為永遠不會知道這個過程中會學到什麼。所以，法蘭卡申請了那份新工作。她對自己說，這並不會造成什麼傷害，尤其是那家大醫院

表 8-1　如何用兼並思維定義兩難困境

法蘭卡的兩難及兼並思維

1. 定義兩難	經過許多年在職場上尋找正確定位，現在我真的很喜歡我的工作及職位還有周圍的同事。但是現在我有個機會轉換到可能更好的新工作，我必須決定該怎麼做。

不會考慮把這個職位給像她這樣經驗有限的人。但是，意想不到的事發生了——她收到錄取通知。現在她要做的決定很有挑戰性。

　　表 8-1 是法蘭卡運用兼並思維來應對挑戰的第一步——定義兩難困境。她認識到自己面臨的問題，並感受到選項之間的拉鋸。如果你跟著這個流程進行，你可以想一下自己面臨的問題，並在本章末的表 8-6 中寫下你的兩難困境。

挖掘深層悖論

　　法蘭卡的兩難其實是很不錯的——該怎麼在兩個有價值的選項之間做選擇，不過它仍然是必須做出決定的兩難。她面臨的挑戰可以歸結為：「該走還是該留？」這也是衝擊樂團（The Clash）在 1981 年發表的歌曲〈Should I stay or should I go？〉它捕捉到這種普遍困境，我們都曾面臨這類問題，無論是事業決策、實體移動或是人際關係。

　　思考目前經歷的兩難，你可能碰到職業變動的問題，或者

可能在考慮工作與生活之間的緊張關係，或是互相衝突的優先事項。你可能也會苦惱著如何聘雇多樣化的人才、如何配置預算，或是如何給予部屬回饋意見。

這些兩難困境的深層，是被視為互競需求的悖論。許多兩難都涉及時間、空間和金錢等資源的匱乏。將資源分配在這些選項，我們感受到拉鋸，悖論就出現了。例如工作與生活的困境，牽涉到要把時間用在哪裡；聘雇的兩難，通常可歸結為把金錢花在哪裡。某些困境包括對立的身分認同、價值觀、目標和行動，這之間所產生的緊張關係。如何給部屬回饋，引發了身分對立——我們可能重視善良、友善、關心（即討人喜歡）的自我身分認同，但是要給予不中聽的回饋意見，表示別人可能會不喜歡我們。

工作與生活的兩難，常常涉及身分的一致性，因為我們努力成為優秀的專業人士，同時也希望維護其他身分，例如做個好父母、好孩子、有貢獻的社群成員。這些互競需求開始暴露出深層悖論。我們從二元思維轉變為兼並思維時，首先必須確定這些替代選項。一旦釐清替代選項，就可以開始改變預設和心態，並且重視它們的矛盾本質。我們能夠認識到，這些選項既是互相衝突又互相強化，而且彼此定義。

表 8-2 指出法蘭卡的兩難之中更深層的悖論。決定留在目前工作還是跳槽，這個問題的深層是穩定與變化、對目前團隊的忠誠以及嘗試不同事物、表現良好和學習新事物的機會，它們之間相互依存的緊張關係。如果你以自己面臨的兩難在表 8-6 中寫下你遇到的挑戰，那麼現在回過頭來想想，影響這個

表 8-2　如何用兼並思維挖掘深層悖論？

法蘭卡的兩難及兼並思維

2. 挖掘深層悖論	【選項A】留在現職	【選項B】換到新工作
	留下	離開
	穩定性	改變
	忠誠度	機會
	表現優良	學習新事物

困境的的張力，它既矛盾但又相互依存。通常，悖論涉及兩種
選擇，例如自我與他人、今天與明天、穩定與變化。你的兩難
困境可能涉及好幾種，如果是這樣，請自由添加欄位，寫下其
他選項。

重新建立問題框架

　　定義兩難困境並找出互競需求之後，我們一般反應是把這
些選項看成互斥，傾向認為只能從中擇一。如果兩難是牽涉到
資源分配的張力，我們可能會認為這些資源是有限的，是零合
賽局——把資源放在某一件事，就不會再有資源花在另一件事
上。我們可能也會認為自己的身分認同、目標、價值必須保持
一致。如果要達成某種一致的身分認同，那麼行動就必須與身
分認同一致。這種推論導致我們進入二元思維。

　　要如何轉變我們的預設，採用更複雜的兼並思維？我們必
須開始以悖論來思考互相競爭的需求，它們不只是矛盾也是互
相依存的。我們必須開始了解這些對立力量如何定義彼此、相

互影響。正如我們在整本書中所論證的，要轉變預設並且正面迎向悖論，最基本而且最有力的工具是改變我們所問的問題。重新框架問題，能讓我們重新思考這些選項的本質，開始看到它們互相依存以及彼此不同之處。

這種改變問題的力量，不能僅被理解為轉變預設以及促動兼並思維的手段。其實我們主持工作坊時，通常這時候都會停下來，確認參與者都聽到這個重要觀念。如果參與者的心思暫時飄走，想著還有什麼事沒辦、或是開始用手機或電腦查看訊息或電子郵件，我們會請他們把心思拉回來，然後我們會再講一次這個觀念。著手處理悖論，最基本而且最有力的工具是改變我們所問的問題。為了靜心時感受到平和喜悅以及達到超脫，可以從專注在一個呼吸開始；為了追求兼並思維，可以從改變一個問題開始。

面臨互相競爭的需求時，與其問「應該選擇 A 還是 B？」我們可以問「我該如何同時應對 A 和 B？」

對我們兩人來說，改變問題已經變成有點像是專業上的自動反應，或者說是專業上的危險。現在我們的同事都知道，聽到有人在辯論各種不同選項時，我們會插嘴提問是否能兼顧兩者。我們的孩子也知道這一點。我（溫蒂）的雙胞胎從小就知道，如果我介入他們的爭吵，我會要他們想出兼顧兩者的方案，使每個人都能得到他們需要的。他們很少找到解決衝突的整合方案，但是他們對我的提問都覺得很煩，至少這提供了一小段雙胞手足連結的時刻。

回到法蘭卡的例子，她可以改變兩難困境中的問題，從

表 8-3　如何用兼並思維重新框架問題？

法蘭卡的兩難及兼並思維

3. 重新建立問題框架 我如何同時應對互相 競爭的需求？	如何既留在現職，又接受新工作？

「繼續留在現職還是跳槽」，變成「怎樣可以既留下又跳槽？」，表 8-3 表示這個步驟。當然，感覺上那個新問題好像是不可能的情況。我們不能同時在兩個地方、或同時從事兩份全職工作。難道可以嗎？

這樣的問題邀請我們深入兩難困境，更仔細想想深層悖論。對法蘭卡來說，這可能表示探索目前工作的各個方面，如何影響和拓展她在新工作中的潛力，或是參與新工作對她目前的工作有何價值。如下所示，深入研究每個互競需求的不同要素，會產生一個更微妙的問題。但就目前而言，僅僅是提出一個兼並問題，就能讓我們產生新的思考。

如果你以自己面臨的兩難來練習，你可以把兼並問題加到練習表格（表 8-6）。即使感覺上這個問題是不可能成立的，它也可以為你的思考另闢蹊徑。

分析資料：分開和連結

如果採用傳統的二選一方法，我們會透過個別分析來處理這個情況——拆解替代方案，並分析每個方案的利弊。相對

的，悖論系統崇尚的是創造結構，以便分開和連結。這一步過程，創造結構的方式是帶有目的性的分析，協助你分開和連結對立選項。

人們採用不同方法來分析選項。有些人可能會採取比較理性的方法，收集有關每種選項的詳細資料，列出涵蓋廣泛的優缺點。其他人則採取偏重人際關係的方法，向導師、顧問和朋友（或網路！）尋求建議和意見。還有一些人採用比較直覺的方法，以自己的直覺來做決定。通常，無論是否有意識，我們都傾向於採用這些方法的某種組合。例如，我們可能有直覺，然後去找資料來證實直覺（這也稱為確認偏誤）。

法蘭卡輕而易舉就能把每個選項分開並進行分析。新工作讓她興奮不已。那家大醫院體系即將大幅擴張，醫院領導高層希望她制定募款策略，這項大計劃能接觸到許多新的捐款人。新職位的薪水將遠高於她目前的工作，而且提供額外的資源讓她獲得成功。

但她也抱持相當大的保留態度。首先，她對這些人不太安心。雖然在整個面試過程中他們看來都很好，但大醫院的職場文化更加競爭。她從在那裡工作的人聽到一些傳言，領導高層之間有一些角力。由於之前曾處於有毒環境中，她對這個訊息感到擔憂。

還有，她也不確定什麼時候轉職。法蘭卡非常忠誠，一想到要離開目前的團隊成員和眾人充滿抱負的目標，她就很痛苦。然而，新職位的上司希望她盡快就職，以便讓那家醫院快點進行大型募款活動。拿得這份工作邀約之後好幾天，法蘭卡

一直籠罩在不確定的迷霧中。前一分鐘她還說服自己要走；下一分鐘她就說服自己留下。二元思維讓她覺得自己卡在兩個選項之間。

兼並思維則是稍微變化評估過程。與其將選項分開並加以分析，兼並思維是將選項分開並將它們連結起來。我們仍然會分開選項，並考慮每一個選項。分開選項使我們能夠全面檢視各替代方案的優缺點。但與傳統方法不同的是，尋找連結點時，我們會繼續收集資料。

開始尋找連結的方法之一，是哈佛心理學家蘭格所描述的「往上一層」和「往下一層」。[175] 往上一層表示將選項連結到更具總體性的更大願景。對於法蘭卡「應該留下還是離開？」這個兩難困境，往上一層是定義出更普遍適用的價值觀和更高目標。她人生中的總體目標是什麼？這個決定怎樣幫助她實現這些目標？長期的志向可以擴大我們的視角，在探索互競選項之間的聯繫時，發揮關鍵作用。例如，若法蘭卡的願景是擁有一個能發揮影響力的事業，並為社會做出積極而有意義的貢獻，那麼她可以找方法了解，目前的職位和新的工作機會，對這個目標有什麼影響。

往下一層則是找出每個選項真正的利害關係。例如，法蘭卡可以問：「完成目前的募款活動，對新募款有什麼影響？」。與潛在捐款人合作有點棘手。同一個捐款人可能會同時捐款給許多地方，但是基於忠誠度、誠信和專業精神，她跟某個捐款人針對目前募款的對話還未結束時，無法再跟同一位捐款人募款。不過，一旦這筆捐款確定後，她或許可以向該捐

款人請求額外捐獻，或請他們介紹其他潛在的捐款人。因此，完成目前的募款活動可能對新機構有利。

她也可以問：「讓自己轉換到新工作，如何為我目前的團隊創造機會？」法蘭卡很忠誠而且有責任感，她擔心離開團隊會讓大家感覺被拋棄。不過，領導者離開團隊時，反而創造其他人展現領導力的機會。事實上，優秀的領導者會培養團隊中其他人展現領導能力，這樣自己就不必時時都在場。透過轉換工作，法蘭卡可能會看到團隊中新的領導者崛起。或者她可以問：「目前的團隊對我在新團隊的工作會有什麼幫助？」她非常喜愛目前的團隊，有個選擇是她帶幾個團隊成員一起轉換工作，為他們創造更多成長和職涯發展的機會。表 8-4 顯示法蘭卡如何將她的困境中的選項分開並連結起來。

▌將選項分開，反而可見其中連結

如果你曾經學過談判，你可能會知道這些策略是達成雙贏或整合性決策的技巧。談判經典《哈佛這樣教談判力》作者費雪（Roger Fisher）和尤里（William Ury）指出，直接衝突往往發生在各自堅持特定立場的時候。[176] 我們面對自己的困境時，通常也是一開始就列出選項並將它們放在對立面，這時就會產生直接衝突。從這一點出發，如果談判中的每一方（或者你的困境中的每個選項）都能深入挖掘，透露各自實際上最在乎的是什麼，大家就可能會找到共同點。也就是說，將選項分開，然後進一步了解每個選項，能夠創造更多連結的可能性。

想像你正在買房子。假設這間房子標價 25 萬美元，而你

表 8-4　兼並思維應用在法蘭卡的兩難：分析資料

法蘭卡的兩難及兼並思維

4. 分析資料 【分開】 就目標、代價、好處來說，互競需求彼此之間有什麼不同？	【選項 A】 留下的優缺點 • 忠誠：完成專案 • 專注在人：與夢幻團隊一起工作 • 以他人為優先	【選項 B】 離開的優缺點 • 機會：抓住新的可能性 • 專注在角色：換到一個夢幻工作 • 以自己為優先
【連結】 能涵納兩者的總體願景是什麼？這些互競需求如何互相強化、如何產生綜效？	【總體願景】能發揮影響力的事業 強化綜效： • 完成目前募款活動，對新機構的募款會有什麼影響？ • 允許自己往前邁進，能為目前的工作團隊及成員創造什麼新機會？ • 目前的工作團隊能夠為新團隊的工作提供什麼經驗？	

認為它的價值不超過 20 萬美元。你和賣方可能無法縮小這 5 萬美元的差距，你可能會覺得必須放棄這個房子，轉而尋找其他選擇。或者，你和賣方也許可以妥協，雙方同意以 22.5 萬美元買賣。費雪和尤里建議，還有另一種選擇，就是釐清雙方真正在意的事情。假設賣方有意出售房子，但不希望處理任何需要維修的問題。而如果你熟識維修承包商（或者你自己就是），能夠輕鬆處理維修問題，那麼只要你同意承擔維修責任，而且你認為維修費用不會太高，那麼賣方可能願意大幅降價。又或者，假設你急於搬進新房子，你可能願意多花些錢，

以便能比賣方最初建議的日期更快成交。

回頭看自己的困境，想想每個替代方案的獨特之處，並透過「往上一層」以及辨識出總體願景，來找到互相對立的需求之間的聯結。然後「往下一層」，找出互相強化的綜效。你可以將這些加入表 8-6。

考慮結果：選擇

採用傳統的二元思維時，我們的目標是從不同選項中抉擇（making a choice）。兼並思維則相反，我們的目標是選擇（choosing）。這之間的差異是，我們如何在更廣泛的脈絡下理解選擇。「抉擇」給人一種最終決定的感覺；而「選擇」則像是找到一個可行的解決方案，未來可能重新評估、重新考慮這些選項。「選擇」讓我們保持開放，認識到我們永遠無法徹底解決深層矛盾，但始終準備重新面對它們。「選擇」邀請我們認識到矛盾的動態性，並採用能夠體現這種動態的途徑。

我們在本書定義出兩種選擇模式——騾子和走鋼索。大家比較容易理解的是騾子。騾子是馬和驢的混種，代表創意整合，提供一個簡潔（且實用）的解決方案，能同時滿足互競需求。法蘭卡有幾個騾子選項。例如，她可以接受新工作，並帶一些目前的團隊成員一起去，這樣就能在迎接新挑戰的同時，不必擔心新人事環境。她也可以利用新工作邀約，在目前的機構爭取升遷至更高職位，因此在不離開目前環境的情況下，接受新的挑戰。

她也可能有幾個走鋼索的選項，這種模式是對不同選項進

表 8-5　兼並思維應用在法蘭卡的兩難：考慮結果

法蘭卡的兩難及兼並思維

5. 考慮結果 　【騾子】創造性的整合。有哪些選項可能會在兩個需求之間建立綜效？ 　【走鋼索】持續的不一致。有哪些選項可以隨著時間微調兩個選項之間的平衡？	**騾子選項：** • 接受新工作，並帶幾個目前的團隊成員一起去。 • 利用新工作邀約與現任公司協商，爭取升遷到更高職位。 **走鋼索選項：** • 與新工作談延後上任日期，有更多時間確保目前職位的接班計劃。 • 就任新工作時，以顧問身分支援舊東家，直到培訓出新主管。

行小幅度的調整，隨著時間的推移，形成持續不一致的模式。走鋼索者透過不斷左右移動重心來前進，以保持整體的平衡。與其找到靜態的平衡，他們是持續的平衡。應對矛盾時也會看到類似情況——不斷在不同選項間來回切換。法蘭卡有一些走鋼索的選擇。例如，她可以與新工作協商，延後上任日期，這樣她可以有更多時間準備目前職位的過渡計劃，並完成目前的募款活動。她也可以考慮在目前醫院培訓出新主管之前，以顧問身分繼續支援。表 8-5 列出這些不同選擇。

　　最後，法蘭卡決定接受大醫院的新工作，但是他跟新工作的資深高層談，允許她在舊團隊交接期當他們的顧問。整體來

表 8-6　兼並思維應用在你的兩難困境

你的兩難困境及兼並思維

1. 定義兩難困境	我的主要兩難困境是……	
2. 挖掘深層悖論	選項 A：	選項 B：
3. 重新框架為兼並問題 我如何同時應對互相競爭的需求？		
4. 分析資料 【分開】 就目標、代價、好處來說，互競需求彼此之間有什麼不同？	選項 A：優缺點	選項 B：優缺點
【連結】 能涵納兩者的總體願景是什麼？這些互競需求如何互相強化、產生綜效？	【總體願景】 強化綜效：	
5. 考慮結果 【騾子】創造性的整合。哪些選項可能會在兩個需求之間建立綜效？	騾子選項：	
【走鋼索】持續的不一致。哪些方式可以隨時間微調兩個選項之間的平衡？	走鋼索選項：	

說，這個安排的結果很好。她的新老闆認為她對舊公司的忠誠以及對手邊募款活動的承諾是一項資產，對大醫院也同樣具有價值。新老闆也明白，如果她能在舊職位把事情處理好，會更投入於新工作。因此，新老闆提出一個選項，讓她在前四週每週花一天時間與舊團隊合作。在此期間，法蘭卡找出接班人並加以培養，這位是舊團隊中的明日之星。不過，法蘭卡也知道團隊中還有另一個能力出眾的明日之星，只是還沒準備好擔任領導職。法蘭卡了解第二位明日之星的技能，也考慮到此人可能對於同事成為新上司感到不滿，於是法蘭卡將她聘入新團隊，確保某種共事一致性。

回頭看你自己的困境，想想潛在的騾子和走鋼索，找出你自己的創意整合、以及持續不一致的選項。你可以繼續填寫表8-6，列出你的想法。在此過程中，我們要提醒你：大多數人通常能更清楚看到別人的兼併機會，而對於自己的卻不那麼明確。我們面對個人矛盾時，之前提到的防衛情緒就會出現，我們可能會被這種張力困住。

涉及到別人的困境時，我們的情緒投入會比較少。要在不適中找到安適、超越情緒防衛心態，有個方法是尋求他人協助，請他們協助在你的兩難困境中集思廣益。

我們邀請你嘗試一下：如果你陷入二元思維，請朋友幫忙考慮你的困境，並提出一些兼容並蓄的可能性。現在，注意你的反應。很可能你會出現防衛心態，告訴你為什麼朋友的想法行不通。我們鼓勵你，讓你的防衛心態稍作休息，好好聆聽朋友的建議——你可能會發現驚喜。

第九章

人際關係

如何在爭吵中尋求共識？

差異不應僅僅被容忍，而應被視為不可或缺的兩極寶庫，在兩
極之間，我們的創造力像對話那樣迸發。只有這樣，依存的必
要性才不具威脅。不同長處都得到認可而且平等，只有在這些
長處的互相依存中，才能產生以新方式活在世界中的力量……
差異是那樣生猛的連結，從中鍛造出個人的力量。

——美國黑人女性主義作家　蘿德 (Audre Lorde)

　　矛盾會引發持續的人際張力，也就是個體或群體之間的衝
突。一方採取一種觀點，另一方則持相反立場。我（溫蒂）記
得有一次在長途飛行中，我像往常一樣和鄰座聊了起來。她問
我做什麼研究，我說我在探討領導人所面臨的互競需求，高階
主管之間經常意見分歧，這些差異會逐漸烙印在彼此互動中。
鄰座點頭表示她懂，因為她擔任某個馬戲團總經理，接下來航
程中她對我講述，她和其他經理與表演者之間持續衝突的痛苦
故事，自負的馴象師、要求苛刻的空中飛人等。

　　她所說的衝突故事並不少見；組織中長期存在管理者與創
意人、管理者與員工之間的張力。不過，除了這些持續的張
力，世界上的人際衝突層出不窮，大家在很多議題紛紛選邊
站，政治兩極化加劇，不僅使政府運作停滯，也撕裂家庭、朋

友，甚至職場。[177]

關於管理人際衝突的策略，其他學者寫過許多論文。[178] 我們認為，悖論提供重要視角，讓我們加深理解這些裂痕，並提出新途徑來修補這些裂痕。人際衝突通常牽涉到不同團體之間的張力，個人經驗和群體動態很容易放大防衛情緒，誇大恐懼和焦慮，讓我們加速陷入惡性循環。挑戰在於如何在對立的觀點和激烈的情緒中一起合作。

本章我們說明如何運用悖論系統來解決人際衝突。為此，我們引用學術同行強森以及他的兩極夥伴公司團隊所開發的框架和流程。強森和他的團隊成功的在各種環境中促成對立雙方合作，邀請雙方認識張力的內在悖論，並找出綜效和連結的切入點。他們拆開這些挑戰，認識深層情緒，並找到全新的解決方案。他們有一個特別棘手的案例，是處理執法機構與公民之間的衝突，我們透過這個案例來介紹這種方法，並且也提出在其他人際衝突中的應用。[179]

確保查爾斯頓的社區安全

2015 年 6 月 17 日星期三，一個年輕白人男子走進南卡羅萊納州查爾斯頓的以馬內利非裔衛理教會參加每週讀經班，他坐在牧師平克尼（Clementa Pinckney）旁邊參與討論。晚上 9 點左右，讀經班即將結束，小組成員開始祈禱。就在這時，這位白人男子，21 歲的魯夫（Dylann Roof），從腰包中掏出一把槍，喊出種族歧視言語，開始向讀經班成員開槍。他裝填了五次子彈，射殺房間內 12 人中的九人。有一個婦女和她孫

女躲在桌下裝死而逃過一劫。魯夫對另一個婦女說，他留她一命，是為了讓她將這個故事說出去。隨後，魯夫把槍對準自己的頭部想自殺，但子彈已經用盡，慌亂之下他隨即逃離現場。

當晚，查爾斯頓警察局長莫倫對媒體表示，這起仇恨犯罪悲劇是他「職涯中最糟的一夜」。[180] 這並不是查爾斯頓第一次發生種族犯罪。其實，以馬內利非裔衛理教會的基礎，正是建立在種族犯罪和黑白社群互不信任之上。

1822 年，白人社群領袖懷疑，非裔衛理教會創辦人之一、獲得自由的奴隸維西（Danmark Vesey）正在策劃奴隸叛亂。白人社群領袖為了阻止叛亂而燒毀教堂，並處決 35 個教會成員，還把另外 35 個成員驅逐出州或流放國外。而就在 2015 年以馬內利教堂槍擊案發生前幾個月才發生過種族事件，一個黑人男子在查爾斯頓被警察射殺，激起社群的緊張情緒。警官斯萊格（Michael Slager）攔下華特·史考特（Walter Scott）的車，因為他的車尾燈壞了。史考特下車後逃離警察，接下來發生衝突。斯萊格用電擊槍射史考特，但史考特繼續逃跑，斯萊格拔出槍，開了八槍，其中五槍致命擊中史考特。事後斯萊格報告指稱，史考特試圖搶奪電擊槍，他才拔槍還擊。但是旁觀者拍攝影片與這份報告不符。針對這個事件，以馬內利教堂牧師平克尼積極呼籲，警察應該穿戴攝影機，更準確記錄此類事件的細節。

自從莫倫局長在 2006 年加入查爾斯頓警局以來，一直致力於解決黑人社群與警方之間的深層不信任和分歧。而以馬內利教堂的悲劇，讓這項工作的意義更加深遠。

執法者與市民：為相似目標針鋒相對

　　執法者與市民之間在社區安全問題的張力，尤其在種族正義的深層脈絡下，正是當前極具挑戰的議題。其實，我們請你在繼續往下閱讀前，先停下來思考你對這個問題的看法。我們猜測，至少對於美國讀者來說，你的知識或背景經驗可能已經讓你在這個問題上選擇了一個立場。

　　如果是這樣，你並不孤單。美國警察在黑人社群的執法問題，已經成為政治兩極分化的焦點。2020 年夏天，喬治・佛洛伊德（George Floyd）和布倫娜・泰勒（Breonna Taylor）等黑人男性與女性被警察殺害，進一步擴大這道裂痕。抗議活動爆發，隨之而來的是暴力，這場辯論成為 2020 年美國總統選舉的核心議題之一。一方呼籲削減警察經費，另一方則要求增加執法力度。一方支持「黑人的命也是命」（Black Lives Matter）運動，而另一方則主張「警察的命也是命」（Blue Lives Matter）。這場持久的衝突引發各方深刻的情緒反應。

　　我們選擇這個例子，是因為促進社區安全和保障深層正義，對於社會至關重要，不過這個問題有著日漸兩極化的困境。群體衝突始於地方社區，但是透過全國和國際運動而擴大回響，更進一步被強化。在南卡羅萊納州，莫倫局長確實感受到這種衝突。兼並思維認為，如果我們積極面對對立方，而不是在兩者之間做選擇，可以找到更具創意、有效且持久的解決方案。莫倫局長與兩極夥伴公司的顧問合作，試圖解決查爾斯頓面臨的根本矛盾。他們的做法是一套流程，已經應用在無家者、種族和性別不平等，以及醫療服務近用等等問題上。

在你繼續往下閱讀之前，我們邀請你停下來想想你經歷過的群體衝突。可能牽涉到國內政治的對立觀點，也可能是比較局部的張力，在你所屬的企業或組織、社區團體、甚至自己的家族中。請試著在你自己的人際衝突中運用這個流程。

兩極夥伴對於複雜悖論的分析模式

強森將「兩極」定義為一對相互依存的元素，(1) 由兩個極端組成，(2) 它們互相依存並且面臨持續的挑戰。[181] 根據他的說法，兩極與悖論非常近似。按照強森的描述，我們同意我們處理的是相同的觀念，也就是持續矛盾但又相互依存的元素，潛藏在我們面對的兩難困境之下。本章交替使用「悖論」和「兩極」這兩個詞，以強調本書介紹的觀念與「兩極夥伴」工作之間的關聯。

強森以及他在兩極夥伴的同事們，開發了一個簡稱為 SMALL 模式，用來分析複雜情境中的矛盾：

- 看見兩極（Seeing）
- 繪製兩極（Mapping）
- 評估兩極（Assessing）
- 從評估中學習（Learning）
- 運用兩極槓桿（Leveraging）

這個流程是個運用悖論系統的特別方法，尤其適用於團體之間的衝突，因為它明確邀請雙方一起反思其立場的優缺點。

表格 9-1　兩極夥伴的 SMALL 模型

兩極夥伴的五步驟轉型模式：SMALL

1. 看見兩極	• 以中立或正面語言，找出對立兩極。
2. 繪製兩極	• 更高目的（總體願景）的宣言，以及跟各極端相關的價值 • 指出深層恐懼以及與各極端相關的特定恐懼 • 列出每一端的優缺點
3. 評估兩極	• 評估出現在目前系統中的每一端的優缺點
4. 從評估中學習	• 反思這些資料，以協助揭露張力的悖論本質
5. 運用兩極槓桿	• 發展出行動計劃，包括考量以下問題： • 我們可以做什麼來確保每一端的優點？ • 我們可以做什麼來減少每一端的缺點？

在 SMALL 模式中，每次一小步、逐步拆解兩極，既尊重不同團體的差異，而且能促進整合。表格 9-1 詳細拆解 SMALL 流程中的每個步驟。本章接下來幾個小節，我們會詳細說明每個步驟，把它跟悖論系統工具聯繫起來。

▎SMALL 模型的應用

接受過兩極夥伴流程培訓的組織發展顧問瑪格麗特・賽德樂（Margaret Seidler）本身是查爾斯頓居民，她協助引導莫倫局長運用這套流程。2010 年，即以馬內利教堂槍擊案發生之

前五年，賽德樂已在查爾斯頓與社區委員會合作，應對日益增長的犯罪問題。她發現，最初這個流程因為二元思維而脫軌了。社區裡有單戶住宅，單戶住宅居民將犯罪歸咎於附近的多戶公寓居民，並呼籲警方要加緊巡邏該地區。賽德樂察覺這些人抱著「我們／他們」的分別心，單戶住宅區的居民將問題歸咎於「他們」，也就是多戶公寓的住戶，並要求其他人（在此情況下是警方）來解決問題，而非承擔自己在這些挑戰中所扮演的角色。她甚至注意到自己也正逐漸陷入這種二元思維的陷阱中。

賽德樂意識到，採用悖論觀點可以幫助參與者改換思維方式。她在想如何讓觀點衝突的各方進行對話，一起探索潛在的矛盾。於是她邀請單戶住宅和多戶公寓的社區領袖參加聚餐，一起探討他們所面臨的張力，合力實現社區安全的願望。

莫倫也參加了那場聚餐，並發現賽德樂處理的張力與他自己在工作中觀察到的情況相似。餐會結束時，莫倫請賽德樂在隔天早上見面。隨後，他們一起踏上應對查爾斯頓警方與社區之間張力的道路。

▍看見兩極

人們首先要能識別悖論，才能有效應對它們。我們一再提到，悖論往往隱藏在表面的挑戰之下。SMALL 流程的起點就是透過轉變預設心態，幫助人們更深入探討。

「兩極夥伴」藉由兩極地圖來揭示隱含的悖論。如第二章所述，兩極地圖描繪出對立觀點或兩極的優缺點。第一步是檢

視衝突，識別並標記出各個對立面。這一步驟有助於人們開始轉變預設，拋開造成對立的二分思維，改採兼並思維，重視各方的對立面與整合。

重要的是，填寫兩極地圖的個人，可以為其情境找到最合適的標籤。不過，這些標籤應以中性或正面的措辭來定義各個對立面。語言的使用極為重要。我們偏向某種方式時，通常會為己方採用正面的標籤，而給對方負面標籤。以美國的墮胎辯論為例，根據個人信念，標記對立觀點時的措辭可能截然不同。即使是細微的情感用語，在與立場相左的人對話時，都會迅速引發防衛心態並限制討論。

若潛藏在困境中的悖論不夠明顯，強森通常會藉由引導人們思考變革來協助發現悖論。他會邀請人們描述未來情境。理想中，如果問題解決了，無論是工作、組織、家庭、生活等等社群，會是什麼樣子？接著，他會請人們描述當前的現況。他指出，我們通常會朝著想像中與現實相反的未來邁進。悖論內含在過去與未來之間的差異中。例如，某個組織可能正在拋開冗長的過度官僚作風，朝向更敏捷的途徑。在這個轉變的深層，是彈性與控制之間的持續張力。考量當前的現實與想像的未來，這個方法可以揭示挑戰表面下的悖論。

第二天早上，賽德樂與莫倫坐下討論。莫倫在查爾斯頓面對這些張力已經有一段時間，為了社區安全而爆發的深層悖論，他太熟悉了。在賽德樂的協助下，莫倫把衝突的主要兩極標記為「執法」與「社區支持」（如圖9-1）。

如果你正在處理自己所屬團體或組織內的衝突，請花點時

圖 9-1　查爾斯頓社區安全──兩極地圖：看見兩極

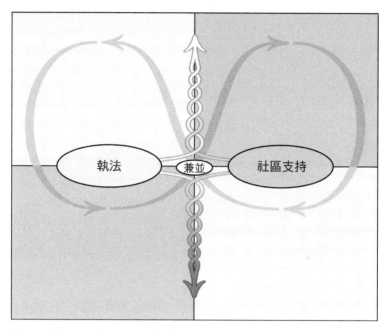

來源：兩極地圖概念出自巴瑞·強森及兩極夥伴公司（Barry Johnson and Polarity Partnerships, LLC. ©2020 版權所有）

間思考整個系統。你要找出這些挑戰的深層悖論的對立點，然後各自給它們中性或正面的標籤。你可以使用本章末提供的空白兩極地圖（圖 9-4）。

▍繪製兩極

在悖論系統，我們強調必須創造結構（邊界）以便分開與

連結──分開兩極，以顯示每一端的價值；同時也尋求兩個極端之間的連結點及綜效。運用 SMALL 這套流程時，繪製兩極這個步驟，鼓勵我們分開並連結兩極。在人際或團體之間的衝突，這可能是最困難的一步，因為這需要真正聆聽與欣賞可能跟你所相信的完全相反的真實。為了仔細聆聽，我們必須管理情緒。面對互相衝突的觀點時，必須察覺自己內在的防衛心態，好好面對它。本書多處寫到，我們必須在處理悖論的不適中覺得安適。

在悖論系統中，我們指出，可以透過涵蓋互競需求的更高目標，來尋找對立兩極之間的連結點。兩極夥伴稱之為更高目標的宣言，理想上它應該是激勵、啟發人心的。為了進一步說明更高目標的價值，我們也應該指出兩極夥伴所稱的深層恐懼──若團體無法找出合作方式，在惡性循環之下將導致最糟糕的結果。更高目標的宣言再加上深層恐懼，形成一道邊界，將對立各方圈在一起。

對莫倫來說，更高目標的宣言，使他的策略計劃目標更明確，即「加強社區安全」。深層恐懼則正好相反，缺乏安全可能會導致更不信任、更多犯罪，最終走向無政府狀態。

確立這些邊界之後，下一步是深入分析每一端，將它們分別拆解。悖論的每一端都有優缺點。例如，制定組織策略有兩種對立方式，一種是事先計劃，另一種是自然發生。計劃的優點是確定性更高，鼓勵大家一起來實施策略；但缺點是不夠靈活，難以應對變化。相對的，自然發生的優勢在於靈活且適應性強，缺點是策略實施較難協調。要全面理解每一端，就必須

探索各自的優缺點。

面對人際衝突時，解構對立的兩個極端有個重要面向是，吸引廣泛的利益相關者參與。支持各方的人們能坦誠分享並聆聽彼此想法時，我們就能對衝突有更詳細的理解。開放對話是一種有力工具，能跨越對立視角、團結人心。然而，在嚴重分裂的時代，開放對話也是過程中一項潛在挑戰。如今，世界各地持不同意見和觀點的人，更習慣安穩在社群媒體的肥皂箱上喊話，而非抱著尊重態度聆聽彼此。要有效處理對立群體的悖論，取決於對話的能力。

為了深入探討每一端，莫倫和賽德樂邀請警方三十五人參與討論，包括不同年齡的警察和文職人員。為了確保成功，莫倫和賽德樂知道必須先把兩極思維的概念介紹給警方，然後再去尋找範圍更大的社群成員。

第一堂課由賽德樂帶領警方三十五人，這些參與者很快填好兩極地圖，他們寫下執法與社群支持的優缺點（圖 9-2）。但是，如同我們在本書中多次強調，悖論是糾結的。我們很少只經歷單一悖論，而是經歷互相影響的多重悖論。莫倫和賽德樂透過深入探討社區安全的挑戰，一開始找出執法與社群支持的兩端，工作坊中的警方人員很快就發現其他糾結的悖論。例如，他們指出改變的悖論，警方想要維護傳統做法，卻也認知到必須有新方向，這兩者之間產生衝突。在賽德樂鼓勵之下，警方團體挖掘出社區安全的五個不同悖論。擴展了他們的焦點。他們在一、二小時內就填出五個兩極地圖。而且，他們指出超越兩極焦點的複雜性和微妙之處，有助於鬆動兩方的邊界

與堅持。

如果你以自己遭遇到的人際衝突中的悖論，請花些時間填寫圖 9-4 中更高目標的宣言或是你的總體願景，還有你的深層恐懼。現在，仔細想想這四個方框。每一端的優點是什麼，過度專注在某一端又會有什麼缺點？當你問自己這些問題，你可能會想要記下開始出現的其他張力。

▍評估兩極

指出每個對立面可能的優缺點之後，SMALL 流程接下來的步驟是評估兩極，尤其是你目前面臨的處境之下。目前的現況有多大程度重視每個對立面的優點？有多大程度顯示每個對立面的缺點？

團體和團隊可以採用各種方法來評估目前現況。可以使用比較非正式的方法──邀請大家聚會並提出觀點。也可以採取更正式的調查，請不同人對現狀進行排名。賽德樂與警方第一次討論時，試著挖掘出大家對目前現況的反應。她將警方人員分成幾個小組，請每位參與者寫下自己對每個對立面優缺點的評分。然後，參與者在小組中分享彼此的評分，並進行討論以達成共識。

兩極夥伴的顧問指出，評估的方式是透過兩極地圖上的迴路位置。圖 9-3 顯示出理想的迴路，經過兩個優點（上半部）往高處移動，同時避免兩個缺點（下半部）。然而，如果現實情況是強調出某方的優點和另一方的缺點，那麼地圖上的循環就會反映這個現實。兩極夥伴網站上有兩極地圖的範例，這些

圖 9-2　查爾斯頓社區安全的兩極地圖：更高目的、更深恐懼、優缺點

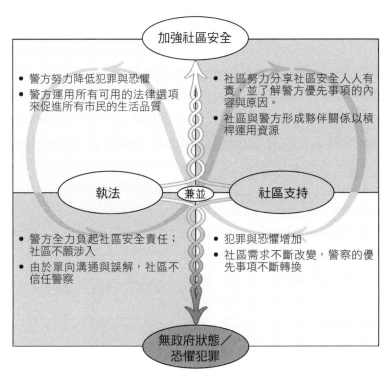

地圖中的迴路反映出不同的現實情況。

　　在你自己的兩極地圖中，你的組織是如何顯示每個對立面的優點和缺點？如果你在某個團體裡，你可以從團隊中收集一些數據然後討論結果，以達成評估共識。圖 9-4 顯示兩極迴

圖 9-3　查爾斯頓社區安全的兩極地圖：行動步驟及早期警示

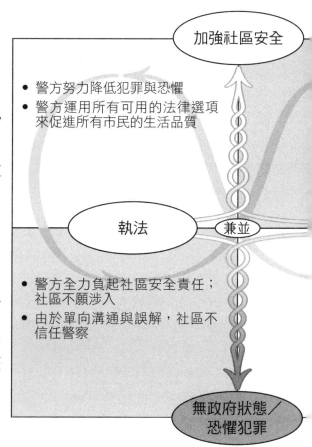

行動步驟
- 利用地理分配模型，增加整合度以及警官的意識
- 使用焦點制止策略，將精力投注於高價值問題與人

早期警示
- 需要更多社區、聚會／互動
- 來自社群及媒體的回饋，指出對警方缺乏信任，警方公開度亦有不足

加強社區安全

- 警方努力降低犯罪與恐懼
- 警方運用所有可用的法律選項來促進所有市民的生活品質

執法　　兼並

- 警方全力負起社區安全責任；社區不願涉入
- 由於單向溝通與誤解，社區不信任警察

無政府狀態／恐懼犯罪

來源：兩極地圖概念出自巴瑞・強森及兩極夥伴公司（Barry Johnson and Polarity Partnerships, LLC. ©2020 版權所有）

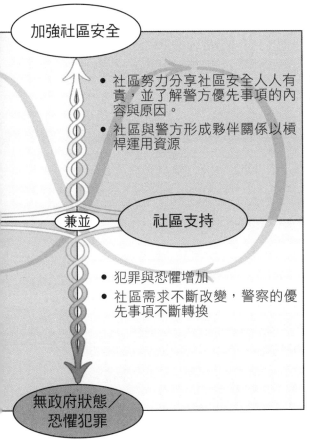

加強社區安全

- 社區努力分享社區安全人人有責，並了解警方優先事項的內容與原因。
- 社區與警方形成夥伴關係以槓桿運用資源

兼並

社區支持

- 犯罪與恐懼增加
- 社區需求不斷改變，警察的優先事項不斷轉換

無政府狀態／恐懼犯罪

行動步驟

- 強化每個巡邏隊中的市民顧問團
- 加強打擊系統；對非優先報警案件，擴大後續處置

早期警示

- 關於安全的犯罪及抱怨增加
- 因為優先順序不斷改變，警官抱怨工作滿意度及生產力下降

路，強調兩個對立面的優點，但是，你可以畫出不同的迴路，更準確的反映你面臨的實際情況。

▋ 從評估中學習

為了有效處理悖論，我們的目標是發揚每個對立面的優點，同時縮小缺點。不過在現實中，大部分組織或團隊會發揚某一方的優點，同時聚焦在另一方的缺點——也就是二元思維。這種方式可能最後會引起鐘擺效應，導致惡性循環，如第二章所述。只強調某一方的優點，一段時間之後終究會引發它的缺點；人們對某一方愈來愈挫折之下，翻轉跳到另一方。

本書之前幾章描述過，樂高公司在處理關注現在以及規劃未來之間的張力時，就是陷入這種擺盪。樂高在一九九〇年代末期非常成功，領導者認為組織不需要改變，但是沒多久，這家玩具製造商遭受新科技的打擊，組織落後跟不上時代，卡在舊的 S 型曲線，沒有資源邁向下一個曲線。

為了回應這些挑戰，樂高領導人激烈改變，擺盪到另一端追求極端創新。這樣做對組織傷害更大，因為是缺乏紀律的創新。成本節節升高，利潤下降。這個案例顯示，激烈的改變會導致某人或某個組織擺盪在兩端的缺點之間，導致惡性循環。

查爾斯頓警方列出目前現況的對立面，他們對於系統中的衝突張力、對立方之間的互相依存產生新的理解，也了解必須積極關注各個對立面。警方也意識到，即使他們加強執法，但要在發揮社區支持的優勢方面，還有很多工作要做。

檢視自己的兩極地圖時，你學到什麼？如果你與其他人合

圖 9-4　兩極夥伴的兩極地圖

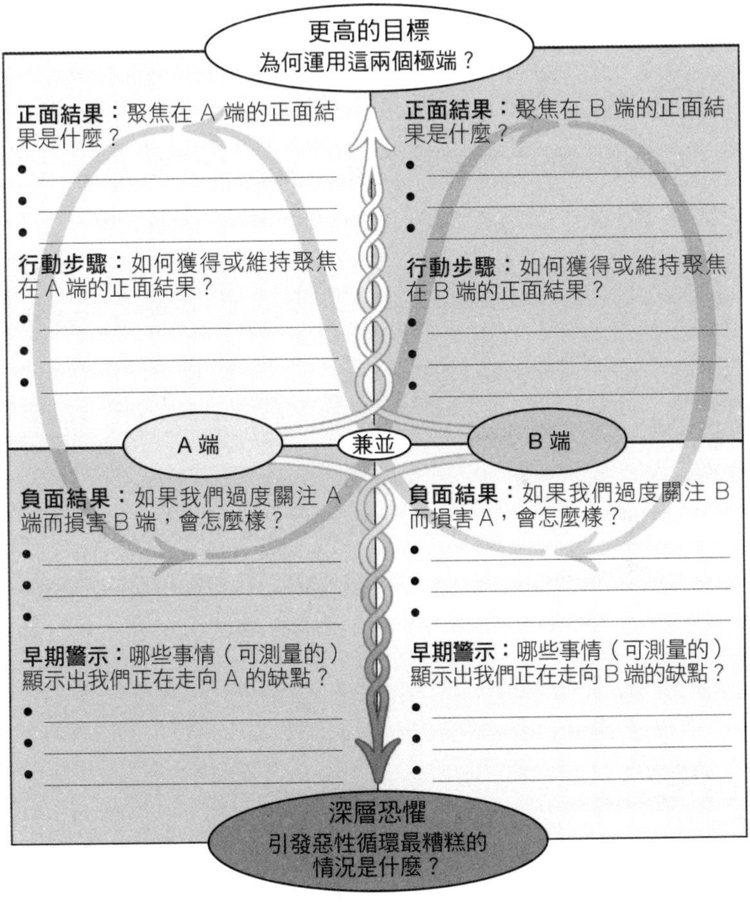

更高的目標
為何運用這兩個極端？

正面結果：聚焦在 A 端的正面結果是什麼？
- _____
- _____
- _____

行動步驟：如何獲得或維持聚焦在 A 端的正面結果？
- _____
- _____
- _____

正面結果：聚焦在 B 端的正面結果是什麼？
- _____
- _____
- _____

行動步驟：如何獲得或維持聚焦在 B 端的正面結果？
- _____
- _____
- _____

A 端　　　兼並　　　B 端

負面結果：如果我們過度關注 A 端而損害 B 端，會怎麼樣？
- _____
- _____
- _____

早期警示：哪些事情（可測量的）顯示出我們正在走向 A 的缺點？
- _____
- _____
- _____

負面結果：如果我們過度關注 B 而損害 A，會怎麼樣？
- _____
- _____
- _____

早期警示：哪些事情（可測量的）顯示出我們正在走向 B 端的缺點？
- _____
- _____
- _____

深層恐懼
引發惡性循環最糟糕的情況是什麼？

來源：兩極地圖概念出自巴瑞·強森及兩極夥伴公司（Barry Johnson and Polarity Partnerships, LLC. ©2020 版權所有）

作，那麼他們從你的脈絡現實中學到什麼？你是否重視某一方的優點更勝於另一方？你是否從中意識到某一方的缺點更勝於另一方？

運用兩極的槓桿

SMALL 流程的最後一步是運用兩極的槓桿作用，發展出一個行動計劃，重視每一方的優勢以及兩方之間的綜效。「兩極夥伴」提供一套關鍵的問題，可以協助我們制定出這項行動計劃。首先，什麼行動會增加每一方的優點？第二，哪些早期警示指標能指出你可能太過偏向某一方，並且建議你可以做出什麼修正以避免偏離太遠？這些行動步驟提供一個動態方法以應對悖論，鼓勵人們實驗新策略以增加各方的優點，同時也知道一不小心就會掉到缺點區，要準備好在它發生時迅速回應。初期在警方的談話中顯示，要達成社區安全，必須重建警察與社區成員之間的信任（圖 9-3），這會提高社區支持，並且強化執法、而不是取代它。

你可能會想花點時間建立你自己的行動步驟（圖 9-4）。在你繼續探討自己的人際張力時，想一想你可以採取哪些步驟來促動每一方的優點。現在，想一想有哪些早期警示，會指出你可能正在走向缺點，以及你可以採取哪些步驟來避免。

查爾斯頓兩極地圖的影響

賽德樂與查爾斯頓警方合作的工作坊，改變了人們的觀點以及做法。警方開始了解社區安全必須要有執法與社區支持兩

方面，而且也願意採取行動來推動這兩方面的工作。莫倫警長把打造社區夥伴關係視為中心策略，工作包括與社區團體連結、警務更透明、推動執法者與市民之間的信任關係。

莫倫也把兼並思維的概念以及兩極夥伴的工作介紹給社區內其他組織，他相信創造性張力的力量，主動聯絡查爾斯頓財務局長，一起把這套流程介紹給其他處理利益團體張力的政府部門，以促進查爾斯頓的整體福祉。

市府首長針對一個引發爭議的衝突，測試兼並思維。地點是查爾斯頓市中心鬧區，這裡遇到的兩難是夜間娛樂文化，酒吧和餐館業主重視熱絡夜生活帶來的營收，但是周邊居民則因人潮、噪音及公共安全問題而不滿。市府官員採用兩極夥伴SMALL 流程來處理這些對立觀點，並梳理出深層悖論。他們組成一個委員會，二十一個成員來自不同立場。委員會努力確保查爾斯頓成為充滿活力與前瞻性的城市，既支持夜間商業活動又顧及居民生活。這場原本可能分裂城市的持久衝突，最終轉化為強而有力的夥伴關係並創造新機會。委員會制定一套重要提案，獲得市議會一致支持。

2015 年 6 月 17 日晚間發生在以馬內利非裔衛理教會的重大仇恨犯罪，重創查爾斯頓社區並震驚全球。面對這起駭人事件時，警方已展開數年的社區互動工作，引導出一股強大而正向的回應力量。人們聚在一起哀悼這場悲劇，警察和市民、白人和黑人居民、市府官員及其他社區成員互相支持。事發僅僅兩天，受害者家屬在法庭上選擇寬恕行凶者。查爾斯頓在集體哀悼過程中以同理心與團結而聞名，然而莫倫局長深知有更多

工作尚待完成：

> 這個可怕的夜晚，永遠改變了查爾斯頓和我個人。它
> 清楚顯示出人類精神的力量和韌性，以及我們每個人在善
> 與惡之間的抉擇能力。它促使我採取行動，而不是視之為
> 另一件壞事。這次事件最後竟然沒有引發衝突、對抗、或
> 更多暴力，正由於如此非凡的反應，市民與警察在這場悲
> 劇展現的動能以及強力連結，不容忽視。[182]

莫倫知道，執法者與市民之間互不信任，仍然是促進社區
安全這個挑戰的核心，對查爾斯頓和其他地方都一樣。他親身
體會，把彼此隔閡的團體聚在一起探索兼並的可能性，有助於
城市進步並協助民眾療傷止痛。以馬內利非裔衛理教會槍擊悲
劇讓他看到機會，一個社區可以產生多大的轉變。他和賽德樂
與查爾斯頓社區成員以及兩極夥伴協作者，一起促進警方與市
民之間的連結與重建信任。他們工作的核心在於意識到，穩固
的社區既要有公共安全，也需要保障個人權利，這需要執法部
門和公民共同努力。

2017 年八月，莫倫、賽德樂等人共同推出「點亮計劃」
（Illumination Project），核心活動是傾聽聚會，把警察與社區
成員聚在一起，秉持兼並思維和悖論力量，請參與者分享對於
社區安全的多元經驗。過程中，參與者認可彼此不同的觀點，
增加對自己與別人的理解，加深信任與連結。[183] 一位查爾斯頓
警官對《查爾斯頓郵報快遞》（*Charleston Post and Courier*）

表示，他聽到市民表達可能會被警察傷害的恐懼時，十分震驚。許多市民僅僅因為坐在穿著警察制服的他身邊就感到不安：「我們只看到自己的一面，你必須從另一面他們的角度來看看。這真的讓我大開眼界。」[184] 而一位社區成員則指出能夠被聆聽的衝擊，同時也意識到社區成員也必須為自身安全負起責任，而不僅僅是責怪警察。

2018 年 1 月至 8 月間，點亮計劃在查爾斯頓舉行了 33 場傾聽聚會，產生 2,226 個想法，如何提升社區安全、保障個人權利並增進警民之間的信任。警方擷取其中許多想法並付諸實施。「點亮計劃」的領導人已將這項工作，推廣至美國其他社區。

雖然兩極夥伴 SMALL 模型並非唯一檢視群體張力與悖論的方式，但它是一個結構完整而且強大的方法，尊重對立需求，促進雙方和解。

第十章

組織領導

將階級對立轉化為攜手共進的影響力

有遠見的公司並不尋求短期與長期之間的平衡，也不僅僅在理
想與營利之間折衷，而是致力於既有高度理想又高度營利。簡
而言之，有遠見的公司並不想將陰陽融合成一個模糊的灰圓，
而是力求在同一時間既有明顯的陰、又有明顯的陽，兩者始終
並存。

——企管大師　柯林斯（Jim Collins）

　　如果你正在領導一個組織，無論是大是小，你可能會在處
理悖論上感受到相當大壓力。你並不孤單。2018 年牛津大學
教授史麥茲（Michael Smets）和莫里斯（Tim Morris）與高階
人才獵頭公司海德思哲（Heidrick & Struggles）合作，訪問世
界各地超過 150 位執行長，談論他們碰到的最大挑戰。

　　研究者想知道，是什麼讓這些企業領導人晚上睡不著覺？
這些企業執行長在持續拉鋸戰中搏鬥，例如適應持續變化與堅
守組織核心使命之間的拉鋸。這些領導者深刻體會到，放眼全
球的同時，還必須在當地市場中競爭的挑戰。研究團隊發現，
每個議題的核心都是悖論：「面對互相競爭卻同樣合理的利益
關係人的需求，企業執行長愈來愈常面臨，在『左右都對』之
間抉擇的悖論情境。為了獲得兩邊好處，執行長首先必須平衡

個人悖論，才能為公司找到平衡。」[185]

　　近來，兩家顧問公司的研究進一步強調「兼並思維」對組織領導者的重要性。普華永道（PwC）指出，卓越領導人必須成功應對六大悖論，包括成為具有全球視野的在地專家、虛心的英雄，以及精通技術的人文主義者。[186] 德勤（Deloitte）人力資本趨勢調查的重要發現則是，領導者必須把「悖論視為前進之路」。[187]

　　領導者必須擁抱悖論、並在悖論中成長，這種期望漸漸升高，卻也引出緊迫的問題：怎麼做到？將挑戰標籤為悖論是一回事，但知道如何應對卻是另一回事。這些問題讓我們回到自身研究旅程的起點。我們也希望不只是停留在兼並思維的標籤上，而是深入理解領導人如何在組織中有效應對悖論。

　　如果你一路讀到這裡就會明白，解決悖論不僅需要智慧超群的 CEO 或一群擅長兼並思維的高階主管，也不只是把組織的結構、使命、目標與政策處理好。實際上，處理悖論的重點在於運用各種工具，建立一個整合系統，以同時處理認知上的假設與情感上的舒適度，並建立穩定的邊界與釋放動態的實務做法。我們也意識到，這些工具組合本身也是矛盾的──理性與情感、靜態與動態的並行。正如本書一再強調：處理悖論，本身即是一種悖論。

　　擁抱悖論並不容易，我們看過許多企業領導人都能成功做到，從新創企業到《財星》五百大企業都有。本章我們要描述的是，領導人將自己的組織打造成悖論系統，可以採取什麼行動。我們將探討聯合利華前執行長保羅・波曼具有啟發性的領

導力，他和安德魯‧溫斯頓（Andrew Winston）合著《正效益模式》詳細描述如何將聯合利華改頭換面，從 2008 年金融海嘯幾乎倒閉，蛻變成永續企業的模範。[188] 如果你正在領導某個組織──無論是大是小、營利或非營利，或者居於中間，本章就是為你而寫。

聯合利華改頭換面

2009 年聯合利華聘請波曼擔任執行長時，該公司正陷入沒頂漩渦。這家公司一百多年來都很成功，但當時面臨一個惡性循環。大舉併購造成的損失大於收益，引發短期成本削減，因而降低產品品質、顧客忠誠度和員工動機。這些損失導致更多短期的策略決策和更多損失。該公司似乎已經放棄，也不再相信自己的產品。波曼的觀察是，「公司洗手間用的是競爭對手的肥皂，員工餐廳供應的是競爭對手的茶。」[189] 此時擔任聯合利華執行長，對波曼來說是，究竟是一生難得的機會，或者職涯就在此終結？

波曼過去在寶僑和雀巢任職的豐富經驗，使他了解包裝消費品企業的日常壓力，他也意識到長期挑戰。2009 年全世界都感受到金融危機的影響，全球化和科技為持續經濟成長帶來希望，但也使全球經濟極度脆弱，凸顯南北半球之間的差距，加劇不同人群之間的不平等，威脅實體生存環境。正如波曼一再提醒高階主管，所有人都生活在 VUCA：動盪（Volatility）、不確定性（Uncertainty）複雜（Complexity）、模糊（Ambiguity）日益加劇的世界，聯合利華不能忽視這些

挑戰。氣候危機以及後來的全球流行疫病,更是加劇企業對環境的依賴,反之亦然。生態系是脆弱的。波曼知道,聯合利華想要企業成功延續到下個世紀,他必須考慮公司如何與不穩定的全球環境互動。

許多領導人都在問,企業如何應對如此動盪的經濟與環境現實。然而,波曼想知道的是,如果聯合利華領導人提出不同的問題,那會如何。如果領導者不是問公司如何在全球挑戰中成功,而是問公司如何積極影響這些挑戰呢?如果組織不只關注利潤,而是找出可以獲利的方式來解決世界問題呢?如果企業能夠促進社會發展、而不是傷害社會呢?如果成為一家永續發展的公司,表示採用更全面的全球永續發展方法呢?如果聯合利華致力於 ESG 目標──環境改善、社會進步和永續治理,結果會如何?用波曼的話來說,聯合利華如何變成「outside in」──以企業來服務社會,而不是「inside out」──利用社會來造就企業?

這些問題最後促使波曼和主管團隊推出「聯合利華永續生活計劃」(USLP),這是大膽而且整合性的長期願景,透過療癒地球及促進永續生活環境而獲利。波曼知道,這個計劃不僅可以把公司從目前困境中拯救出來,更能使公司在未來取得新型態的成功。然而,為了達到這種成功,波曼需要利用聯合利華的豐富傳統,進行組織轉型以滿足現代需求。他必須靠著在目前市場上的成功品牌,同時推出新產品並建立新市場,特別是在發展中國家。波曼指出,組織領導者必須把永續發展放在策略核心;過去在主要策略以外兼顧企業社會責任(

CSR）的做法必須翻轉，而是以波曼所謂 RSC（負責任的社會企業）作為主要策略。

波曼的大膽做法相當成功。 2019 年他離開聯合利華時被譽為扭轉全公司的英雄領導人，任職期間股東獲得三倍報酬，也為公司的永續發展制定新標準。這一切都需要波曼在悖論中領導並茁壯。

事業推進的動力，正來自悖論

聯合利華永續生活計劃的基礎是悖論，該計劃的核心是使命與市場之間的張力。聯合利華力求將其環境足跡減少一半，減少產品和流程中使用的能源和自然資源，並改善地球上超過十億人的健康和福祉。這些目標轉化為降低企業用水量、最大限度減少浪費、採購永續原物料、提升營養、與小農建立更茁壯的供應鏈等等。

這些目標的悖論是，聯合利華高階主管承諾，在實現這些環境和社會目標的同時，公司利潤要翻倍。管理學者波曼和溫斯頓在《正效益模式》書中指出，採用目標驅動的永續發展承諾，使聯合利華受到股東嚴格加強審視，股東們抱著防衛心態要證明 ESG 目標會導致利潤下降。聯合利華高階主管則要證明恰恰相反。「聯合利華追求目標的同時，要在財務表現亮眼的壓力更大，而不是更少。」[190] 這些高階主管知道，失敗不是選項。

然而，聯合利華面臨的挑戰，比起領導人在使命與市場之間所經歷的張力還要更多。我們在第一章介紹四種悖論──表

圖 10-1　組織面臨的挑戰與四種悖論的關聯

現悖論、學習悖論、歸屬悖論和組織悖論，整本書中，我們強調這些悖論如何出現在生活中不同問題上。同樣，所有組織的領導人也或多或少經歷這些悖論。

我們把組織面臨的各種挑戰，分類標籤為義務、創新、全球化、協調，並展示它們如何反映這四個悖論。[191] 與某個挑戰相關的悖論，會跟其他挑戰的悖論纏在一起，形成一種互相交織的紋理，這也就是悖論的本質，拉動其中一個悖論的繩子，

就會牽引其他悖論。

　　組織領導人希望履行對不同利害關係人的義務時，使命與市場之間、財務成果與社會責任之間的張力就會加劇。表現悖論是指，在組織的結果、目標和期望，對立卻又互相交織的需求。傳統的企業策略只聚焦在一組利害關係人，通常是股東。相較之下，波曼向更廣泛的利害關係群體做出承諾，藉此在「聯合利華永續生活計劃」帶入悖論。他的策略強調的利潤目標，是以市場成果和財務方面的股東為焦點，但是該計劃也致力於社會和環境目標，以使命驅動的成果為焦點。

　　創新挑戰牽涉到學習悖論，因為領導人必須在今天與明天、短期成功與長期願景、穩定與改變的悖論之間帶領組織。對波曼來說，實現成長和永續發展計劃，表示以新方式利用現有產品開拓新市場，一個例子是南半球國家每天靠 1 美元生活的人，不會像北半球國家那樣花 10 美元買一瓶洗髮精。然而，波曼為聯合利華的創新策略加入更進階的條件，他要求盡全力減少資源的使用並降低對環境的影響。他的鞭策引發創造性的張力，解決這些問題需要新的流程和做法。聯合利華高階主管發展出各種方法，盡量減少使用棕櫚油、塑膠包裝、外來紙張、化石燃料和其他資源的使用。這些創新做法減少開支，因而提高企業獲利能力。

　　應對這些不同的問題會帶來協調方面的挑戰，使深層的組織悖論浮現出來，例如集權與分權、合作與競爭、自然發生與事先規劃。波曼明白，他的計劃只有在利害關係人的生態系統支持下才能成功。為了找到新的成長來源並解決幾項最棘手的

問題，他們必須跟倡議團體合作而不是對抗，包括綠色和平組織、世界自然基金會、聯合國兒童基金會、世界糧食計劃署等。因此，波曼與政府和非政府機構建立夥伴關係，以協助制定和維護標準並創造變革。

聯合利華也必須邀請競爭對手參與，特別在涉及人類未來的問題上，例如森林砍伐或海洋塑膠汙染。波曼致力培養最關鍵的耐心和信任，他強調，產業一旦開始採用永續標準，成本將會下降，風險也會減少。共同合作永續發展，將使整個產業更具競爭力並創造新機會。

現今科技使跨地區的連結愈來愈多、愈來愈快，組織領導人面臨更多全球化挑戰。這些挑戰蘊藏著歸屬悖論，其根源在於全球整合與本土獨特性、自我與他人、整體與部分、內在與外在之間的張力。波曼經歷過這些張力，也故意加強這種張力。他經常強調，為了改善全球數十億人的生計，聯合利華必須在發展中國家建立市場。他再一次提出矛盾的高標準。他呼籲聯合利華利用其全球品牌、先進市場的解決方案和規模的威力，來滿足獨特的當地需求，同時尊重獨特社群的不同品味、文化和需要。

波曼愈是深入探索聯合利華永續生活計劃中的張力，就更發現任何企業最感棘手的問題中的悖論。波曼透徹了解此間關鍵，讓他對聯合利華、對整體的領導力，產生更進一步理解──組織的本質就是矛盾的。挑戰在於發現這些悖論，並利用悖論來推進新想法，而不是陷入衝突。波曼運用兼並思維，在聯合利華揭示相互交織的悖論，使它們在組織中呈現出來並

受到重視。然後,他建立組織脈絡來支持大家處理這些悖論。
他對我們描述這些挑戰:

> 在任何組織中,與生俱來的複雜性都是內建的,就像
> 矩陣結構,其中有各式各樣而且互相交織的類別和功能。
> 在任何十字路口都會遇到摩擦,因為人們帶著不同的觀
> 點、不同需求,還有不同的績效驅動因素,這是你無法避
> 免的。
>
> 任何組織面臨的挑戰都是如何將摩擦轉化為正能量。
> 這該怎麼做呢?要把時間花在什麼事情上?這不是艱深的
> 科學。這是艱苦的工作。這是必須一直推動的高強度工
> 作,而且永遠不會完美。
>
> 在聯合利華,有時我們不能好好處理這些張力,但我
> 們希望更常能夠站在等式的正確一邊。[192]

如何讓兼並思維成為組織核心思考工具?

建立永續發展的企業並不需要高深的科學知識,但這並不
容易,因為這項任務是深深處在悖論中。聯合利華資深主管處
理悖論的能力,讓這個組織具有競爭優勢。本章我們將重點放
在你可以採取的行動,在組織中建立這種環境,並描述這些行
動的影響(表 10-1)。這些領導工作的目標是,將悖論系統
的各種工具放入你的組織中,創造機會,讓兼並思維的預設、
邊界、安適和動態,一起運作。

表 10-1　在組織內導入兼並思維的方法

建立環境以引導兼並思維	邀請人們進入兼並思維
領導人的行動	
將組織的張力連結到更高目標（邊界） • 制定長期願景，全面而熱情的連結對立兩極 **在矛盾兩極周圍建造護欄（邊界）** • 設定目標和角色，並讓利害關係人參與，他們代表各方以確保具有代表性 **利害關係人多元化（邊界）** • 與潛在競爭者或對手合作 • 建立領導多元化 **鼓勵實驗（動態）** • 進行低成本實驗來嘗試新的可能性 • 利用語言、文化和獎勵來刺激低成本實驗 • 做出更大決定之前先評估實驗 • 願意把失敗做個了結	**揭示潛在的悖論（預設）** • 指出張力 • 以語言描述張力的悖論本質 **看重不適感（安適）** • 營造歡迎脆弱性的環境 • 請員工辨識深層恐懼與焦慮，以及對不確定性和衝突的不適感 **培養管理衝突的技能（安適）** • 建立衝突技能，以及願意提供和接受批評式回饋 • 明確教導領導人有效衝突的技能 **為員工個人化悖論（預設）** • 將互競需求與員工個人目標連結起來 • 提供訓練和發展以培養悖論心態
造成的衝擊	
• 透過與對立方接觸來增加價值，同時保持彼此之間的張力，以建立聯結和綜效 • 促發更多持續學習和適應的做法和流程	• 鼓勵個人重視悖論，並變得更加熟練且輕鬆的一起應對張力

建立環境以引導兼並思維

為了有效處理悖論，在發展你的組織時，要營造一個擁抱兼並思維的環境，然後請大家投入兼並思維方法。我們提出幾項營造環境的實際做法。

▌把組織張力連結到一個更高目的

正如波曼所說，「對我而言非常重要的第一件事，我在組織裡對這個原則投入大量時間——那就是讓組織朝著更高的目標邁進。」[193]

更高的目標，也就是充滿熱情的整體願景的陳述，它就像是在悖論周圍立下獎賞，讓大家產生動機，激勵大家正面迎向這些矛盾的需求。[194] 我們注意到，在悖論系統中，更高目的提供一個結構性的方法——邊界，以激發整合和連結。這些整體願景非常能夠涵納悖論，原因有幾項。首先，悖論凸顯出不同利害關係人之間的衝突。更高目標促使人們超越衝突進行思考；採用更全面的方法，可以涵納互競需求，使直接的摩擦變得模糊。[195] 為了爭奪短期資源而交戰的派系，在考慮長期成果時，往往可以找到綜效。[196]

我們在第五章介紹 IBM 資料管理部總經理佩爾納，她在高階主管會議上每次都以更高目地來提醒團隊，為整合性的思維搭建舞台。團隊成員之間免不了爆發張力，這時她會把願景提出來提醒大家，請大家思考對立觀點如何共同努力實現這個願景。正如波曼所說，「目標愈高，就愈能使人產生愈強的動能，加速朝目標前進。」[197]

在訂立更高目的的過程中，波曼回顧過去，以將公司推向未來。聯合利華成立於 1885 年，當時名為利華兄弟（Lever Brothers），是一家英國肥皂公司。然而利華兄弟認為他們的公司不僅僅只生產肥皂，更希望「讓清潔成為常態，減輕婦女工作負擔。」[198] 這家公司成為英國陽光港當地社區建設不可或缺的一部分。透過辦學校、建立醫療設施及藝術館而改善社區居民的生活，同時爭取每週工作六天（而不是七天），在一戰期間創立退休金制度、保障工資和就業。[199] 1929 年，利華兄弟與荷蘭公司瑪加林聯合企業（Margarine Uni）合併，以商業來改善社會需求的精神，依然存在。

波曼把公司帶回這些根源——真的是實際上回到發源地，在英國陽光港召開他的第一次領導會議，邀請高階主管感受這個企業的綿長跨距和廣大影響。他希望主管們重新連結這家公司的最初精神——不只是追求利潤的企業。波曼和主管團隊與利華兄弟最初的想法產生共鳴，擬定一份更高目的前瞻宣言：「讓永續生活更普遍」。為了實現這個更高目的，高階主管接下來必須調整組織文化、結構和實務做法，以有效處理這個願景中的悖論。

▌在悖論兩極四周建立護欄

有抱負的願景可以激勵和團結，但即使有最大膽無畏的願景宣言，領導人仍然面臨認知、情感和行為陷阱的誘惑，成為二元思維的受害者。例如，支持創新組織目標是一回事，但當你面對目前世界的需求，那又是另一回事。同樣

的，致力於永續發展使命是很鼓舞人心，但利潤動機也導致強大的反誘因。領導人不僅必須闡明涵納互競需求的整體願景，還必須為員工創造條件，讓他們不斷正面迎向這些互相衝突的力量。

　　確保組織領導人不斷涵納互競需求的方法之一，是在組織結構中建立護欄。護欄牽涉到強化對立需求的人員、流程和實務，其中一些結構部件是堅持悖論的某一端，另一些則堅持另一端。就像道路上的護欄一樣，把這些結構部件當成邊界，防止組織往某個方向或另一個方向走得太遠。他們還建立一個空間，在這個空間中，互競需求可以浮出水面挑戰我們，找出更具創造性和創造性的解決方案。

　　聯合利華組織內部本來就有一些護欄，確保高階主管努力實現財務目標，包括短期指標以及市場和股東的期望。然而，波曼和他帶領的高階主管必須建立的護欄則是，確保社會和環境目標不會被持續的財務壓力淹沒。這項工作的關鍵是聘請經驗豐富的領導人史伯特（Jeff Seabright）擔任永續發展首席，發起好幾項措施並執掌聯合利華永續生活計劃。

　　值得注意的是，雖然公司最初必須把史伯特的角色分開，以確保關注公司的永續發展計劃，但最後永續工作融入公司每一個人的角色。領導團隊也制定出環境和社會影響的具體目標和指標。

　　聯合利華永續生活計劃三大措施有數十個較小的目標，每個目標都有明確的達成指標。這些達成指標具有挑戰性。相較於以利潤來衡量企業是否成功，永續發展目標往往更廣

泛、更抽象、更長期。但正如一句諺語：「能夠被測量的就能被管理」，聯合利華的領導團隊建立一種記分卡，其中包含社會和環境目標的短期產出指標，使他們能夠朝著長期目標持續邁進。

重要的是，波曼致力於實現這些永續發展目標，同時將業務規模擴大一倍。更值得注意的是，波曼打算「透過」該計劃的行動而將業務規模擴大一倍，而不是兼著做或分兩頭做。

正如他和溫斯頓在《正效益模式》指出，「該計劃不是『企業社會責任』之類的附加項目，不是放在核心業務的旁邊。它就是策略本身，過去是、現在仍然是，而且與成長目標緊密相連。因為它不是分開的，所以如果『聯合利華永續生活計劃』不成功，公司就無法脫穎而出，反之亦然。」[200] 業務和永續發展目標，共同構成聯合利華在業界拚搏的邊界，在這個場域中，領導人必須找到新方法來經營整體事業。

不過，可以說是波曼最大膽且最具爭議的舉措是，以財報建立護欄來對齊永續使命。上市公司必須每一季結算獲利，但這種頻繁的財務報告會導致做出一些有害的決策。[201] 波曼知道，要手下主管每三個月就報告獲利情形，可能會跟永續計劃產生矛盾，從而減少考慮長期永續目標。於是在他上任第一年就停止提供季度財報。投資者震驚不已，有些人還撤資。波曼這樣做需要勇氣，但他認為減少發布財報的頻率，對於讓員工專注於長期發展至關重要。他也明白，他需要的是因為這項永續生活計劃而支持聯合利華的投資者，而不是無視這項計劃、只管獲利的投資者。

▌利益關係人的多樣化

人是悖論的重要護欄，為支持互競需求提供多一道邊界。人們會根據自己的背景、經驗和角色而持有特定觀點，因而支持悖論的某一端。關鍵是將具有不同背景的人聚集在一起，以確保對立兩極的代表性。然而，多樣性是一把雙面刃。如果做得好，不同的獨特聲音可以一起幫助揭示張力、強調差異並促進更具創造性的整合。然而，分歧觀點也可能造成各唱各調的局面。

波曼希望利用多元化觀點、技能和經驗，成功實現永續生活計劃的不同目標。他從董事會開始。董事會的許多成員不理解波曼的弔詭策略，他們質疑永續發展如何能實現經濟成功，更不用說推動一家垂死的公司了。他們認為永續性會帶來不必要的風險。波曼透過引進新的董事會成員來擴展思路，這些人具有氣候變遷、糧食不安全和其他永續發展議題的專業知識，這些有助於指導永續生活計劃的行動。新成員與現有董事會成員建立聯結，以緩解張力。

波曼也與現有董事會成員接觸，確保董事會的性別多樣性，因為他知道這既是正確也是謹慎的做法。高階主管性別比較平等的企業，與財務成果增加呈現相關，不過這種平等仍然很少見。[202] 波曼和他的團隊還承諾要增加其他層面的多樣性，例如種族、性取向、國籍，包括董事會和管理階層。

為了進一步擴大聯合利華內部的洞察力和能力，波曼隨後將注意力轉向與國際機構、非政府組織和環保組織建立合作關係。這些團體通常是《財星》500強企業的死對頭，它們負責

監控營利企業對社會和環境的影響。永續生活計劃的目標超出許多監管組織設定的標準，聯合利華需要它們的合作、而不是為難，才能成功。因此，波曼與聯合國兒童基金會、救助兒童會、世界永續發展工商理事會等環保組織和非政府組織，建立了穩固的聯繫。

▊ 鼓勵實驗

悖論創造出極不確定的持續變化，當互競需求不斷相互衝突，呈現出不同的新困境。例如 IBM，創新速度令人眼花撩亂。正當該公司在九〇年代想出如何進入個人運算和客戶端伺服器領域時，網路新技術席捲而來，造成新挑戰。

處理這些悖論表示要維持動態，也就是保持敏捷，在沒有完整資訊的情況下測試新的可能性。為了維持動態，組織必須實驗。正如波曼和溫斯頓在《正效益模式》寫道，「聯合利華永續生活計劃的本意是作為一顆指路星，但它足夠靈活，可以隨著商業和世界變遷而改變。」[203]

透明度、虛心和夥伴關係，幫助聯合利華確保持續變革。聯合利華永續生活計劃的目標大膽而進取，激發激情和興趣。然而實現這些目標的詳細計劃卻很模糊。例如，聯合利華必須改用永續原料，但還有很多東西要學。波曼從一開始就意識到，公司並沒有找到所有答案，他們必須與其他組織合作進行實驗。波曼指出：「我們今天面臨的許多挑戰太大、太複雜，任何一個組織或部門甚至政府都無法單獨解決。只有透過與夥伴合作，我們才有希望發展出必須的長期解決方案。」[204] 波曼

虛心認識到公司的侷限性，並坦誠承認任何缺點，邀請其他人參與對話，幫助每個人更能自我教育、建立聯結並樂於實驗。

其他商界領導人採用各種促成動態的做法。例如，2014年 Netflix 建立盡量減少員工控制流程的人資做法，促成創造力及績效提升，一躍成為這方面的先行者。關於這個做法，Netflix 執行長海斯汀（Reed Hastings）在網路上發布一份很有名的宣言，總共 125 頁的 PowerPoint。例如該宣言認為「大多數公司在擴張過程中漸漸限制自由而且變得官僚化」。其他公司強加更多規則和流程而削弱了創造力，而 Netflix 領導人則是致力於「要在擴張時避免混亂，就是靠著追求更高績效的員工、而不是靠規則。」[205] 這份文件大部分是文字，只有少量圖像，瀏覽量很快就飆升至數百萬次（我們上次檢查時是二千萬次）。這份文件本身就是個實驗。Netflix 領導人草擬出它的人資核心概念的快速原型，沒有什麼多餘的裝飾，然後讓網路群眾大量反饋以協助他們發展這些想法。

▓ Nexflix 的「零規則」成功模式

這些想法本身也是動態的宣言，它傳達出設定基本邊界的人資做法，在邊界內可以有極大的彈性。Netflix 人資做法的基本邊界是一套指導原則：「誠實」、「待員工如成年人」、「以 Netflix 最佳利益行事」，然後讓這些原則來引導彈性工作的實際做法。他們沒有計算休假天數，而是告訴員工，Netflix 的休假政策就是沒有休假政策，員工可以根據需要自由休假。Netflix 高層其實更擔心員工不休假，而不是濫用這項

政策。科技業會吸引到努力工作而不太休假的人，高階主管擔心員工會因此過勞，所以會透過休假來作為表率，而且很清楚的表示出來。 Netflix 還放棄所有正式的差旅費用報銷及行程報告，而是提醒員工「以 Netflix 的最佳利益行事」。在大多數情況下，人們由於文化慣習，對花錢會更小心而非更隨便，而組織領導人透過削減所有官僚做法和費用監督，成本反而顯著降低。這些做法讓 Netflix 把敏捷性建立在制度中，以處理自由與責任之間的持續張力。[206]

數位資料落差公司（DDD）創辦人霍根斯坦從一開始就將實驗文化嵌入這個組織。 1999 年在柬埔寨成立這個社會企業，組織領導者當時並不知道他們不知道什麼。一路走來，領導人願意嘗試各種新做法來推展組織使命，他們僱用最弱勢者來滿足業務需求，但有時領導人不得不取消這些實驗。例如，有些主管希望能惠及柬埔寨最貧困的民眾，也就是住在泥屋中、生活在最低貧窮線邊緣的稻農，有個領導人稱這是「茅屋夢想」。為了推進這個夢想，他們與非政府組織合作推出一項實驗計劃來服務這些農村社區，但是領導人很快就意識到，科技基礎設施不穩定而且無法預測、社會規範是個挑戰、農民的科技技能極其有限，種種都造成相當難以推動的障礙，最終這項計劃危及整個事業。 領導人先前已設下護欄，那就是要求組織以事業能夠存續下去的方式達成社會使命。這個實驗讓領導人認識到，茅屋夢想實際上是茅屋惡夢。

要注意的是，做實驗表示的是願意放棄似乎行不通的特定想法。不過，這項實驗讓 DDD 了解，可以透過其他方式

為更多農村地區人們提供機會。主管們決定在柬埔寨馬德望（Battambang）開設辦事處，這是靠近許多農村社區的最大城鎮，這樣他們仍然可以從農村城鎮僱用一些找不到工作的人，同時也能確保科技基礎設施更加穩定和可預測。這種方法讓公司有多一點選擇，能夠更快找到可以快速發展更強技能的人。

這些例子中，護欄和其他結構都帶來動態和變革。這些邊界有助於涵納、但也有助於駕馭悖論的創造性張力。聯合利華永續生活計劃致力於社會使命和市場目標，兩者都啟發並限制了持續變革的做法。Netflix 基於幾項清楚的指導原則，闡明自由和責任的計劃，打造出彈性的人資做法。DDD 的護欄包括人、外部利害關係人和實務做法，以確保成功實現其社會使命和商業目的，並且促成做實驗的彈性。

這些例子顯示，邊界定義動態，啟發動態。而動態創造出實際做法以達成目標。處理悖論確實是矛盾的。

邀請人們進入兼並思維

高階主管來跟我們討論如何把兼並思維融入組織中，有個問題反覆出現：「我的組織中有多少人，必須理解並接受悖論？」這個問題我們並不驚訝。處理悖論需要應付不確定性和非理性，而大多數人不喜歡這種挑戰。員工通常希望主管給他們簡潔而不複雜的指導；他們意識到悖論的複雜性，會感到沮喪。

許多主管希望保護員工不要受到挫折，希望自己能給予簡化的指令，像船長那樣以明確的命令來指揮船隻。有些主管認

為，可以將悖論的張力控制在自己的角色或高階團隊中，使公司其他部門免受衝突。我們研究高階主管的不同配置，把管理團隊加以分類——以領導者為中心、或以團隊為中心，取決於誰承擔張力。[207] 讓更廣泛的群體參與的團隊，更能學習並看到更有效和持久的解決方案。然而，需要多少人同時實踐兼並思考，才能創造正面迎向悖論的文化，這個數字各不相同。例如，我們合作過的某大公司執行長估計，她需要所有高階主管（大約總員工數的 10%）來處理悖論。其他例如聯合利華前執行長波曼和創辦佛戈島旅宿的寇柏，則是為公司所有員工處理悖論而創造環境。我們探索這些領導者如何創造文化，讓全公司員工擁抱悖論。

▍挖掘深層悖論

波曼並沒有迴避永續生活計劃中的互競需求。他明白指出悖論，並且擁抱悖論的張力。他在計劃推出後不久之後告訴我們，「張力通常被視為負面，例如使用『妥協』或『交換』這種詞語。在我看來，這顯然是錯誤解讀衝突張力。如果你經營一家公司，你會想要試著管理這個張力，然後達到一個更高的位置。這就是表現中上的公司與表現中下的公司的區別。」[208]不過，為了完成這個計劃，他必須協助人們轉變深層預設，改採悖論思維。

創辦社區組織「連岸」的寇柏，她不斷邀請人們思考社會企業中存在的悖論。這樣做並不容易。人們常常想要清晰而直接的觀點，但是寇柏卻提出全面的長期方案。正如連岸某位主

管對我們表示，「我們開玩笑說，姿塔（Zita）的名字是 Z 開頭、 A 結尾。她在 Z，我在 A。我的工作就是把我們從 A 弄到 Z，那是個張力。那是個很棒的張力，因為她有很多很多點子，但是我得要一步一步從 A 到 B、B 到 C、C 到 D。」

即使寇柏本身持續不斷迎向悖論，但她會耐心幫助其他人，讓人們以自己的方式慢慢理解悖論。她會講故事並利用隱喻，常常以詩和圖像來拓展人們的思維。故事和隱喻就像洋蔥一樣具有層次，大家可以在自己準備好能參與的層面來解釋這些訊息，並且利用這些訊息而知道怎麼行動。此外，故事和隱喻很容易讓大家記住，使用這些想法作為口頭禪，提醒自己這些整體的觀念。例如，佛戈島旅宿的員工感到被各種力量拉扯時，寇柏經常分享紐西蘭詩人柯赫恩（Glenn Colquhoun）《直立行走的藝術》最後一節：

> 直立行走的藝術，在這裡
> 就是使用雙腳的藝術。
> 一腳踏住。
> 一腳放開。[209]

透過這樣的分享，她並不是告訴人們如何思考，而是邀請人們接受並擁抱自己處境的複雜性。 佛戈島旅宿每位主管似乎都知道這首詩的詩句，每當面臨對立觀點之間的衝突時，他們會重複這些詩句。佛戈島旅宿還使用花椰菜做為企業標誌，這個符號提醒人們，當地社區是獨一無二的，就像每一朵花椰

菜的分支一樣；但是也與象徵全球的主莖緊密相連、互相依存。這些豐富的溝通工具，幫助人們獲得信心和能力，改變預設心態，從二選一思考轉變為兼並思考。有些人會問，該組織究竟是試圖支持當地社區，還是試圖改變全球資本主義的面貌，這時候，主管們就會以花椰菜這個象徵，記得他們正在努力兼顧兩者。

領導人並不總是有大把時間，可以耐心等待人們改變預設心態。波曼曾有這種時間不充裕的情況，他採取迅速且專注的辦法。由於聯合利華面臨的挑戰，他需要幾位高階主管迅速上手，波曼和溫斯頓在《正效益模式》提到，「身旁有能幹但是抱持懷疑的人，這沒有關係；但憤世嫉俗的人是有害的。」[210] 波曼知道，主管們必須相信他的願景，必須能夠與悖論的複雜性共存。他聘請一家外部公司來評估，結果顯示高階主管群的思考中有一些落差，包括對於比較寬廣的系統性方法以及組織目標的接納度。由於這些落差，聯合利華解雇了前 100 人當中約 70 人。

領導者改變人們的思維方式，所用的方法可能從比較耐心到比較大膽都有。無論哪種風格，領導人都要不斷努力重申深層悖論心理預設——從二元思維轉變為兼並思維。任何值得採納的想法都要一再重複。傳達感謝、自信、堅韌等訊息的風格飾品（壁飾、鑰匙圈、手鐲等）市場龐大是有原因的。同樣，領導者必須不斷加強關於悖論的溝通。像寇柏那樣利用令人回味的意象——隱喻、故事、詩歌，效果很好。例如第七章我們提到戈爾公司執行長凱莉對主管群談話時利用呼吸的比喻。為

了生存，我們必須吸氣和呼氣。同樣，為了使組織保持活力，她可以提醒戈爾的主管們，公司必須回顧過去並展望未來，要大也要小，必須全球化和在地化。吸氣，吐氣。

▋ 重視不舒服的感覺

面臨悖論時，我們會產生強烈的情緒。心理預設對應的是我們的理性思維，而情感則涉及我們的直覺反應。通常正是這些直覺，促使我們對互競需求做出立即反應。悖論會增加不確定性，引發潛在的恐懼和焦慮情緒，導致防衛的二元思維。為了迎向悖論思維，我們必須經常重視恐懼感，但是要限縮防衛心態。我們必須打造出能夠在不適中找到安適的工具。一旦創造良性循環，就會湧現能量、熱切和激情。

長期以來，企業領導人認為大家可以在上班進門時打理好情緒，只專注在認知理性。現在我們知道不是這樣的。優秀的領導人不會假設大家都能否認或壓抑自己的情緒，優秀的領導人會去創造一個能夠識別這些情緒反應的環境，歡迎人們展現脆弱。

2009 年波曼接任聯合利華執行長時，士氣正處於歷史最低點。公司集中心力在削減成本，資遣了上千個員工，當然讓所有人忐忑不安。由於這些壓力，波曼推展永續生活計劃的許多措施都遭到極大阻力。我們之前提到，波曼決定停止提供季度財報給投資者，引起市場強烈震撼，好幾個股東一怒之下撤資。同時董事會成員認為，致力於 ESG 目標會使組織過度面臨風險。儘管有許多例子和重要研究都證明，這個論點是錯誤

的，但董事會仍反對這些措施。

波曼相信，公司致力於更高目的，會漸漸產生正能量，人們會看到聯合利華對世界的影響，自己的使命感會慢慢與這些目標同步。但他也必須快速獲勝。他先實施幾項撥亂反正的做法，包括削減非價值創造的成本，同時大力投資於關鍵業務。這些行動先馳得點，在公司中建立一些信譽。他還在哈佛商學院為一百位主管舉辦為期一週的高階主管教育課程，請來學院裡的專家，例如美敦力（Medtronic）前執行長、《真實領導力》作者喬治（Bill George）等。該週課程核心焦點是，請高階主管深入反思自己的挑戰和恐懼，以及自己的希望和熱情；分享生命中「嚴峻時刻」如何造就現在的他們，透過這些講述而賦能。為了促成聯結和形成社群，主管們彼此分享。波曼透過表彰脆弱來推出這個課程，分享自己經歷深刻情緒的一些時刻，例如看著父親做兩份工作以確保孩子們過上更好的生活；和八個盲人一起攀登吉力馬札羅山；在孟買遭遇恐怖襲擊。波曼分享自己的背景，邀請其他人加入他的行列。

展現脆弱

其他領導人也採取一些做法來應對悖論帶來的不適。領導本來就是飽含情緒的，處理悖論更會增加情緒強度。我們曾與一些領導人合作，他們靠靜坐、瑜伽、每週治療課程，以求更能覺察和管理自己的情緒。有些領導人將正念訓練引入組織中以支持其他人。

還有一些人創造機會，讓人更能表達情緒和看重情緒。與

我們共事的一位領導人面臨著資深主管團隊之間持續衝突，她體認到，恐懼是防衛和衝突的核心。在某次會議上，她邀請所有高階主管反思，在一張紙上寫下他們最大的恐懼。她給他們一些時間來思考這個問題，因為我們很多人都需要暫停，才能挖掘出導致不舒服、焦慮和憤怒的更深層恐懼。接著，她邀請人們思考，如果不解決這種矛盾的張力，可能會怎麼樣。為了鼓勵人們展現脆弱並分享這些想法，她身先士卒。這段經驗加深高階領導之間的連結，也增強彼此的同情心。即使衝突和對立觀點仍然繼續，但這個資深團隊比較能夠公開傾聽彼此的意見，並以更有成效的方式處理衝突。

領導力是一種情感上的挑戰，並且因悖論而加劇。如果你領導一個組織，現在可能要考慮如何管理自己的情緒，並為他人創造管理情緒的機會。你如何重視自己和他人的恐懼，以便控制這些恐懼、而不是讓它們控制你？你如何激發自己和他人的熱情，因此讓你和員工都能充滿活力？雖然，將情緒隱藏在地毯下一開始好像比較容易，但凹凸不平的地毯最終會爆發成沙塵暴。優秀領導人能將情緒引導到正面的結果，而不是等著清理更大的混亂。

▌建立管理衝突的技能

處理悖論時會碰到的一個障礙是，管理衝突的能力。了解悖論的領導人會看重並擁抱衝突。有時被稱為管理學先知的傅麗德在二〇年代寫道：「我想請你⋯⋯把衝突想成既不好也不壞⋯⋯不是戰爭，而是差異的表面、意見及興趣的差異⋯⋯

由於衝突——也就是差異——本來就存在世界上，我們無法避免，所以我認為應該利用它。」[211] 想想會議中出現悖論張力時會如何。人們會指出它們嗎，還是試圖埋葬它們？人們會選邊站，選擇某個選項並捍衛它，還是看重並尊重其他選項，試圖聆聽、學習和重視每一方獨特且相互交織的面向？

有效管理悖論引起的衝突是一項技能，通常需要有模範、有人傳授。波曼告訴我們，他歡迎衝突。事實上，他知道聯合利華永續生活計劃的多方利害關係人和複雜本質，會產生衝突，而且如果他手下的高階主管還沒有把衝突帶到檯面上，他就會主動詢問並要求。

國立教師多元和發展中心執行長洛克莫爾在她的組織中更進一步，聘請教練對所有高階主管傳授「有產能的衝突」（productive conflict）的能力及技巧，幫助不同觀點浮現而不引起防衛反應。能夠處理有產能的衝突，成為她的高階團隊成員的必備技能。類似的是 Netflix 執行長海斯汀（Reed Hastings）他也寫過培養建設性批評和公開辯論的做法。在《零規則》一書中，他強調必須刻意孕育一個歡迎彼此卻又充滿爭論的矛盾環境。[212] 從入職、社交、年度考核、領導模範，雇主不僅學習到衝突的價值，還有能夠孕育學習與合作的期望和實際做法。

▎給員工的個人化悖論

解決別人的問題比解決我們自己的問題容易得多。悖論也是如此。對於別人面臨的張力，我們可以輕鬆找到解決方法，

但當我們自己處於競技場中心，四面八方都有拳頭揮過來時，我們很難做到這一點。站在場邊可能是有幫助的。在保持一定距離的情況下，我們也許能夠向衝突中的人提供一些明智的建議，但我們也可能做個狙擊手，從衝突中我們偏好的一方進行批評。在組織中，遠離高階主管挑戰的員工可能有好的想法可以分享，或者他們可能會提出片面的懷疑。悖論無所不在。我們發現，個人化悖論，以幫助員工探索個人和組織的張力，這麼做可以培養他們的悖論心態和意識。

波曼努力將聯合利華永續生活的悖論，與每位員工面臨的個人挑戰連結起來，因此他採用包熙迪（Larry Bossidy）和夏蘭（Ram Charan）在《執行力》一書中描述的做法。[213] 波曼要求全體十七萬員工寫下自己的目標──三項與公司策略相關的業務目標，以及一項個人目標。以這個方式來提醒員工公司的更高目的，並幫助他們認識到，自己的工作中經歷到的互競需求，與組織高層資深領導人所面臨的是相同的。領導團隊抽閱員工寫下的目標，挑選其中幾項，直接找許多員工進一步討論這些目標。

在某些案例中，領導者稱讚某個員工的抱負和參與度。另一些案例中，他們會請對方提出更多想法，甚至更令人激賞的目標。對員工來說，這個活動是邀請他們與高階主管一起進入競技場。

愈來愈多企業領導人來找我們，希望我們針對處理悖論做員工培訓和發展，目標相當一致：幫助個人發展自己的悖論心態，同時為組織培養共同語言和對悖論的理解。我們已參與好

幾種這樣的培訓。例如最近與一位新任執行長合作，他要帶領一家從事危機管理的百年企業轉虧為盈，他知道必須迅速讓主管團隊合力處理悖論。

我（溫蒂）與同事凱勒教授一起協助他、以及該公司亞洲部門的 150 位主管。這位執行長提出想法，由我們來進行一場主題演講，推動開放思維。為了讓所有主管做好準備，我們運用悖論心態清單（請參閱附錄），以便將資料以散佈圖來呈現，顯示主管與地區團隊之間的趨勢。隨後我們針對個人和小組進行會議討論，深入探討兼並思維的工具。然而重要的是，領導者不僅要評估悖論心態，還要真正建立一種邀請人們在工作中應對悖論的文化。

在考慮自己的組織時，我們鼓勵你回到你的互競需求以及所設定的邊界。哪些互競需求對組織很重要？組織中的人員如何了解悖論？如何請他們欣然接納創造性張力？領導者設定的脈絡，以及邀請員工參與這個脈絡，使人們能夠一起努力，確保組織反映出一個悖論系統。

悖論：自信與虛心

在組織和生活中建立悖論系統時，我們鼓勵所有人——組織領導者以及個人，要大膽自信，但又要虛心、脆弱。做為兼並思考的人，我們知道結束也標誌著新的開始。我們祝福大家成功的擁抱創造性張力，希望你在這段歷程中不斷學習並茁壯成長。最後要分享我們珍愛的一句話，作家莫里森（Mary C. Morrison）提醒我們，悖論的力量能解決我們最大的挑戰：

我們處於矛盾的混亂之中，卻完全不知道如何處理：法律／自由；富／窮；右／左；愛／恨——這份清單似乎無窮無盡。悖論存在與活動於世間；它是一門平衡對立面的藝術，它們不會消滅對方，而是在各自極端上射出火花。它看著我們的二分選項，告訴我們那其實是兼容並蓄——生命比我們任何概念更大，而且，如果我們允許的話，它能夠全然接納我們所經歷的衝突。[214]

附錄一

悖論心態清單

工作世界充滿各式各樣經常互相競爭的需求。我們要富有創造性而且及時解決問題，有計劃但要保持彈性，學習新技能的同時也利用現有能力，幫助他人的同時還能發揮最好的效用。職場成功取決於如何理解和管理這些相互競爭的需求，而悖論心態清單是一個評估方法。

在進行盤點之前，想想你遇到的互競需求。在你評估表 A-1 的陳述時，請以你碰到的互競需求來設想。

這份清單評估你如何面對互競需求。它包括兩部分：（1）你如何經歷張力（2）面對這些張力時採取的心態。

經歷張力

分數：請回答問題 1 至 7，並計算平均總分。

平均分數：白領專業人士的典型平均分數是 4.38。

對張力的經驗，可能因環境或個人差異而有所不同。我們的研究發現，在以下這些情況，人們會更緊張：（1）變化較多的環境──未來更快變成現在；（2）匱乏──必須分配有限的資源時；（3）多元化──面對更多不同的觀點時。如果你的得分偏高，你的工作可能是在這些情況引起更大互競需求

的環境。研究進一步顯示，即使在穩定的環境中，有些人更能適應張力。如果你在此量表上得分較高，你可能更敏銳覺察到、甚至刻意找出周圍的互競需求。如果你得分較低，你可能根本就忽略、迴避或排除互競需求。

悖論心態

分數：請回答問題 8 至 16，並計算平均總分。
平均分數：白領專業人士的典型平均分數是 4.9

面對互競需求時，人們採取不同的方法。如果你的得分較低，你往往採取比較二分式的心態，將互競需求視為利益交換和兩難困境，你採取二選一的思維方式。如果你的得分較高，你傾向採取悖論心態，運用兼並思維；將互競需求視為矛盾而且相互依存的，也就是一枚硬幣的兩面。要解決互競需求，你可以問「我怎樣能同時做到這兩點？」並且找出方法來面對兩種需求，其中一個辦法是找到創造性的整合，另一個辦法是在不同需求之間轉換注意力和資源。

表 A-1 悖論心態清單

	強烈 不同意	不同意	有點 不同意	既非 不同意 也非 同意	有點 同意	同意	強烈 同意
經歷張力							
1. 有時候我同時存 有兩種表面上似乎 矛盾的想法	1	2	3	4	5	6	7
2. 我常常同時處理 互相競爭的需求	1	2	3	4	5	6	7
3. 我常常有互相衝 突的目標	1	2	3	4	5	6	7
4. 我常常必須滿足 互相衝突的需求	1	2	3	4	5	6	7
5. 我的工作充滿張 力和矛盾	1	2	3	4	5	6	7
6. 我常常必須在對 立選項之間做決定	1	2	3	4	5	6	7
7. 我在研討某個問 題時，可能的解決 方式通常似乎是矛 盾的	1	2	3	4	5	6	7

（續下頁）

	強烈不同意	不同意	有點不同意	既非不同意也非同意	有點同意	同意	強烈同意
悖論心態							
8. 我考量互相衝突的觀點時,會更了解某個議題	1	2	3	4	5	6	7
9. 我樂意同時處理互相衝突的需求	1	2	3	4	5	6	7
10. 接受矛盾有助於我成功	1	2	3	4	5	6	7
11. 不同想法之間的張力讓我感到振奮	1	2	3	4	5	6	7
12. 當我設法追求相互矛盾的目標時,我很享受	1	2	3	4	5	6	7
13. 我常常感到自己同時接納相互衝突的需求	1	2	3	4	5	6	7
14. 我樂意做彼此矛盾的任務。	1	2	3	4	5	6	7
15. 當我意識到兩種相反的情況可能同是存在,我感到有趣	1	2	3	4	5	6	7
16. 當我設法解決矛盾的問題,感到充滿活力	1	2	3	4	5	6	7

附錄二

兼並思維象限圖

我們的研究顯示，與張力共存共榮的能力，取決於你是否經歷張力，以及用什麼方式應對張力。

這兩個因素——你的張力經歷，以及應對張力的方式——是可以改變的，透過覺察與訓練、或是換到不同的環境。這兩個因素的交互作用，決定你是否能成功處理悖論（圖 A-1）。我們一起來看看這四個可能的結果，或說是象限。

• **面對：** 如果你的分數落在「面對」這個象限，你通常經歷到比較多張力，你比較能接受兩難困境之下的深層悖論，而不會感到不舒服。你體認到這些悖論是矛盾的，互相依存而且持續。你了解悖論永遠不可能解決，但你還是會用有生產力的方式來面對它。你經常重視對立力量是如何互相依存、彼此強化。「面對」這個象限會有挑戰性，讓人有不確定感、心裡害怕，但是也相當振奮人心、令人燃起動機。我們的研究顯示，人們採用兼並思維來處理悖論時，會表現得最好，能夠創新，並且滿意自己所做的。

• **解決：** 如果你的分數落在「解決」這個象限，你最關注的是解決張力，考量不同選項的優缺點，決定出某個特定情況下的正確選項。你注意到關鍵的衝突張力，但是通常你會希望

圖 A-1　用兼並思維象限圖，整合最佳解方

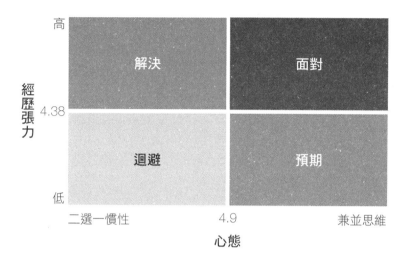

最後做出有結論的回應。這種二元思維，通常可以把某個問題往前推進，但是焦點只放在不同選項之中的單一選項，可能會限制更多有創造力、當下生成的、整合的方法。而且，人們在不同選項之間做選擇時，關鍵張力和問題通常又會浮現。我們的研究顯示，人們採用二元思維試圖迅速解決張力時，會比較沒有創新、也比較不滿意自己的工作。你可以把衝突張力當成機會，同時面對彼此對立的力量，發展出更有創意而且更能持續的解決方式。

● **預期**：如果你的分數落在「預期」這個象限，你可能準備好採用兼並思維，但是你比較少經歷張力，或是你不太覺察到周遭環境中的張力。不過，情境和覺察是會改變的。你周遭

的環境會改變，你可能會比較有時間壓力、財務資源比較少、更多元的視角，這些都可能會讓你經歷到更多張力。你可能會發現，張力一直都存在，只是從前你都忽略了。當張力升高，你可能會獲得兼並思維的好處，你可能會變得更有創造力、更能創新，你主動尋找張力，找機會把對立需求和觀點放在一起考量。

• **迴避**：如果你的分數落在「迴避」這個象限，你可能會避免張力但又同時想解決張力問題。或者，你可能會經歷到有限的張力。我們發現，如果你依循大腦慣性總是先歸納分類以及採取二元思維，那你在比較沒有張力的情況下會表現得更好。不過，當環境改變，你面臨更大的時間壓力、比較少財務資源、更多元的觀點時，你很可能會把這些問題視為有待解決的兩難困境，而不是機會。結果導致績效、創新和滿意度都下降。你可以透過積極的尋找張力，把張力重新框架為機會，同時迎向對立力量，變得更有創造力、更能創新。

人們剛開始可能會對某個象限有偏好，但是可以學習與挑戰。首先，我們可以變得更有覺察力，對悖論更自在。我們可以積極主動尋找這些張力，正面迎向張力，以促發更多創造力。我們也可以學習在處理悖論時採用兼並思維。有效學習這些方法的第一步，就是了解我們的起始點。

我們鼓勵你利用悖論心態清單，幫助自己有意識地跳脫二元思維，進入連結更高目的的兼併思維，進而找出當前問題的最佳回應方案。

致謝

　　這本書的寫作在很多方面都是矛盾的。我們在這個過程中經歷和接受的張力，打開了我們的思維和機遇。我們對所有在這段旅程中給予我們力量的人表示由衷感謝。矛盾的是，我們在這裡特別提到許多人，但也知道會不小心沒提到很多人。為此我們先表示歉意，並期待親自向你表示感謝！

　　個人創造力是透過集體互動產生的。雖然我們的名字出現在本書封面上，但這些想法是從許多其他人的靈感和支持中產生的。過去二十五年裡，我們的學術導師和同事幫助我們深入研究悖論，這樣一個慷慨且富有創造力的學者群體，我們很高興能成為一份子。

　　我們兩人的學術生涯都是在導師的幫助下開始的，他們鼓勵我們完成看似叛逆的論文。我們感謝 Michael Tushman、Amy Edmondson、Ellen Langer、Richard Hackman、Andy Grimes 和 Keith Provan 的指導。

　　對於悖論，我們發展自己的想法時，站在巨人的肩膀上，他們早在我們之前就擴展了對悖論的見解。與許多偉大學者進行珍貴而充滿活力的討論，我們記憶猶新，其中包括 Jean Bartunek、Michael Beer、David Berg、Kim Cameron、Stewart Clegg、Kathy Eisenhardt、Charles Hampden-Turner、

Charles Handy、Barry Johnson、Ann Langley 、Linda Putnam, Bob Quinn、Kenwyn Smith、Tom Peters、Russ Vince。 我 們還在發展自己的想法時，Paula Jarzabkowski 就認識到在全球各地研究悖論的力量，2010 年她幫助我們在組織研究歐洲小組（European Group for Organizational Studies）召開第一個會議，匯聚出一個不斷發展的國際學者社群，透過這個社群我們建立重要關係，並加深我們的研究見解。

　　我們珍惜許多共同作者跟我們一起推進悖論研究，同時也在研究過程中帶來歡喜與樂趣，包括 Costas Andriopoulos、Rebecca Bednarek、Marya Besharov、Ken Boyer、Gordon Dehler、Manto Gotsi、Amy Ingram、Josh Keller、Lotte Lüscher、Ella Miron-Spektor、Miguel Pina e Cunha、Sebastian Raisch, Jonathan Schad、Mathew Sheep、Natalie Slawinski、Chamu Sundaramurthy、Connie Van der Byl、Ann Welsh。 我們也重視在自己的研究中提出這些想法的人，同時鼓勵這個全球社群蓬勃發展，我們與許多傑出人士連結並向他們學 習， 包 括 Ina Aust、Marco Berti、Simone Carmine、Gail Fairhurst、Medhanie Gaim、Angela Greco、Tobias Hahn、Katrin Heucher、Michael Jarrett、Eric Knight、Marc Krautzberger、Jane Lê、Valerie Michaud、Voni Pamphile, Camille Pradies、Stephanie Schrage、Garima Sharma、Harald Tuckermann、Robert Wright。對於下一代學術工作者，我們要特別感謝 Shay Karmatz，他在如此年輕時就具有兼並思維。

　　還有許多同事一路給我們提供建議、見解、回饋和友誼。

我們透過自己任職的機構和訪問機構，與許多學術同儕建立連結，包括德拉瓦大學勒納商業與經濟學院、辛辛那提大學連納商學院、貝式商學院、哈佛商學院、劍橋大學、諾華商學院。我們感謝這些機構內外許多人，其中有些人的支持和友誼值得特別提及：Andy Binns、Dolly Chugh、Amanda Cowen、Shasa Dobrow、Laura Empson、Erica Ariel Fox、Jennifer Goldman-Wetzler、Adam Grant、Elaine Hollensbe、Johanna Ilfeld、Adam Kleinbaum、Suzanne Masterson, Jennifer Petriglieri、Tony Silard、Jo Silvester、Scott Sonenshein、Neil Stott、Paul Tracey、BJ Zirger。

寫這本書是個挑戰也是快樂。我（瑪麗安）非常感謝傅爾布萊特學者計劃，它提供了開展研究和撰寫本書的時間和空間，那次學術假讓我在產業界、學術界和職涯中面臨更大張力，從而帶來巨大的機緣。

在寫作的關鍵階段，我（溫蒂）愈來愈珍惜德拉瓦大學的女性領導計劃的團隊：Amanda Bullough、Elizabeth Calio、Lynn Evans、Amy Stengel，你們讓我意識到世界是多麼矛盾，同時也幫助我體認到一起應對這些悖論是多麼有趣。也要感謝Barbara Roche，她是我在女性領導力論壇中的共同主持人，為本書寫作提供了在深夜鼓舞人心的談話和非正式指導。

我還要感謝國立教師多元與發展中心（National Center for Faculty Diversity and Development）團隊——Maurice Stevens、Chrys Demetry、Josee Johnston，以及傑出教練 Rena Selzer 的智慧；所有這些同事都幫助我讓我有時間和空間來寫這本書。最

後，我感到很幸運，有來自波士頓、艾利山、以色列和耶魯大學的各種朋友，他們定期問候和持續友誼提供了支持和動力。

這本書的誕生，反映了學術見解和現實世界經驗的綜效。為此，我們感謝那些如此熟練駕馭持續存在的悖論，並花時間與我們分享經驗和方法的領導人，包括 Zita Cobb、Stephen Cosgrove、Jeremy Hockenstein、Barry Johnson、Terri Kelly、Janet Perna、Paul Polman,、Kerry Ann Rockquemore。我們寫這本書的原因之一是分享世界其他地方鼓舞人心的故事，希望能夠公正描繪他們矛盾的領導層的勇氣和智慧。我們感謝其他領導人幫助我們擴展了對兩者 / 和思維的理解，例 如 Michael Chertok、Diane Eshleman、Jason Field、Jason Fox、Tammy Ganc、Stelios Haji-Ioannou、Vernon Hills、Diane Hodgins、Chandra Irvin、Jake Jacobs、Muhtar Kent、Marvin Kolodzik、Susan Kilsby、Nikos Mourkogiannis、Jeff Seabright、Dick Thornburgh、Mike Ullman、Matt Utterback、Marty Wikstrom、Nancy Zimpher。

想法只有與更廣泛的受眾分享時才有價值。為此，我們感謝從事出版並幫忙將這本書推向世界的傑出人士。我們開始與經紀人 Leila Campoli 合作時，就知道我們的夢想將成為現實。她深入了解出版界，也立即領會我們對這本書的願景，幫助我們在出版過程的每一步，將我們的願景變為現實。

我們開始與編輯 Kevin Evers 合作時，就知道我們的夢想會比我們想像的更大，他提供支持和挑戰這兩個重要的結合。他重視我們的核心見解，同時鼓勵我們更清晰、更有力、更簡

潔。事實證明你們兩位是神奇的組合，謝謝你們！

此外，我們感謝哈佛商業評論出版社這個更大的「村莊」，不斷使這本書變得更好，包括設計、文稿編輯、出版、行銷、宣傳，以及其他和書有關的絕佳才能。

在生命的陰陽中，家人為我們提供了推進智識追求的基石，我們的個人基礎真正增強了我們的專業成就。

我（溫蒂）感謝那些在我之前引領道路、建立毅力和奉獻精神的人。我的父母 Jewel 及 Larry Smith 給了我接受和進步的絕佳結合。你們總是為我感到自豪，同時激勵我不斷成長、學習和達成目標。我的婆婆 Rhoda Posner Pruce 對我的工作一直抱持好奇心，感謝你給我的電子郵件，其中關於兼並思維以及重視細節的你經手編輯我的部分文章。我很感激妹妹 Heather Martin，她是務實和樂觀的完美結合，還有令人羨慕的幽默感，我很幸運能夠在我們日常對話（或一天多次！）經歷所有這些。

我每天從我的孩子 Yael、Jonah 和 Ari 身上學到的讓我驚奇不已，你們三個不斷指出在世界上看到的事物，同時在自己的想法、行動和關係中，展現兼並思維的創造力。我知道如果你們每個人都分享自己這種悖論的天賦，世界將會變得更美好。最後，Michael，你確實是我的陽性面向的陰性面，為我展現思考世界的新方式；你讓我成為更好的自己；你對這本書、對我、對一切可能性的堅定信念，日日強化著我。

我（瑪麗安）很幸福，許多人教我高標準和堅定價值觀的綜效，並給予無條件的愛和支持。Kim 和我的孩子 Jason、

Samson 和 Franny——言語無法表達我的愛，你們是我做任何事、為何而做的核心。如果沒有你們的鼓勵和耐心，這本書、它的基礎研究、我的領導能力，都不可能發展。我還要感謝我的父母 Steve 及 Margaret Wheelwright，以及兄弟姐妹 Melinda Brown、Kristy Taylor、Matt Wheelwright、Spencer Wheelwright，我每天都向你們學習，在養育下一代 Wesley、Cyrus 等人時，我珍惜你們給我的啟發。特別感謝我的父親，我最珍貴的導師，感謝你當我的表率。身為思想與學術的領導人，最重要的是，身為家庭的領導人，你教導我全心全意的愛與紀律、自信與虛心、計劃與創新、個人與專業。

最後，我們要感謝讀者。你們是生活在悖論中並在悖論找出路的人，是你們將本書的想法變成現實。我們希望所有人都能正面迎向悖論，創造更永續、富有創意、繁榮茁壯的世界。

章節附註

引言

1 A. C. Edmondson, Teaming: How Organizations Learn, Innovate, and Compete in the Knowledge Economy (New York: Jossey-Bass, 2012).

2 A. Edmondson, "Psychological Safety and Learning Behavior in Work Teams," *Administrative Science Quarterly* 44, no. 4 (1999): 350–383.

3 Charles Perrow, "The Bureaucratic Paradox: The Efficient Organization Centralizes in Order to Decentralize," *Organizational Dynamics* 5, no. 4 (1977): 3–14; R. E. Quinn and K. S. Cameron, eds., *Paradox and Transformation: Toward a Theory of Change in Organization and Management* (New York: Ballinger/Harper & Row, 1988); M. S. Poole and A. H. Van de Ven, "Using Paradox to Build Management and Organization Theories," *Academy of Management Review* 14, no. 4 (1988).

4 Mary Parker Follett, in Graham (1995), 67–68.

5 日漸增加的改變、匱乏、多元,這三個因子顯露出後來的悖論,使矛盾浮現。我們在自己的著作中描述這三個因子如何運作,請見 Smith & Lewis(2011)。

6 Brené Brown, "Leadership, Family, and Service, with President Barack Obama," podcast, 2020 年 12 月 7 日, https://brenebrown.com/podcast/brene-with-president-barack-obama-on-leadership-family-and-service.

7 John McCain, cited in Pascal (2018).

8 "Starbucks CEO Kevin Johnson Unveils Innovation Strategy to Propel the Company's Next Decade of Growth at Starbucks 2018 Annual Meeting of Shareholders," starbucks.com, March 21, 2018, https://

investor.starbucks.com/press-releases/financial-releases/press-release-details/2018/Starbucks-ceo-Kevin-Johnson-Unveils-Innovation-Strategy-to-Propel-the-Companys-Next -Decade-of-Growth-at-Starbucks-2018-Annual-Meeting-of-Shareholders/default.aspx 2022 年 1 月下載 .

9　　Abedin (2021).

第一章

10　　鱈魚對紐芬蘭的經濟衝擊，請見 Kurlansky (2011)。

11　　Starbuck (1988), 70。

12　　我們的定義請見專書 Smith and Lewis (2011)。現代學者對悖論提出不同定義，以期能將悖論與其他概念做比較與對比，例如二元性、二選一、諷刺、張力、衝突。更多討論請見 Smith and Berg (1987)；Quinn and Cameron (1988)；Putnam, Fairhurst, and Banghart (2016)；Johnson (1992, 2020, 2021)。Johnson 和他的兩極合夥公司團隊（Polarity Partnerships），使用「兩極」（polarities）這個字眼，類似於我們形容悖論的方式。他對兩極的定義是「互相依存的一對事物，持續彼此需要。」請見 Johnson (2020), 11。

13　　對於說謊悖論，幾百年來都有學者文章。近代的學術分析請見 Greenough (2001)。對說謊悖論以及其他類似謎題，比較輕鬆淺顯的討論請見 Danesi (2004)。

14　　Jaspers (1953).

15　　老子《道德經》第四十章，引用句的譯本為 Mitchell (1988).

16　　奧克拉荷馬大學的大學生藍迪・霍伊特（Randy Hoyt）領悟到赫拉克利特作品中的見解相當引人入勝，但是大眾幾乎無法讀懂這些文字，於是他架了一個網站，貼上希臘哲學原句，還有英文直譯及翻譯，加上釋義。請見 Randy Hoyt, compiler, "The Fragments of Heraclitus," http://www.heraclitusfragments.com/files/e.html. July 2020. 本文引用的是 B9。另外，Graham (2019) 也對這些希臘文本提出更多解析。

17　　老子《道德經》第三十六章，引用句的譯本為 Mitchell (1988).

18　　Schneider (1990)

19　　Brown (2012)

20 Smith and Berg (1987)

21 Edmondson (2012)

22 Hill and Lineback (2011), 17–21

23 Leonard-Barton (1992)

24 Miller (1992, 1993, 1994); Handy (2015).

25 Cameron and Quinn (2006).

26 Nisbett (2010); Spencer-Rodgers et al. (2004); Spencer-Rodgers et al. (2009)。探索更廣泛研究悖論、二元性、辯證的文化及哲學方法，請見 Hampden-Turner (1981)。

27 Capra (1975) 深入探討東方傳統，印度教、佛教、道教、禪宗，以及更廣泛的中國哲學中的悖論本質，以及這些觀念跟物理學的關聯。

28 Jung (1953), paragraph 18.

29 Smith and Lewis (2011); Lewis (2000); Lüscher and Lewis (2008).

30 Friedman (1970).

31 Hahn et al. (2014).

32 Freeman, Martin, and Parmar (2020), 3–4.

33 March (1991), 71.

34 Festinger and Carlsmith (1959).

35 Walt Whitman, "Song of Myself," from Walt Whitman, *Song of Myself* (University of Iowa Press, 2016), 51.

36 Lowens (2018).

37 零工經濟的控制系統，詳情請見 Cameron (2021) and Cameron and Rahman (2021).

38 譯注：〈來自遠方〉（Come From Away）是一齣根據真實事件的音樂劇。2001 年九一一事件，美國領空關閉，38 架飛機迫降在加拿大紐芬蘭的甘德國際機場，當地居民如何敞開大門接納多達七千位外地旅客的故事。

39 糾結的悖論，更多請見 Sheep, Fairhurst, and Khazanchi (2017)

40 套疊的悖論，更多請見 Jarzabkowski, Lé, and Van de Ven (2013); Johnson (2020).

41　這段引述語句請見 *Fogo Island Inn*, https://www.youtube.com /watch?v = Bqr4lHPaYDo.

42　這段引述語句請見 www.shorefast.org (March 2020 下載)

第二章

43　David Robertson 和 Bill Breen 在著作中特別提出樂高的成功過程以及接下來的失敗，請見 Robertson and Breen (2013)，（中譯本《玩具盒裡的創新》）引文出自原文書第 39-40 頁。

44　Handy (2015)

45　Festinger and Carlsmith (1959)

46　Frost (1979), 105.

47　Handy (2015)

48　Handy (2015), 23.

49　也請見 Miller (1992, 1993, 1994).

50　Handy (1994), 53.

51　Miller (1992).

52　Grant (2021).

53　Kolb (2014).

54　Bartunek (1988).

55　Bateson (1972).

56　Simon (1947).

57　Christensen (1997).

58　Watzlawick (1993).

59　關於畢馬龍效應更多研究，請見 Rosenthal and Jacobson (1968) 。畢馬龍效應對成人及職場的影響，請見 Bolman and Deal (2017); Eden (1990, 2003).

60　Smith and Berg (1987).

61　Tripsas and Gavetti (2000).

62　Cyert and March (1963).

63　Dane (2010).

64 Staw (1976).

65 我們要感謝梅琳達·布朗（Melinda Wheelwright Brown）為我們介紹擺盪鐘擺會變成破壞錘的概念。她為了闡述性別平等的議題，在著作中描述這種模式，請見 Wheelwright Brown (2020)。

66 Robertson and Breen (2013), 63.

67 Johnson (1992)；也請見 Polarity Partnerships, "Polarity Map," accessed January 22, 2022, www.polaritypartnerships.com.

68 Lewis (2018); Lüscher and Lewis (2008).

69 Sundaramurthy and Lewis (2003).

70 卡斯商學院現在改名為貝式商學院（Bayes Business School），屬於倫敦大學城市學院。

71 Hampden-Turner (1981), 29.

72 Robertson and Breen (2013), 284.

73 LEGO Group, "The LEGO Group Delivered Top and Bottom Line Growth in 2019," LEGO, accessed March 2020, https://www.lego.com/en-us/aboutus/news /2020/march/annual-results/.

第三章

74 Rothenberg (1979).

75 Miron-Spektor, Gino, and Argote (2011).

76 See Follett's essay "Constructive Conflict" in Graham (1995).

77 Martin (2007), 6–7.

78 有些學者說，悖論和辯證法之間的差異在於，發現某個創造性整合之後的走向。辯證跟悖論一樣是矛盾又互相依存的需求。辯證法是從十八世紀德國哲學家黑格爾（Georg Wilhelm Friedrich Hegel）的作品演變而來，某個理論跟反對這個理論的理論（對立力量）融合成新的綜合體。接著這個新的綜合體變成一個理論，又引起它的反對理論。最初那個理論與反對理論之間的深層張力消退。這種建構究竟是不是黑格爾辯證法的原意，學界仍有辯論。不過即使如此，這種辯證概念認為深層張力會變形為不同的新張力，而我們所描述的悖論則認為，深層張力仍會持續。悖論和辯證之

間的差異，更多解釋請見 Hargrave and Van de Ven (2017)。

79　Schneider (1990), 140.

80　Smith (2014).

81　Quinn and Cameron (1988).

第四章

82　Watzlawick, Weakland, and Fisch (1974)。

83　哈佛心理學家蘭格（Ellen Langer）做了好幾項實驗，顯示正念（mindfulness）——注意到全新的獨特之處——能改變人們的行為和身體狀況。她在耶魯攻讀博士期間的研究顯示老年人的健康、身心狀態甚至壽命，取決於是否認為自己是重要且有能力的（Langer, 1989; Langer and Rodin, 1976）。近年研究中，蘭格與現為史丹佛大學教授的艾莉雅・克倫（Alia Crum）合作研究，顯示飯店客房清潔人員的心態會影響生理狀態。研究者對客房清潔人員其中一半說，他們的工作已經達到美國外科醫生推薦的活躍生活型態的標準。對另一半客房清潔人員則什麼都沒說。研究者發現，光是心態改變，即認為他們的工作能造成活躍的生活型態，就能促進這些清潔人員的健康狀態，包括體重、血壓、體脂、身體質量比（BMI）。更驚人的是，他們的行為沒有顯著改變就能達成這些生理上的好處。請見 Crum and Langer (2007)。

84　Smith and Lewis (2011).

85　更多關於悖論心態及悖論心態清單，請見 Miron-Spektor et al. (2018)。

86　本書附錄有悖論心態清單。此外，任何人都可以免費下載這份清單，網址 paradox.lerner.udel.edu

87　關於悖論的社會建構本質，許多研究同行都提出見解。關於組織生活中的悖論，早期的研究者普爾及馮迪凡，區分出邏輯性的悖論以及社會性的悖論。邏輯性的悖論是指本有的矛盾主張，就像說謊者的悖論「我在說謊」。社會性的悖論，例如組織領導人在管理今日與為未來而創新之間感受到的張力，研究者認為這一方面是自己心智框架建構出來的，另一方面也受到社會結構如何並置對立的影響。如果這些矛盾是源於如何理解時間和空間，那麼解決方式

可以是利用時間和空間來拉近這些對立差異（請見 Poole and Van de Ven, 1989）。Linda Putnam 及 Gail Fairhurst 更進一步強調，語言和論述把對立加入關係中，造成雙盲 (Putnam, Fairhurst, and Banghart, 2016; Fairhurst and Putnam, 2019; see also Bateson, 1979)。 更晚近的 Marco Berti 及 Ace Simpson 擴張這些想法，藉由考察組織化的系統如何造成強加於我們的矛盾的動態。

88　十九世紀科學家法拉第及麥斯威爾以及二十世紀的波耳及愛因斯坦，他們發表的見解影響到我們現在所知的量子理論。這個理論的深層相當著墨在互相依存的對立面，包括在如何同時是一道波以及一個點，同時存在以及不存在。一九七〇年代，科學家卡普拉在《物理學之「道」》解釋現代物理及東方神祕學之間的連結，指出現代物理中高度矛盾的本質。

89　Johnson (2020), 111.

90　Smith and Lewis (2011).

91　Smith and Lewis (2011); Hahn and Knight (2021)。

92　Nisbett (2010); Spencer-Rodgers et al. (2004); Spencer-Rodgers et al. (2009)。

93　早期哲學傳統包括印度教、佛教、耆那教，都有盲人與大象這則寓言。關於這則寓言以及它的各種歷史由來，請見 Marcora and Goldstein (2010)。

94　這段詩的節錄取自薩克斯的好詩〈盲人與大象〉，收錄在許多詩集中，例如《The Poems of John Godfrey Saxe》(Sydney, Australia: Wentworth Press, 2016)。

95　西蒙斯與查布里斯一起研究注意力及知覺。更多影片可以在網路上找到：www .theinvisiblegorilla.com. 取用日期 2022 年 1 月 22 日 , 2022。相關書籍請見 Simons and Chabris (1999); Chabris and Simons (2010)。

96　更多確認偏誤請見 Lord, Ross, and Lepper (1979); Mynatt, Doherty, and Tweney (1977)。近年對於確認偏誤的研究請見 Grant (2021)。

97　《紐約時報》新聞記者以茲拉‧克萊恩（Ezra Klein）在著作《Why We're Polarized》探討認知偏誤如何強化政治分歧。（Klein, 2020)

98　庫格（Dolly Chugh）與貝澤曼（Max Bazerman）探討不道德

行為有多大程度來自他們所謂「受束縛的覺察」（bounded awareness）──無法看見、尋找或順暢的運用資訊，以供決策。關於在資訊上受束縛的覺察，更多請見 Chugh and Bazerman (2007); Chugh (2018)。

99   德凌科（Clay Drinko）是研究者及出色的即興演員，曾在芝加哥著名的「第二城劇團」（The Second City）表演。他的著作《Theatrical Improvisation, Consciousness and Cognition》(Drinko, 2013) 將即興劇場連結到神經科學與認知研究。他的研究使他深深相信這些工具的力量，於是在《Play Your Way Sane》（Drinko, 2021）提出實務建議，有 120 項可以讓人運用的即興表演方法。

100   Drinko (2018), 37。

101   Felsman, Gunawarden, and Seifert (2020)。

102   Bazerman (1998); Fisher and Ury (1981)。

103   Sonenshein (2017)。

104   邁爾的故事以及全球環保磚聯盟，更多請見 www.ecobricks.org

105   Diamandis and Kotler (2012)。

106   Grant (2013)。

107   我（瑪莉安）與同事路切爾針對樂高中階主管的研究，介紹這個詞：「行得通的確定性」（workable certainty）。這些中階主管在組織重大變革時面臨持續張力。我們發現，這些中階主管在接受教練引導，重新框架它們的觀點之後，比較有辦法度過這些挑戰。與其把焦點放在解決自身面臨的張力，比較好的方式是接受張力，並找到「行得通的確定性」以在當下往前進。請見 Lüscher and Lewis (2008)。

108   Langer (1975)。

109   許多研究都顯示出這種「控制幻覺」。例如 Larwood and Whittaker (1977) 發現，如果學生假設自己是某個公司的業務主管，他們會做出比較有風險的業務決策。同樣的，經理人認為自己負責掌握一切時，會比較願意做出更有風險的決定。近年的研究，Durand (2003) 發現，組織中的個人比較有權力掌控如何支配資源時，他們會對整體資源有更正面的展望。更多關於控制幻覺的研究以及在決策上造成的影響，請見 Stefan and David (2013)。

110　Hill and Lineback (2011) 舉例，放手不控制的領導人，自己本身與更賦能的下屬更能學習與創新。Edmonson (2012) 發現，放手不控制的領導人顯露出自己的脆弱，更能建立安全感、鼓勵實驗、並加強團隊合作。

111　Heifetz, Grashow, and Linsky (2009), 19。

112　Heifetz and Linsky (2002), 53–54。

113　Friedman (2005)。

114　Kierkegaard (1962)。

第五章

115　出自《經濟學人》1992 年 12 月 19 日 63-64 頁〈Hardware and Tear〉。

116　葛斯納的翻轉策略，請見 Gerstner (2002)。

117　IBM 三面向策略（Three-horizon strategy） 的影響來自 Baghai, Coley, White (2000)。

118　March (1991), 71–87。

119　Ibarra (1999) 指出，解決真誠悖論需要我們探索臨時的自我，作為「可能但尚未完全闡述的專業身分的嘗試」。關於真誠悖論，更多請見 Ibarra (2015a, 2015b)。

120　關於兩面策略組織的本質，請見 Tushman and O'Reilly (1996)。關於 IBM 如何實施策略以建立兩面策略組織，請見 Harreld, Tushman, and O'Reilly (2007). O'Reilly and Tushman (2016); Binns, O'Reilly, and Tushman (2022).

121　Frankl (1959).

122　Vozza (2014).

123　Roy West (1968), 38.

124　聖伯修里作品節錄自 Quote Investigator "Teach Them to Yearn for the Vast and Endless Sea," https://quoteinvestigator.com/2015/08/25/sea/#note-11852-1. 出自《沙子的智慧》第 75 段（Paris: Gallimard, 1948; 重印版）

125　更多西奈克的論述請見 T EDx talk、TEDxPuget Sound，2009 年 9

月 https://www.ted.com/talks/simon_sinek_how_great_leaders_inspire_action 以及 Sinek (2009)。

126　更多關於「和平種子」請見 www.seedsofpeace.org。

127　Sherif et al. (1961)。

128　Slawinski and Bansal (2015) 討論到應對悖論張力時，長期思考的角色。他們發現，在亞伯達油砂營運的公司，具有長期願景的公司會採用比較環保的做法。

129　Smets et al. (2015)。

130　佩爾納與作者視訊會議，2021 年 11 月 30 日。

131　在我們的研究中發現，分開與連結發生在組織層級，也發生在資深主管的團隊層級。主管不僅建立企業的結構，也建立實際做法讓資深主管能分開與連結這些衝突張力。請見 Smith (2014); Tushman, Smith, and Binns (2011)。

132　Tushman and O'Reilly (1996); Harreld, O'Reilly, and Tushman (2007); Gibson and Birkinshaw (2004)。

133　貝沙羅夫、蒂芙妮・杜拉貝（Tiffany Darabi）和我（溫蒂）比較了企業組織如何處理分開與連結的不同策略。我們發現，企業組織如何把悖論的兩端分開與連結，取決於其所處理的悖論類型。但是不同方式並不太影響整體的成功，比較重要的是企業組織要確認有做到分開與連結的平衡。我們以不同社會企業為例，解釋這些分開與連結的不同做法，請見 Besharov, Smith, and Darabi (2019)。

134　延伸者如何利用約束來促發創造性，更多請見 Sonenshein (2017).

135　Petriglieri (2018; 2019).

136　Brown (2012).

第六章

137　出自 Horace Mann, 1848 年第十二屆麻州教育局年度報告（12th Annual Report to the Massachusetts State Board of Education）。

138　Dacin, Munir, and Tracey (2010)。

139　愛因斯坦日記，由 Rothenberg (1979) 檢閱。

140　Vince and Broussine (1996)。

141 Haas and Cunningham (2014)。

142 Brown (2012)。

143 第二支箭比喻是佛陀教化的核心要點，許多學者都曾寫過，例如釋一行（Nhat Hanh，2008）。

144 Stuart Manley, "First Person: 'I Am the Keep Calm and Carry on Man,'" *Independent* (London), April 25, 2009, https://www.independent.co.uk/news /people/profiles/first-person-i-am-the-keep-calm-and-carry-on-man-1672398 .html.

145 Gharbo (2020)。

146 接受是臨床心理治療實務「接受與承諾療法」（ACT）的核心。這個方法是從比較傳統的認知治療法中誕生，認為改變行為咀嚼於轉化心態。ACT 一開始是察覺並接受我們的心態和情緒。更多關於 ACT，請見 Hayes, Strosahl, and Wilson (2009)。

147 出自 Brach (2004), 152。塔拉‧布拉克也有一個內容豐富的網站，收錄她的演講及靜坐，請見 www.tarabrach.com.

148 Dostoevsky (2018), 29。

149 白熊效應詳見 Wegner (1989)。

150 Fredrickson (2001, 2010)。

151 Gharbo (2020)。

152 Seligman (2012), 21–24。

153 Rothman and Northcraft (2015)。

第七章

154 Maslow (1968)；McGregor (1960)。

155 比爾‧戈爾的創業故事以及這句摘句，出自 https://www.gore.com/about/culture.

156 舉例來說，凱莉成為執行長那年，戈爾名列財星百大企業中最佳工作第二名，日期為 2005 年 1 月 24 日。

157 凱莉與作者當面訪談，2016 年 4 月 17 日德拉瓦州紐華克。

158 凱莉與作者當面訪談，2016 年 4 月 17 日德拉瓦州紐華克。

159　已經有許多作品描述豐田製造系統的獨特方法。進一步了解這個系統，尤其是其深層悖論的本質，請見 Osono, Shimizu, and Takeuchi (2008); Takeuchi and Osono (2008); Eisenhardt and Westcott (1988)。

160　Osono, Shimizu, and Takeuchi (2008), 9.

161　出自豐田汽車公司網站「豐田製造系統」https://global.toyota/en/company/vision-and-philosophy /production-system/. 2021 年 1 月 22 日。

162　Staw (1976).

163　Kelley and Kelley (2013)。

164　豐田汽車公司《豐田團隊 10》（Team Toyota 10）企業內部刊物國際版，2004 年 1-2 月，摘錄於 Osono, Shimizu, and Takeuchi (2008), 67.

165　作者電話訪談洛奇莫爾，2018 年 10 月 8 日。

166　作者電話訪談洛奇莫爾，2018 年 10 月 8 日。

167　Cunha and Berti (2022); see also Cunha, Clegg, and Mendonça (2010).

168　Busch (2020).

169　作者視訊訪談卡格羅夫，2021 年 4 月 1 日。

170　更多關於卡格羅夫，包括他的作品，請見卡格羅夫網站 https://www.stephencosgrove.com.

171　波士頓顧問公司報告，請見 Boston Consulting Group,《英國摩托車產業之策略》（*Strategic for the British Motorcycle Industry*），Her Majesty's Stationary Office, London, July 30, 1975.

172　更多關於本田以及「事先計劃派」及「自然發生派」之間的辯論，請見 Pascale et al. (1996)。摘句出自 Pascale et al. (1996), 112.

173　顧問公司 Action Design (www.actiondesign.com) 深刻捕捉到亞吉里斯的想法。雙迴圈學習請見 Argyris (1977)。

174　Grant (2021).

第八章

175　Langer (1989)。

176　Fisher and Ury (1981)。

第九章

177 我們兩人都讀過而且深受啟發的書是以斯拉・克萊恩（Ezra Klein）《我們為何走向極端》（*Why We're Polarized*），探討美國政治為何愈趨兩極化。

178 許多學者都寫過團體之間的衝突。這個主題的早期作品 Tajfel 等人表示（Tajfel, 1970；Tajfel et al., 1979），個人之間微小差異就可能把人群分割成不同群體，而群體成員往往偏袒自身群體成員，忽略他群的利益。學者提出幾項策略以化解這些張力。早期研究如 1961 年 Sherif 等人指出，總體目標的願景有其價值。2009 年 Fiol、Pratt、O'Connor 描述差異化與整合的過程，強調彰顯差異以促進綜效。近期研究中，Goldman-Wetzler（2020）探討如以巴之間糾結難解的歷史與政治衝突，提出個人層面的做法，深入探索個人情感與背景，增強彼此連結。

179 巴瑞・強森與兩極夥伴的更多工作案例，請見 Johnson（2020, 2021）及網站 www.polaritypartnerships .com. Johnson（1992）奠定兩極地圖的基礎，他更進一步擴張想法，深入探討兩極地圖（Johnson 2020），並分享特定案例的成功故事（Johnson 2021）。

180 Horowitz, Corasaniti, and Southall (2015).

181 更多關於兩極夥伴的資訊，以及空白兩極地圖，請上網站 https://www.polaritypartnerships.com.

182 莫倫（Gregory G. Mullen）在「點亮計劃」的介紹文，請見 http://theilluminationproject.org/who-we-are/. 2021 年 4 月 13 日讀取

183 出自 Chris Hanclosky 及 Glenn Smith 紀錄片《Tragedy to Trust: Can Charles ton Achieve Unity after the Emanuel AME Church Shooting?》，作者 Jennifer Berry Hawes《查爾斯頓郵報快遞》

184 引述自 Hanclosky and Smith 紀錄片《Tragedy to Trust》7:07

第十章

185 Heidrick & Struggles, "The CEO Report: Embracing the Paradoxes of Leadership and the Power of Doubt", 2020 年四月 https://www.sbs.ox.ac .uk/sites/default/files/2018-09/The-CEO-Report-Final.pdf, 3.

186 PwC, "Six Paradoxes of Leadership: Addressing the Crisis of

Leadership,〞 2020 年四月 , www.pwc.com/paradoxes.

187　Deloitte, 〝The Social Enterprise at Work: Paradox as a Path Forward,〞 四月 2020 年 , https://www2.deloitte.com/global/en/pages/human-capital /articles/sap-response-human-capital-trends.html.

188　Polman and Winston (2021).

189　Polman and Winston (2021), 102.

190　Polman and Winston (2021), 109.

191　更多這些不同的悖論，請見 Smith, Lewis, and Tushman (2016).

192　作者訪談波曼，2021 年 7 月 13 日。

193　作者訪談波曼，2021 年 7 月 13 日。

194　更高目的的價值，更多請見 Collins and Porras (2005); Mourkogiannis (2014).

195　一九五〇年代社會心理學家謝瑞夫等人進行羅伯斯洞穴營地實驗已成為經典案例，顯示總體願景如何能消解衝突。在這個實驗中，謝瑞夫與同事把幾個男生帶到營地露營數天，把他們分成不同團體，創造出各團體之間持續競爭。研究者發現，當男孩面臨某項挑戰，需要所有團隊參與和整體願景來完成時，可以改變男孩們對團隊的承諾，促進合作。參見 Sherif, et al. (1961)。其他學者進一步發現，整體願景對於實現更整合的談判和合作行為的價值。參見 Kane (2010); Sonen- shein, Nault, and Obodaru (2017)。

196　我們在維多利亞大學的同事施洛文斯基和西安大略大學的班索爾發現，把互競需求整合到組織策略中，長期思考非常重要。他們針對幾家在亞伯達省油砂地區營運的主要公司，進行心態比較，該地區是世界第三大提取瀝青焦油生產原油的產地。環保人士譴責瀝青焦油是「骯髒石油」，並呼籲解散當地產業。產業領導者考慮到這些阻力，是否可以重新考量商業模式來提取瀝青，而不會對附近社區造成嚴重的森林砍伐、大量用水以及健康和經濟損害？施洛文斯基和班索爾想了解領導者如何應對這項挑戰，採訪了該地區 60 位高階主管，發現領導思維和影響力有顯著差異。大多數組織都感受到短期收入的壓力，業界慣行做法很難讓他們投資在認真的環境創新。但有些領導人目光長遠，任何能推動組織走向未來的解決方案，都必須因應這些重要的環境問題，而這些領導者開始尋找新的創新來實現這一目標。參見 Slawinski 和 Bansal (2015)。

197 作者訪談波曼，2021 年 7 月 13 日。

198 聯合利華的歷史，https://www.unileverusa.com/brands/every-day
-u-does-good/.

199 更多聯合利華的歷史，請見Unilever UK and Ireland, "Our History,"
2020年4月 https://www.unilever.co.uk/about/who-we-are/our -history/；
David Gelles, "He Ran an Empire of Soap and Mayonnaise. Now He
Wants to Reinvent Capitalism," *Corner Office* (blog), *New York Times*,
2019年8月29日, https://www.nytimes.com/2019/08/29/business/paul-
polman-unilever-corner-office.html.

200 Polman and Winston (2021), 121.

201 學者們特別提出一個現象：「管理短視」（managerial myopia），
領導人為了提高短期利潤而犧牲長期成功的程度（參見 Stein,
1988）。某項研究發現（Fu et al., 2020），領導者在報告每季營收
時，比報告半年營收時更可能放棄創新。

202 麥肯錫的性別多元研究顯示，高層團隊性別多元排名前四分之一
的公司，比排名最後四分之一的公司，營利能力高於平均的可能
性高出 25%。詳情請見 Diversity Wins: How Inclusion Matters (May
19, 2020), https://www.mckinsey.com/featured-insights/diversity-and
-inclusion/diversity-wins-how-inclusion-matters.

203 Polman and Winston (2021), 121.

204 出 自 Dan Schawbel, "Unilever's Paul Polman: Why Today's Leaders
Need to Commit to a Purpose," Forbes.com, 2017 年 11 月 21 日 ,
https://www.forbes.com /sites/danschawbel/2017/11/21/paul-polman-
why-todays-leaders-need-to-commit-to-a-purpose/?sh = 8e7284212761.

205 Netflix 的文化與人資管理做法，請見 Reed Hastings, "Culture,"
PowerPoint presentation, 2009 年 8 月 1 日 , https://www.slideshare.net /
reed2001/culture-1798664?from_action = save; see pp. 45 and 55.

206 關於 Netflix 描述其文化，更多請見 "Netflix Culture," Netflix Jobs
page, 2022 年 1 月 22 日 , https://jobs.netflix.com/culture. 以及 McCord
(2014)。

207 我（溫蒂）描述資深領導團隊在組織上層如何承受悖論，請見
Tushman, Smith, and Binns (2011). 以及 Smith and Tushman (2005)。

208 作者電話訪問波曼，2021 年 7 月 13 日。

209　Colquhoun (1999), 33.

210　Polman and Winston (2021), 109.

211　出自 Graham (1995), 67 （我們省略部分字詞）。傅麗德的深度智慧提供我們如何管理衝突。在現代我們閱讀她的觀點，認為她是在探討處理悖論的問題。關於傅麗德的思想，更多請見她的自傳，收錄於 Tonn (2008).

212　Hastings and Meyer (2020).

213　Bossidy, Charan, and Burck (2011).

214　我們最早讀到莫里森這段難忘的文字，是在肯溫・史密斯（Kenwyn K. Smith）及大衛・伯格（David N. Berg）啟迪人心的作品《*Paradoxes of Group Life*》，這段摘句出自 Mary C. Morrison, "In Praise of Paradox," *Episcopalian*, January 1983.

文獻

Abedin, H. (2021). *Both/And: A Memoir*. New York: Scribner.

Andriopoulos, C., and M. W. Lewis (2009). "Exploitation-Exploration Tensions and Organizational Ambidexterity: Managing Paradoxes of Innovation." *Organization Science* 20(4): 696–717.

——— (2010). "Managing Innovation Paradoxes: Ambidexterity Lessons from Leading Product Design Companies." *Long Range Planning* 43(1): 104–122.

Argyris, C. (1977). "Double Loop Learning in Organizations." *Harvard Business Review*, September: 115–125.

Baghai, M., S. Coley, and D. White (2000). *The Alchemy of Growth*. Boulder, CO: Perseus Books.

Bartunek, J. (1988). "The Dynamics of Personal and Organizational Reframing." In *Paradox and Transformation: Toward a Theory of Change in Organization and Management*, edited by R. Quinn and K. Cameron, 127–162. Cambridge, MA: Ballinger.

Bateson, G. (1972). *Steps to an Ecology of Mind: Collected Essays in Anthropology, Psychiatry, Evolution, and Epistemology*. New York: Ballantine Books.

——— (1979). *Mind and Nature: A Necessary Unity*. New York: Bantam Books.

Bazerman, M. (1998). *Judgment in Managerial Decision Making*. New York: Wiley.

Bennis, W. (2003). *On Becoming a Leader*, rev. ed. Cambridge, MA: Perseus.

Berti, M., and A. V. Simpson (2021). "The Dark Side of Organizational Paradoxes: The Dynamics of Disempowerment." *Academy of Management Review* 46(2): 252–274.

Besharov, M., W. Smith, and T. Darabi (2019). "A Framework for Sustaining Hybridity in Social Enterprises: Combining Differentiating and Integrating."

In *Handbook of Inclusive Innovation*, edited by G. George, T. Baker, P. Tracey, and H. Joshi. Cheltenham, UK: Edward Elgar Publishing: 394–416.

Binns, A., C. O'Reilly, and M. Tushman (2022). *Corporate Explorer: How Corporations Beat Entrepreneurs at the Innovation Game*. Hoboken, NJ: Wiley.

Bolman, L. G., and T. E. Deal (2017). *Reframing Organizations: Artistry, Choice, and Leadership*. Hoboken, NJ: Jossey-Bass.

Bossidy, L., Charan, R., and Burck, C. (2011). *Execution: The Discipline of Getting Things Done*. New York: Random House.

Brach, Tara (2004). *Radical Acceptance: Embracing Your Life with the Heart of a Buddha*. New York: Bantam Books.

Brandenburger, A. M., and B. J. Nalebuff (1996). *Co-opetition*. New York: Doubleday.

Brown, B. (2012). *Daring Greatly: How the Courage to Be Vulnerable Transforms the Way We Live, Love, Parent, and Lead*. New York: Penguin.

Busch, C. (2020). *The Serendipity Mindset*. New York: Riverhead Books.

Cameron, K., and R. Quinn (2006). *Diagnosing and Changing Culture: Based on the Competing Values Framework*. San Francisco: Jossey-Bass.

Cameron, L. D. (2021). "Making Out while Driving: Relational and Efficiency Games in the Gig Economy." *Organization Science* 33(1). https://doi.org/10.1287/orsc.2021.1547.

Cameron, L. D., and H. Rahman (2021). "Expanding the Locus of Resistance: Understanding the Co-constitution of Control and Resistance in the Gig Economy." *Organization Science* 33(1). https://doi.org/10.1287/orsc.2021.1557.

Capra, F. (1975). *The Tao of Physics: An Exploration of the Parallels between Modern Physics and Eastern Mysticism*. Boulder, CO: Shambhala Publications.

Chabris, C., and D. Simons (2010). *The Invisible Gorilla: And Other Ways Our Intuition Deceives Us*. New York: HarperCollins.

Cheng-Yih, C. (1996). *Early Chinese Work in Natural Science: A Reexamination of the Physics of Motion, Acoustics, Astronomy, and Scientific Thoughts*.

Hong Kong: Hong Kong University Press.

Christensen, C. (1997). *The Innovator's Dilemma*. New York: HarperCollins.

Chugh, D., and M. H. Bazerman (2007). "Bounded Awareness: What You Fail to See Can Hurt You." *Mind & Society* 6(1): 1–18.

Chugh, D. (2018). *The Person You Mean to Be: How Good People Fight Bias*. New York: HarperBusiness.

Cohen, B., J. Greenfield, and M. Maran (1998). *Ben & Jerry's Double Dip: How to Run a ValuesLed Business and Make Money, Too*. New York: Simon & Schuster.

Collins, J., and J. Porras (2005). *Built to Last: Successful Habits of Visionary Companies*. New York: Random House.

Colquhoun, G. (1999). *The Art of Walking Upright*. Wellington: Aotearoa. New Zealand: Steele Roberts.

Cronin, T. E., and M. A. Genovese (2012). *Leadership Matters: Unleashing the Power of Paradox*. London: Paradigm Publishers.

Crum, A. J., and E. J. Langer (2007). "Mindset Matters: Exercise and the Placebo Effect." *Psychological Science* 18(2): 165–171.

Cunha, M. P., and M. Berti (2022). "Serendipity in Management and Organization Studies." In *Serendipity Science*, edited by S. Copeland, W. Ross, and M. Sand. London: Springer Nature.

Cunha, M. P., S. R. Clegg, and S. Mendonça (2010). "On Serendipity and Organizing." *European Management Journal* 28(5): 319–330.

Cyert, R. M., and J. G. March (1963). *A Behavioral Theory of the Firm*. Englewood Cliffs, NJ: Prentice-Hall.

Dacin, M. T., K. Munir, and P. Tracey (2010). "Formal Dining at Cambridge College: Linking Ritual Performance and Institutional Maintenance." *Academy of Management Journal* 53(6): 1393–1418.

Dane, E. (2010). "Reconsidering the Trade-Off between Expertise and Flexibility: A Cognitive Entrenchment Perspective." *Academy of Management Review* 35(4): 579–603.

Danesi, M. (2004). *The Liar Paradox and the Towers of Hanoi: The 10 Greatest Math Puzzles of All Time*. New York: Wiley.

Diamandis, P. H., and S. Kotler (2012). *Abundance: The Future Is Better Than You Think*. New York: Simon & Schuster.

Doren, C. (2019). "Is Two Too Many? Parity and Mothers' Labor Force Exit." *Journal of Marriage and Family* 81(2): 327–344.

Dostoevsky, F. (2018). *Winter Notes on Summer Impressions*. Richmond, Surrey, UK: Alma Books.

Dotlich, D. L., P. C. Cairo, and C. Cowan (2014). *The Unfinished Leader: Balancing Contradictory Answers to Unsolvable Problems*. New York: Wiley.

Drinko, C. (2013). *Theatrical Improvisation, Consciousness, and Cognition*. New York: Palgrave Macmillan.

——— (2018). "The Improv Paradigm: Three Principles That Spur Creativity in the Classroom." In *Creativity in Theatre: Creativity Theory in Action and Education*, edited by S. Burgoyne, 35–48. Cham, Switzerland: Springer.

——— (2021). *Play Your Way Sane: 120 Improv-Inspired Exercises to Help You Calm Down, Stop Spiraling, and Embrace Uncertainty*. New York: Tiller Press.

Duncker, K. (1945). *On Problem Solving*. Psychological Monographs, vol. 58. Washington, DC: American Psychological Association.

Durand, R. (2003). "Predicting a Firm's Forecasting Ability: The Roles of Organizational Illusion of Control and Organizational Attention." *Strategic Management Journal* 24(9): 821–838.

Dweck, C. (2006). *Mindset: The New Psychology of Success*. New York: Random House.

Eden, D. (1990). "Pygmalion without Interpersonal Contrast Effects: Whole Groups Gain from Raising Manager Expectations." *Journal of Applied Psychology* 75: 394–398.

——— (2003). "Self-Fulfilling Prophecies in Organizations." In *Organizational Behavior: State of the Science*, edited by J. Greenberg, 91–122. Mahwah, NJ: Erlbaum.

Edmondson, A. C. (2012). *Teaming: How Organizations Learn, Innovate, and Compete in the Knowledge Economy*. New York: Jossey-Bass.

Eisenhardt, K. M., and B. Westcott (1988). "Paradoxical Demands and the Creation of Excellence: The Case of Just in Time Manufacturing." In *Paradox and Transformation: Toward a Theory of Change in Organization and Management*, edited by R. Quinn and K. Cameron, 19–54. Cambridge, MA: Ballinger.

Fairhurst, G. T., and L. L. Putnam (2019). "An Integrative Methodology for Organizational Oppositions: Aligning Grounded Theory and Discourse Analysis." *Organizational Research Methods* 22(4): 917–940.

Fayol, H., and C. Storrs (2013). *General and Industrial Management*. United Kingdom: Martino Publishing.

Felsman, P., S. Gunawarden, and C. M. Seifert (2020). "Improv Experience Promotes Divergent Thinking, Uncertainty Tolerance, and Affective Well-Being." *Thinking Skills and Creativity* 35.

Festinger, L., and J. Carlsmith (1959). "Cognitive Consequences of Forced Compliance." *Journal of Abnormal and Social Psychology* 58: 203–210.

Fiol, C. M., M. Pratt, and E. O'Connor (2009). "Managing Intractable Identity Conflicts." Academy of Management Review 34: 32–55.

Fisher, R., and W. Ury (1981). *Getting to Yes: Negotiating Agreement without Giving In*. New York: Penguin Books.

Frankl, V. (1959). *Man's Search for Meaning*. London: Hodder and Stoughton.

Fredrickson, B. L. (2001). "The Role of Positive Emotions in Positive Psychology." *American Psychologist* 56(3): 218–226.

—— (2010). *Positivity: Groundbreaking Research to Release Your Inner Optimist and Thrive*. New York: Simon & Schuster.

Freeman, R. E., K. Martin, and B. L. Parmar (2020). *The Power of and: Responsible Business without Trade-offs*. New York: Columbia University Press.

Friedman, M. (1970). "The Social Responsibility of Business Is to Increase Its Profits." *New York Times Magazine*, September 13, 122–126.

Friedman, T. L. (2005). *The World Is Flat*. New York: Farrar, Straus and Giroux.

Frost, R. (1979). *The Poetry of Robert Frost: The Collected Poems, Complete and Unabridged*. Lanthem, E. C. (ed.). New York: Henry Holt and Company.

Fu, R., A. Kraft, X. Tian, H. Zhang, and L. Zuo (2020). "Financial Reporting Frequency and Corporate Innovation." *Journal of Law and Economics* 63(3): 501–530.

Gerstner, L. (2002). *Who Says Elephants Can't Dance?* New York: Harper Collins.

Gharbo, R. S. (2020). "Autonomic Rehabilitation: Adapting to Change." *Physical Medicine and Rehabilitation Clinics* 31(4): 633–648.

Gibson, C. B., and J. Birkinshaw (2004). "The Antecedents, Consequences and Mediating Role of Organizational Ambidexterity." *Academy of Management Journal* 47(2): 209–226.

Goldman-Wetzler, J. (2020). *Optimal Outcomes: Free Yourself from Conflict at Work, at Home, and in Life.* New York: Harper Business.

Graham, D. W. (2019). "Heraclitus." In *Stanford Encyclopedia of Philosophy*, edited by Edward N. Zalta, September. https://plato.stanford.edu/archives/fall2019/entries/heraclitus.

Graham, P., ed. (1995). *Mary Parker Follett: Prophet of Management.* Boston: Harvard Business School Press.

Grant, A. M. (2013). *Give and Take.* New York: Viking.

——— (2021). *Think Again: The Power of Knowing What You Don't Know.* New York: Viking.

Grant, A. M., and J. W. Berry (2011). "The Necessity of Others Is the Mother of Invention: Intrinsic and Prosocial Motivations, Perspective Taking, and Creativity." *Academy of Management Journal* 54(1): 73–96.

Greenough, P. M. (2001). "Free Assumptions and the Liar Paradox." *American Philosophical Quarterly* 38(2): 115–135.

Haas, I. J., and W. A. Cunningham (2014). "The Uncertainty Paradox: Perceived Threat Moderates the Effect of Uncertainty on Political Tolerance." *Political Psychology* 35(2): 291–302.

Hahn, T., and E. Knight (2021). "The Ontology of Organizational Paradox: A Quantum Approach." *Academy of Management Review* 46(2): 362–384.

Hahn, T., L. Preuss, J. Pinkse, and F. Figge (2014). "Cognitive Frames in Corporate Sustainability: Managerial Sensemaking with Paradoxical and Business Case

Frames." *Academy of Management Review* 39(4): 463–487.

Hampden-Turner, C. (1981). *Maps of the Mind.* New York: Macmillan.

Handy, C. (1994). *The Age of Paradox.* Boston: Harvard Business School Press.

———— (2015). *The Second Curve: Thoughts on Reinventing Society.* London: Penguin Random House UK.

Hargrave, T. J., and A. H. Van de Ven (2017). "Integrating Dialectical and Paradox Perspectives on Managing Contradictions in Organizations." *Organization Studies* 38(3–4): 319–339.

Harreld, J. B., C. O'Reilly, and M. Tushman (2007). "Dynamic Capabilities at IBM: Driving Strategy into Action." *California Management Review* 49(4): 21–43.

Harvey, J. B. (1974). "The Abilene Paradox: The Management of Agreement." *Organizational Dynamics* 3: 63–80.

Hastings, R., and E. Meyer (2020). *No Rules Rules: Netflix and the Culture of Reinvention.* New York: Penguin.

Hayes, S. C., K. D. Strosahl, and K. G. Wilson (2009). *Acceptance and Commitment Therapy.* Washington, DC: American Psychological Association.

Heifetz, R., A. Grashow, and M. Linsky (2009). *The Practice of Adaptive Leadership: Tools and Tactics for Changing Your Organization and the World.* Boston: Harvard Business Press.

Heifetz, R., and M. Linsky (2002). *Leadership on the Line: Staying Alive through the Dangers of Leading.* Boston: Harvard Business School Press.

Henrich, J., S. J. Heine, and A. Norenzayan (2010). "The Weirdest People in the World?" *Behavioral and Brain Sciences* 33(2–3): 61–83.

Hill, L. A., and K. Lineback (2011). *Being the Boss: The Three Imperatives for Becoming a Great Leader.* Boston: Harvard Business Press.

Horowitz, J., N. Corasaniti, and A. Southall (2015). "Nine Killed in Shooting at Black Church in Charleston." *New York Times.* https://www.nytimes.com /2015/06/18/us/church-attacked-in-charleston-south-carolina.html.

Ibarra, H. (1999). "Provisional Selves: Experimenting with Image and Identity in

Professional Adaptation." *Administrative Science Quarterly* 44(4): 764–791.

——— (2015a). "The Authenticity Paradox." *Harvard Business Review*, January–February: 53–59.

——— (2015b). *Act Like a Leader, Think Like a Leader.* Boston: Harvard Business Review Press.

Jarzabkowski, P., J. Lé, and A. Van de Ven (2013). "Responding to Competing Strategic Demands: How Organizing, Belonging and Performing Paradoxes Co-Evolve." *Strategic Organization* 11(3): 245–280.

Jaspers, K. (1953). *The Origin and Goal of History.* New Haven, CT: Yale University Press.

Johnson, B. (1992). *Polarity Management: Identifying and Managing Unsolvable Problems.* Amherst, MA: Human Resource Development Press.

——— (2020). *Foundations.* Vol. 1 of *And . . . Making a Difference by Leveraging Polarity, Paradox or Dilemma.* Amherst, MA: Human Resource Development Press.

——— (2021) *Applications.* Vol. 2 of *And . . . Applications: Making a Difference by Leveraging Polarity, Paradox or Dilemma.* Amherst, MA: Human Resource Development Press.

Jung, Carl G. (1953). "Psychology and Alchemy," in *Collected Works*, vol. 12. Princeton, NJ: Princeton University Press.

Kane, A. (2010). "Unlocking Knowledge Transfer Potential: Knowledge Demonstrability and Superordinate Social Identity." *Organization Science* 21(3): 643–660.

Keller, J., J. Loewenstein, and J. Yan (2017). "Culture, Conditions, and Paradoxical Frames." *Organization Studies* 38(3–4): 539–560.

Kelley, T., and D. Kelley (2013). *Creative Confidence: Unleashing the Creative Potential within Us All.* New York: Crown.

Kidder, T. (2011). *The Soul of a New Machine.* London: Hachette UK.

Kierkegaard, S. (1962). *Philosophical Fragments.* Translated by David F. Swenson. Princeton, NJ: Princeton University Press.

Klein, E. (2020). *Why We're Polarized.* New York: Simon & Schuster.

Knight, E., and Hahn, T. (2021). "Paradox and Quantum Mechanics: Implications for the Management of Organizational Paradox from a Quantum Approach." In R. Bednarek, M. P. e Cunha, J. Schad, and W. K. Smith (Ed.) *Interdisciplinary Dialogues on Organizational Paradox: Learning from Belief and Science*, Part A (Research in the Sociology of Organizations, Vol. 73a). Bingley, UK: Emerald Publishing Limited. 129–150.

Kolb, D. A. (2014). *Experiential Learning: Experience as the Source of Learning and Development*. Upper Saddle River, NJ: FT Press.

Kramer, T., and L. Block (2008). "Conscious and Nonconscious Components of Superstitious Beliefs in Judgment and Decision Making." *Journal of Consumer Research* 34(6): 783–793.

Kurlansky, M. (2011). *Cod: A Biography of the Fish That Changed the World*. Toronto: Vintage Canada.

Lager, F. (2011). *Ben & Jerry's: The Inside Scoop: How Two Real Guys Built a Business with a Social Conscience and a Sense of Humor*. New York: Currency.

Langer, E. J. (1975). "The Illusion of Control." *Journal of Personality and Social Psychology* 32(2): 311–328.

——— (1989). *Mindfulness*. Reading, MA: Addison-Wesley.

Langer, E. J., and J. Rodin (1976). "The Effects of Choice and Enhanced Personal Responsibility for the Aged: A Field Experiment in an Institutional Setting." *Journal of Personality and Social Psychology* 34(2):191–198.

Larwood, L., and W. Whittaker (1977). "Managerial Myopia: Self-Serving Biases in Organizational Planning." *Journal of Applied Psychology* 62(2): 194.

Leonard-Barton, D. A. (1992). "Core Capabilities and Core Rigidities: A Paradox in Managing New Product Development." *Strategic Management Journal* 13 (summer): 111–125.

Lewis, M. W. (2018). "Vicious and Virtuous Cycles: Exploring LEGO from a Paradox Perspective." Dualities, Dialectics, and Paradoxes of Organizational Life: Perspectives on Process Organizational Studies 8: 106–123.

——— (2000). "Exploring Paradox: Toward a More Comprehensive Guide."*Academy of Management Review* 25(4): 760–776.

Lewis, M. W., and W. K. Smith (2014). "Paradox as a Metatheoretical Perspective: Sharpening the Focus and Widening the Scope." *Journal of Applied Behavioral Science* 50: 127–149.

Lord, C. G., L. Ross, and M. R. Lepper (1979). "Biased Assimilation and Attitude Polarization: The Effects of Prior Theories on Subsequently Considered Evidence." *Journal of Personality and Social Psychology* 37(11): 2098–2109.

Lowens, R. (2018). "How Do You Practice Intersectionalism? An Interview with bell hooks," Black Rose Anarchist Federation.

Lüscher, L., and M. W. Lewis (2008). "Organizational Change and Managerial Sensemaking: Working through Paradox." *Academy of Management Journal* 51(2): 221–240.

March, J. G. (1991). "Exploration and Exploitation in Organizational Learning." *Organization Science* 2(1): 71–87.

Marcora, S., and E. Goldstein (2010). *Encyclopedia of Perception*. Thousand Oaks, CA: SAGE.

Markus, H., and S. Kitayama (1991). "Culture and the Self: Implications for Cognition, Emotion and Motivation." *Psychological Review* 98(2): 224–253.

Martin, R. (2007). *The Opposable Mind: How Successful Leaders Win through Integrative Thinking*. Boston: Harvard Business School Press.

Maslow, A. H. (1968). *Toward a Psychology of Being*. New York: John Wiley & Sons.

McCord, P. (2014). "How Netflix Reinvented HR." *Harvard Business Review*, January–February: 71–76.

McGregor, D. M. (1960). *The Human Side of Enterprise*. New York: McGraw-Hill.

—— (1967). *The Professional Manager*. New York: McGraw-Hill.

McKenzie, J. (1996). *Paradox—The Next Strategic Dimension: Using Conflict to Re-energize Your Business*. New York: McGraw-Hill.

Miller, D. (1992). *The Icarus Paradox: How Exceptional Companies Bring about Their Own Downfall*. New York: Harper Collins.

—— (1993). "The Architecture of Simplicity." *Academy of Management*

Review 18(1): 116–138.

———— (1994). "What Happens after Success: The Perils of Excellence." *Journal of Management Studies* 31(1) 325–358.

Miron-Spektor, E., F. Gino, and L. Argote (2011). "Paradoxical Frames and Creative Sparks: Enhancing Individual Creativity through Conflict and Integration." *Organizational Behavior and Human Decision Processes* 116(2): 229–240.

Miron-Spektor, E., A. S. Ingram, J. Keller, M. W. Lewis, and W. K. Smith (2018). "Microfoundations of Organizational Paradox: The Problem Is How We Think about the Problem." *Academy of Management Journal* 61(1): 26–45.

Mitchell, S. (1988). *Tao Te Ching.* New York: Harper & Row.

Mourkogiannis, N. (2014). *Purpose: The Starting Point of Great Companies.* New York: St. Martin's Press.

Mynatt, C. R., M. E. Doherty, and R. D. Tweney (1977). "Confirmation Bias in a Simulated Research Environment: An Experimental Study of Scientific Inference." *Quarterly Journal of Experimental Psychology* 29(1): 85–95.

Needham, J. (1948). *Science and Civilization in China.* Cambridge: Cambridge University Press.

Nhat Hanh, T. (2008). *The Heart of Buddha's Teaching.* New York: Random House.

Nisbett, R. (2010). *The Geography of Thought: How Asians and Westerners Think Differently . . . and Why.* New York: Simon & Schuster.

O'Neill, J. (1993). *The Paradox of Success: When Winning at Work Means Losing at Life.* New York: G.P. Putnam's Sons.

O'Reilly, C. A., and M. L. Tushman (2016). *Lead and Disrupt: How to Solve the Innovator's Dilemma.* Palo Alto, CA: Stanford University Press.

———— (2004). "The Ambidextrous Organization." *Harvard Business Review,* April: 74–83.

Osono, E., N. Shimizu, and H. Takeuchi (2008). *Extreme Toyota: Radical Contradictions That Drive Success at the World's Best Manufacturer.* Hoboken, NJ: Wiley.

Pascal, O. (2018). "John McCain's Final Letter to America." *Atlantic*, August 28, https://www.theatlantic.com/ideas/archive/2018/08/john-mccains-final-letter-to-america/568669/.

Pascale, R. T., H. Mintzberg, M. Goold, and R. Rumelt (1996). "The Honda Effect Revisited." *California Management Review* 38(4): 78–117.

Peters, T. (1987). *Thriving on Chaos*. New York: Knopf.

Peters, T., and R. Waterman (1982). *In Search of Excellence*. New York: Harper & Row.

Petriglieri, J. (2018). "Talent Management and the Dual-Career Couple." *Harvard Business Review*, May–June: 106–113.

———— (2019). *Couples That Work: How DualCareer Couples Can Thrive in Love and Work*. Boston: Harvard Business Review Press.

Polman, P., and A. Winston (2021). *Net Positive: How Courageous Companies Thrive by Giving More Than They Take*. Boston: Harvard Business Review Press.

Poole, M. S., and A. Van de Ven (1989). "Using Paradox to Build Management and Organizational Theory." *Academy of Management Review* 14(4): 562–578.

Putnam, L. L., G. T. Fairhurst, and S. Banghart (2016). "Contradictions, Dialectics, and Paradoxes in Organizations: A Constitutive Approach." *Academy of Management Annals* 10(1).

Quinn, R., and K. Cameron (1988). *Paradox and Transformation: Toward a Theory of Change in Organization and Management*. Cambridge, MA: Ballinger.

Raza-Ullah, T., M. Bengtsson, and S. Kock (2014). "The Coopetition Paradox and Tension in Coopetition at Multiple Levels." *Industrial Marketing Management* 43(2): 189–198.

Robertson, D., and B. Breen (2013). *Brick by Brick: How LEGO Rewrote the Rules of Innovation and Conquered the Global Toy Industry*. New York: Crown Business.

Roddick, A. (2001). *Business as Unusual: The Triumph of Anita Roddick*. London: Thorsons.

Roethlisberger, F. (1977). *The Elusive Phenomena: An Autobiographical Account of My Work in the Field of Organizational Behavior at the Harvard Business School*. Boston: Division of Research, Graduate School of Business Administration, Harvard University; distributed by Harvard University Press.

Rosenthal, R., and L. Jacobson (1968). "Pygmalion in the Classroom." *The Urban Review* 3(1): 16–20.

Rothenberg, A. (1979). *The Emerging Goddess*. Chicago: University of Chicago Press.

Rothman, N. B., and G. B. Northcraft (2015). "Unlocking Integrative Potential: Expressed Emotional Ambivalence and Negotiation Outcomes." *Organizational Behavior and Human Decision Processes* 126: 65–76.

Roy West, E. (1968). *Vital Quotations*. Salt Lake City: Bookcraft.

Schad, J., M. Lewis, S. Raisch, and W. Smith (2016). "Paradox Research in Management Science: Looking Back to Move Forward." *Academy of Management Annals* 10(1): 5–64.

Schneider, K. J. (1990). *The Paradoxical Self: Toward an Understanding of Our Contradictory Nature*. New York: Insight Books.x

Seligman, M. E. (2012). *Flourish: A Visionary New Understanding of Happiness and WellBeing*. New York: Simon & Schuster.

Senge, P. (1990). *The Fifth Discipline: The Art and Practice of a Learning Organization*. New York: Currency Doubleday.

Sheep, M. L., G. T. Fairhurst, and S. Khazanchi (2017). "Knots in the Discourse of Innovation: Investigating Multiple Tensions in a Re-acquired Spin-off." *Organization Studies* 38(3–4): 463–488.

Sherif, M., O. J. Harvey, et al. (1961). *The Robbers Cave Experiment: Intergroup Conflict and Cooperation*. Norman, OK: Institute of Group Relations.

Simon, H. (1947). *Administrative Behavior: A Study in the Decision Making Processes in Administrative Organizations*. New York: Macmillan.

Simons, D. J., and C. F. Chabris (1999). "Gorillas in Our Midst: Sustained Inattentional Blindness for Dynamic Events." *Perception* 28(9): 1059–1074.

Sinek, S. (2009). *Start with Why: How Great Leaders Inspire Everyone to Take*

Action. New York: Portfolio/Penguin.

Slawinski, N., and P. Bansal (2015). "Short on Time: Intertemporal Tensions in Business Sustainability." *Organization Science* 26(2): 531–549.

Smets, M., P. Jarzabkowski, G. T. Burke, and P. Spee (2015). "Reinsurance Trading in Lloyd's of London: Balancing Conflicting-Yet-Complementary Logics in Practice." *Academy of Management Journal* 58(3): 932–970.

Smith, K., and D. Berg (1987). *Paradoxes of Group Life.* San Francisco: Jossey-Bass.

Smith, W. K. (2014). "Dynamic Decision Making: A Model of Senior Leaders Managing Strategic Paradoxes." *Academy of Management Journal* 57(6): 1592–1623.

Smith, W. K., and M. L. Besharov (2019). "Bowing before Dual Gods: How Structured Flexibility Sustains Organizational Hybridity." *Administrative Science Quarterly* 64(1): 1–44.

Smith, W. K., and M. W. Lewis (2011). "Toward a Theory of Paradox: A Dynamic Equilibrium Model of Organizing." *Academy of Management Review* 36(2): 381–403.

Smith, W. K., M. W. Lewis, and M. Tushman (2016). "Both/And Leadership." *Harvard Business Review*, May: 62–70.

Smith, W. K., and M. L. Tushman (2005). "Managing Strategic Contradictions: A Top Management Model for Managing Innovation Streams." *Organization Science* 16(5): 522–536.

Sonenshein, S. (2017). *Stretch: Unlock the Power of Less—and Achieve More Than You Ever Imagined.* New York: HarperBusiness.

Sonenshein, S., K. Nault, and O. Obodaru (2017). "Competition of a Different Flavor: How a Strategic Group Identity Shapes Competition and Cooperation." *Administrative Science Quarterly* 62(4): 626–656.

Spencer-Rodgers, J., H. C. Boucher, S. C. Mori, L. Wang, and K. Peng (2009). "The Dialectical Self-Concept: Contradiction, Change, and Holism in East Asian Cultures." *Personality and Social Psychology Bulletin* 35(1): 29–44.

Spencer-Rodgers, J., K. Peng, L. Wang, and Y. Hou (2004). "Dialectical Self-Esteem and East-West Differences in Psychological Well-Being." *Personality and Social Psychology Bulletin* 30(11): 1416–1432.

Starbuck, W. (1988). "Surmounting Our Human Limitations." In *Paradox and Transformation: Toward a Theory of Change in Organization and Management*, edited by R. Quinn and K. Cameron, 65–80. Cambridge, MA: Ballinger.

Staw, B. (1976). "Knee-Deep in the Big Muddy: A Study of Escalating Commitment to a Chosen Course of Action." *Organizational Behavior and Human Performance* 16(1): 27–44.

Stefan, S., and D. David (2013). "Recent Developments in the Experimental Investigation of the Illusion of Control. A Meta-analytic Review." *Journal of Applied Social Psychology* 43(2): 377–386.

Stein, J. C. (1988). "Takeover Threats and Managerial Myopia." *Journal of Political Economy* 96(1): 61–80.

Sundaramurthy, C., and M. W. Lewis (2003). "Control and Collaboration: Paradoxes of Governance." *Academy of Management Review* 28(3): 397–415.

Tajfel, H. (1970). "Experiments in Intergroup Discrimination." *Scientific American* 223(5): 96–103.

Tajfel, H., J. C. Turner, W. G. Austin, and S. Worchel (1979). "An Integrative Theory of Intergroup Conflict." *Organizational Identity: A Reader* 56(65).

Takeuchi, H., and E. Osono (2008). "The Contradictions That Drive Toyota's Success." *Harvard Business Review*, June: 96.

Taylor, F. W. (1911). *The Principles of Scientific Management*. New York: Harper.

Tonn, J. C. (2008). *Mary P. Follett: Creating Democracy, Transforming Management*. New Haven, CT: Yale University Press.

Tracey, P., N. Phillips, and O. Jarvis (2011). "Bridging Institutional Entrepreneurship and the Creation of New Organizational Forms: A Multilevel Model." *Organization Science* 22(1): 60–80.

Tripsas, M., and G. Gavetti (2000). "Capabilities, Cognition and Inertia: Evidence from Digital Imaging." *Strategic Management Journal* 18: 119–142.

Tushman, M. L., and C. A. O'Reilly (1996). "Ambidextrous Organizations: Managing Evolutionary and Revolutionary Change." *California*

Management Review 38(4): 8–30.

Tushman, M. L., W. K. Smith, and A. Binns (2011). "The Ambidextrous CEO." *Harvard Business Review*, June: 74–80.

Tutu, D. (2009). *No Future without Forgiveness*. New York: Crown.

Van Vugt, M., R. Hogan, and R. Kaiser (2008). "Leadership, Followership, and Evolution: Some Lessons from the Past." *American Psychologist* 63(3): 182.

Van Vugt, M., and M. Schaller (2008). "Evolutionary Approaches to Group Dynamics: An Introduction." *Group Dynamics: Theory, Research, and Practice* 12(1): 1.

Vince, R., and M. Broussine (1996). "Paradox, Defense and Attachment: Accessing and Working with Emotions and Relations Underlying Organizational Change." *Organization Studies* 17(1): 1–21.

Vozza, S. (2014). "Personal Mission Statements of 5 Famous CEOs (and Why You Should Write One Too)." *Fast Company*, February: 25.

Watzlawick, P. (1993). *The Situation Is Hopeless but Not Serious*. Norton: New York.

Watzlawick, P., J. H. Weakland, and R. Fisch (1974). *Change: Principles of Problem Formation and Problem Resolution*. New York: Norton.

Weber, M., P. R. Baehr, and G. C. Wells (2002). *The Protestant Ethic and the "Spirit" of Capitalism and Other Writings*. New York: Penguin.

Wegner, D. (1989). *White Bears and Other Unwanted Thoughts: Suppression, Obsession, and the Psychology of Mental Control*. New York: Penguin.

Wheelwright Brown, M. (2020). *Eve and Adam: Discovering the Beautiful Balance*. Salt Lake City, UT: Deseret Books.

Winfrey, O. (2014). *What I Know for Sure*. New York: Flatiron Books.

Yunus, M. (2011). "Sacrificing Microcredit for Megaprofits." *New York Times*, January 15.

國家圖書館出版品預行編目（CIP）資料

我全都要：顛覆大腦二選一慣性的進階思維／溫蒂・史密斯（Wendy K. Smith），瑪麗安・路易斯（Marianne W. Lewis）著；周怡伶譯. -- 新北市：感電出版／遠足文化事業股份有限公司發行，2025.02
352 面；14.8×21 公分

譯自：BOTH/AND THINKING

ISBN 978-626-7523-25-4（平裝）

1.CST：決策管理　2.CST：思考　3.CST：矛盾

494.1　　　　　　　　　　　　　　　　113019857

我全都要
顛覆大腦二選一慣性的進階思維
BOTH/AND THINKING: Embracing Creative Tensions to Solve Your Toughest Problems Original work

作者：溫蒂・史密斯、瑪麗安・路易斯（Wendy K. Smith、Marianne W. Lewis）｜譯者：周怡伶｜封面設計：Dinner｜內文排版：邱介惠｜行銷企劃專員：黃湛馨｜主編：賀鈺婷｜副總編輯：鍾顏聿｜出版：感電出版｜發行：遠足文化事業股份有限公司（讀書共和國出版集團）｜地址：23141 新北市新店區民權路108-2號9樓｜電話：02-2218-1417｜傳真：02-8667-1851｜客服專線：0800-221-029｜信箱：info@sparkpresstw.com｜法律顧問：華洋法律事務所 蘇文生律師｜ISBN：978-626-7523-25-4（平裝本）｜EISBN：9786267523278（PDF）／9786267523261（EPUB）｜出版日期：2025年2月｜定價：480元

BOTH/AND THINKING: Embracing Creative Tensions to Solve Your Toughest Problems
By Wendy K. Smith and Marianne W. Lewis
Original work copyright © 2022 Harvard Business School Publishing Corporation
Published by arrangement with Harvard Business Review Press
Unauthorized duplication or distribution of this work constitutes copyright infringement.
Complex Chinese Translation copyright ©2025
by Spark Press, a division of Walkers Cultural Enterprise Ltd.
All rights reserved.

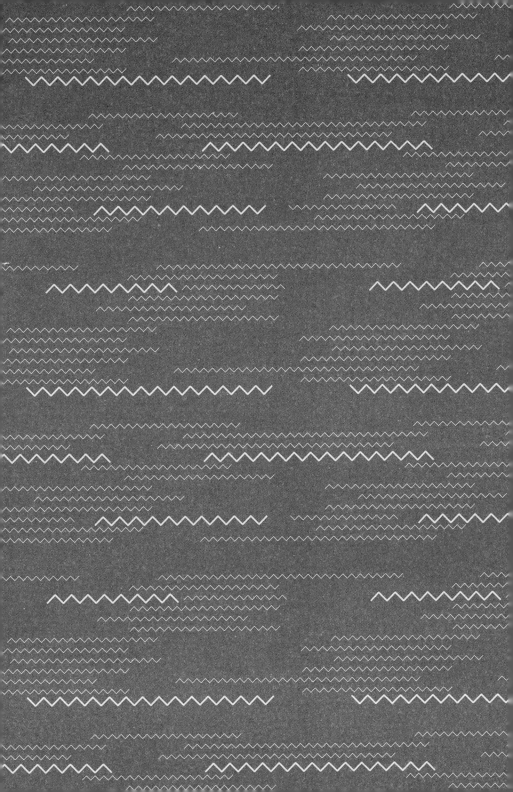

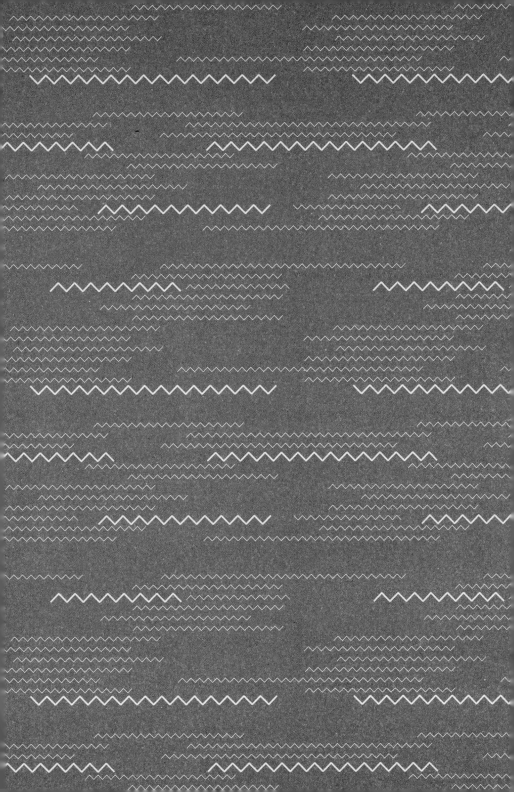